PACKAGE DESIGN
JPDA MEMBER'S WORK TODAY 2006

（社）日本パッケージデザイン協会 会員作品集

RIKUYOSHA

目次
Contents

はじめに

川路ヨウセイ
社団法人 日本パッケージデザイン協会
2004、2005年度理事長

理事長在任6年の間に、3冊の『MEMBER'S WORK TODAY』が刊行されました。本書は、社団法人日本パッケージデザイン協会が『年鑑日本のパッケージデザイン』と隔年、交互して企画発刊しているものです。在任中、協会員が親しく「集う」協会を標榜してまいりました。この書はまさに協会員の顔が見える唯一の目的を果しています。協会設立45周年を昨年迎え、840名を数える会員数の協会がこれからも大きく発展していくには、まさにそのデザイン力であり、お互いの切磋琢磨から磨かれていくものと考えます。「"NEXT"次に繋がるクリエイティブ」を目指す我々としては、お互いが意識しあうライバルであり、仲間です。いま、大きく世代交代が進む中、若い人達の活躍が待たれています。カバーデザインは、広く協会員からの応募で、出版委員によって選考され、決定いたします。今回のデザインはまさに若い力といえる中塚大輔広告事務所の松田澄子さんの力作です。青空に浮ぶ積みかさねられたパッケージが爽やかです。総ページ390P、会員（法人26社／個人321名）の多数が参加して成り立っている本書を是非幅広くご活用いただけると幸いです。
当り前ですが街で見かける商品パッケージにはデザイナーの顔は見えません。この書でパッケージデザイナーの存在が明らかになり、親しみをもって理解していただければと思います。
これからも価値ある商品づくりを目指していく事がパッケージデザイナーの使命と考えます。

Preface

Kawaji Yosei
Executive Director of
Japan Package Design Association for 2004-2005

During the six years that I served as the Executive Director of the Japan Package Design Association, three issues of "Members' Work Today" were published including this issue. This book is published in alternate years with the other book of the Association, the Package Design in Japan. While in office, I have tried to make the Association an amicable organization where members can come together easily. This book is the only medium through which the faces of members can be seen.
We celebrated the 45th anniversary of the foundation of the Association last year. For this Association with a membership of 840 to grow further, we, as members should enhance our design abilities in friendly rivalry. For those who aspire to become leading creators, the members are colleagues as well as rivals. Now, a generation change is occurring among package designers, and the rise of young creators is greatly looked forward to.
The cover design of this book is the work of Matsuda Sumiko working for Nakatsuka Advertising Office. The Publishing Committee selected this design from among the works submitted from members. She can be said to be a representative of rising young designers. The picture of piled packages floating against the blue sky gives a refreshing impression. In this book with 390 pages is participated by members (26 firms and 321 individuals). I would be pleased if the book is of some use to readers.
As a matter of fact, designers' faces cannot be seen from product packages in shops. I should be glad if consumers would realize that there are designers behind the scene of all these packages. As package designers, we will all endeavor to create higher valued products.

WORKS

作品
Works

本書はパッケージデザイナーの作品集です。
クレジットの記載は、パッケージデザイナーを
中心にした表記といたしました。

凡例
Introductory Remarks

pl.	Planner
cd.	Creative Director
ad.	Art Director
d.	Designer
bd.	Bottle Designer
gd.	Graphic Designer
pd.	Product Designer
const.	Construction Designer
lo.	Logotype Designer
ld.	Label Designer
ca.	Calligrapher
il.	Illustrator
p.	Photographer
a.	Art
copy.	Copywriter
n.	Naming
pr.	Producer
st.	Styling
mo.	Model
ag.	Agent
cl.	Client

Ai Kobo

アイ工房

〒550-0025 大阪府大阪市西区九条南1-7-5
Build·S-41 2F
tel.06-6581-6192　fax.06-6581-6193
e-mail: info@ai-kobo.co.jp

1 | **Originale Dolce Confectionery**
ad.池田 毅
d.釣谷 隆
cl.イタリアントマト Italian Tomato

2 | **Pooh Confectionery**
d.高木理恵
cl.日食 Nisshoku

3 | **NUSTEP Shoes Box**
ad.池田 毅
d.高木理恵
cl.ニューステップ Nustep

池田 毅　Ikeda Takeshi

1944年6月6日生まれ。日本のパッケージデザイン協会展特賞·協会賞·会員賞、日本パッケージデザイン大賞奨励賞·特別賞、パッケージング展印刷工業会会長賞4回他、多数受賞。

釣谷 隆　Tsuriya Takashi

1966年5月10日生まれ。1991年日本パッケージデザイン大賞D部門奨励賞、93年東急ハンズテクニック賞、受賞。

1

2

3

栗本雅弘 Kurimoto Masahiro

1968年1月21日生まれ。1997年日本タイポグラフィ年鑑入賞。97年、2001年、03年日本パッケージデザイン大賞入選。

高木理恵 Takagi Rie

1973年12月19日生まれ。1997年、99年、2001年、03年日本パッケージデザイン大賞入選。

4 手漉和紙暦 二十四節気 Calendar
ad.池田 毅
d.栗本雅弘
cl.アワガミファクトリー Awagami Factory

5 和雑貨 Japanese Goods
d.高木理恵
cl.アワガミファクトリー Awagami Factory

6 黄金のぶどうキャンデー Candy
d.栗本雅弘
cl.ノーベル製菓 Nobel Confectionery

7 Cocori Candy
d.栗本雅弘
cl.ノーベル製菓 Nobel Confectionery

8 ニャン･ミー 海鮮珍味 Pet Food
d.栗本雅弘
cl.フーヅリンクス Foods Linx

9 牧場クリームインガム Pet Food
d.栗本雅弘
cl.フーヅリンクス Foods Linx

4

5

6

7

8

9

IDA

アイディーエイ

〒700-0973 岡山県岡山市下中野510-6
tel.086-244-1661　fax.086-244-1955
e-mail: head@ida-web.com
http://www.ida-web.com

東京オフィス
〒104-0032 東京都中央区八丁堀3-4-10
京橋北見ビル東館6F
tel.03-3552-0194　fax.03-3552-1935

大阪オフィス
〒541-0054 大阪府大阪市中央区南本町3-4-15
南本町武田ビル6F
tel.06-6251-2727　fax.06-6251-2737

井上 勲　Inoue Isao

1948年2月3日生まれ。

西岡礼子　Nishioka Reiko

1956年6月21日生まれ。

1

2

3

西江順也

Nishie Jun'ya

1971年7月13日生まれ。

1 食用オリーブ油 **Olive Oil**
cd.井上 勲
ad.西岡礼子
d.稲葉ふみ子
cl.オリーブ園 Olive Garden

2 南高梅 梅酒 **Liqueur**
cd.樋野健一
ad.西江順也
d.野田峰子
cl.宝酒造 Takara Shuzo

3 黒糖梅酒 **Liqueur**
cd.樋野健一
ad.西江順也
d.野田峰子
cl.宝酒造 Takara Shuzo

4 バスセレクション クラシック **Bath Salt**
ad.西岡礼子
d.植山里美
cl.ユーア化学研究所 UA-chemical Laboratory

5 バスセレクション モダン **Bath Salt**
ad.西岡礼子
d.植山里美
cl.ユーア化学研究所 UA-chemical Laboratory

6 果実きわだつチューハイ **Liqueur**
cd.樋野健一
ad.西江順也
d.野田峰子
cl.宝酒造 Takara Shuzo

4

5

6

Ajinomoto Co.Inc. Advertising Dept.

味の素㈱ 広告部

〒104-8315 東京都中央区京橋1-15-1
tel.03-5250-8232 fax.03-5250-8337

味の素㈱ 広告部

1 ほんだし® Seasoning
d.サン・スタジオ
2 味の素® Seasoning
d.ラジアン、電通/ビルド・クリエイティブハウス/コモンデザイン室
3 Cook Do® 中華合わせ調味料 Seasoning
d.GKグラフィックス、ラジアン
4 クノール®カップスープ Soup
d.豪デザイン
5 クノール®pota® Soup
d.ブラビス・インターナショナル リミテッド
6 クノール®スープパスタ Soup
d.design K
7 クノール®スープ春雨 Soup
d.design K
8 低カロリー甘味料 パルスイート® Sweetener
d.ラジアン
9 低カロリー甘味料 パルスイート®カロリーゼロ Sweetener
d.フォルムデザイン
10 スリムアップシュガー® Sweetener
d.ザ・デザイン・アソシエイツ
11 ピュアセレクト®サラリア® Mayonnaise
d.ラジアン
12 ピュアセレクト®マヨネーズ Mayonnaise
d.ミックブレインセンター
13 アミノバイタル®ゼリードリンク Amino Acids Supplement
d.ブレーン・セラーズ
14 グリナ® Supplement
d.鹿目デザイン事務所
15 Jino® Skin Care Products
d.GKグラフィックス、フォルムデザイン

1

60g
120g
180g
300g
AJI-NO-MOTO
味の素
AJINOMOTO
2

Cook Do
中華スープ
海老ワンタンスープ用
3~4人前
AJINOMOTO
酸辣湯用
玉米湯用
家常豆腐用
回鍋肉用
青椒肉絲用
麻婆茄子用
干焼蝦仁用
2人前
3

Knorr
カップスープ
ミルクとチーズで
きのこのポタ
AJINOMOTO
つぶたっぷり
コーンクリーム
[ポタージュ]
4袋入
とろとろクリーミー
ポタージュ
クルトン入り
New
カマンベールチーズとけこむ
れん草のポタージュ
3袋入

4

Knorr
濃厚ポタージュ
pota
スイートコーン
栗かぼちゃ
完熟トマト
4種のきのこ
3袋入
AJINOMOTO

5

Knorr
スープパスタ
コーンチャウダー
完熟トマト
きのこクリーム
ざくざく野菜
ミネストローネ
AJINOMOTO

6

Knorr
スープ春雨
AJINOMOTO

7

8

9

AJINOMOTO
厚生労働省許可特別用途食品
低カロリー食品
アミノ酸から生まれた
パルスイート
低カロリー甘味料
砂糖5gと同じ甘さで
カロリー 1/10
すっきりまろやかな甘さ
煮物などのお料理にも!
約500g分の砂糖の甘さ
顆粒 120g
AJINOMOTO
アミノ酸から生まれた
パルスイート
低カロリー甘味料
カロリーゼロ
糖尿病や肥満症の方に
さわやかで自然な甘さ
約200g分の砂糖の甘さ
顆粒 70g
煮物などのお料理にも!

Slim Up Sugar
スリムアップシュガー
砂糖のおいしさそのまま
砂糖使用量の 1/3 で同じ甘さ!
スティック 20本入
AJINOMOTO

10

ピュアセレクト
サラリア
コレステロールを下げるのが特長です。
厚生労働省許可 特定保健用食品
マヨネーズタイプ
食生活は、主食、主菜、副菜を基本に、食事のバランスを。
厚生労働省許可
特定保健用食品
250g
AJINOMOTO.
契約農場で生まれた、
とれて3日以内の国産新鮮たまご
だけを選びました。
おいしさは素材から
ピュアセレクト
マヨネーズ
PURE SELECT MADE FROM FINE EGGS, OIL & VINEGAR.
250g
AJINOMOTO.

11　12

AJINOMOTO
パワー全開 エネルギー補給
amino VITAL アミノバイタル
朝の栄養補給に
マルチエネルギー
アミノ酸 1500mg
糖質、ビタミン7種類
160kcal
アップル味
AJINOMOTO
運動で体脂肪燃焼
amino VITAL アミノバイタル
カラダを動かす前に
スマートエクササイズ
カロリーオフ
アミノ酸 1500mg
ビタミン6種類
28kcal
マスカット味
AJINOMOTO
アミノ酸でいっも元気
amino VITAL アミノバイタル
もうひと頑張りしたいとき
ボディリフレッシュ
分岐鎖 アミノ酸BCAA 1500mg
クエン酸配合
92kcal
レモン味
AJINOMOTO
美容をケアするアミノ酸
amino VITAL アミノバイタル
キレイの新習慣
ビューティー&ケア
カロリーオフ
アミノ酸 1500mg
ビタミンA,C,E,食物繊維
34kcal
ピーチ味
果汁10%

13

FUNDAMENTAL FOODS
あなたのおやすみをサポート
グリナ
アミノ酸
グリシン
3000mg
QUALITY OF LIFE
AJINOMOTO
健康基盤食品

14

Jino
AMINO
WASHING FOAM
Jino
AMINO
MOIST LOTION
II
Jino
AMINO
MOIST LOTION
I
Jino
AMINO
MOIST ESSENCE
I
AMINOCEUTICAL
CREAM
Jino

15

Adachi Chie
安達知恵
〒550-0002 大阪府大阪市西区江戸堀2-6-36-1201
tel.& fax. 06-6441-6484
e-mail: tivorina@w3.dion.ne.jp

大阪生まれ。関西女子美術短期大学卒業。丸紅系テキスタイル部門の企画を経て、1998年粧美堂にてキャラクター雑貨の企画・デザイン担当(代表作:ウルウルパンダ)。2001年ダブルクロックギャラリー、02年JPDAユニバーサルデザイン展、05年New White Dayパッケージ展などグループ展参加。現在、アパレルにてインナーウエアの企画・デザインの仕事をはじめ、「人を包む」デザインを楽しんでいます。

1 ニューイヤーカード Post Card
d.,const.& il.安達知恵
cl.カレー専門店ポッシュデリー Poche Delhi

2 ポッシュデリー号 Paper Craft
d.,const.& il.安達知恵
cl.カレー専門店ポッシュデリー Poche Delhi

3 ボクのシンデレラ☆ Gift Box
d.,const.& il.安達知恵
2005年New White Dayパッケージ展
New White Day Package Exhibition

1

2

3

Abe Masaru

阿部 優

Banana Moon
バナナムーン

〒176-0001 東京都練馬区練馬4-22-12-901
tel.& fax. 03-3993-0291
e-mail: banana_mxxx@yahoo.co.jp

1957年9月15日生まれ。

1 あさりと筍ごはん Frozen Food
ad.& d.阿部 優
cl.ジェイティフーズ JT Foods

2 カレー南蛮ピラフ Frozen Food
ad.& d.阿部 優
cl.ジェイティフーズ JT Foods

3 豚トロめし Frozen Food
ad.& d.阿部 優
cl.ジェイティフーズ JT Foods

1

2

3

AD Creator

アド・クリエーター

〒150-0001 東京都渋谷区神宮前6-33-18
ハイツ原宿102
tel.03-3400-7366　fax.03-3400-7027

パッケージデザインによる「消費者への語りかけ」「消費者との対話」は、広告とは異なる販売戦略の大きな要素です。パッケージは店頭で消費者に語りかけるメディアです。このことから「パッケージデザインはマーケティングである」として、商品の本質と魅力を探ることから、包装材の開発、改良までを含めての《マーケティング・パッケージ・デザイニング》を実践。生活者の立場からより良い生活を提案するパッケージデザインを心がけています。その商品を理解するためにも商品企画から参加し、さらに魅力ある商品の実現にメーカーと一体となって努力しています。

和田 亨　Wada Toru

1935年9月20日生まれ。1955年都立工芸高等学校印刷科卒業後、61年東京芸術大学美術学部図案計画科卒業。カルピス食品工業広告部勤務、65年アド・クリエーター設立、現在に至る。

松尾高明　Matsuo Komei

1948年6月20日生まれ。1973年桑沢デザイン研究所卒業後、74〜86年伊東デザイン研究所在職、86年アド・クリエーター入社。

1 おいしいカスピ海　Yogurt
cd.和田 亨
d.日下部治朗
il.林 幸蔵
cl.グリコ乳業　Glico Dairy Products
2 とろ〜りクリームonプリン　Pudding
cd.和田 亨
d.細井 努
il.林 幸蔵
cl.グリコ乳業　Glico Dairy Products
3 粒あんぷりん　Pudding
cd.和田 亨
d.日下部治朗
il.林 幸蔵
cl.グリコ乳業　Glico Dairy Products
4 エスプレッソプリン、ピュアメープルプリン　Pudding
cd.和田 亨
d.大城久幸
il.林 幸蔵
cl.グリコ乳業　Glico Dairy Products
5 なめらか絹プリン　Pudding
cd.和田 亨
d.細井 努
cl.グリコ乳業　Glico Dairy Products
6 おいしいコーヒー　Coffee
cd.和田 亨
d.& il.細井 努
cl.グリコ乳業　Glico Dairy Products
7 バニラクリーミーカフェ　Coffee
cd.和田 亨
d.細井 努
il.宮澤智津子
p.久保孝司
cl.グリコ乳業　Glico Dairy Products
8 カフェ・ド・ソシエ、アイスカフェ、カフェ・ド・バール　Coffee
cd.和田 亨
d.大城久幸
il.林 幸蔵、宮澤智津子
p.鈴木裕二
cl.グリコ乳業　Glico Dairy Products
9 瀬戸のほんじお　Salt
cd.& ad.味の素
d.細井 努
il.林 幸蔵
cl.味の素　Ajinomoto
10 タイトランジェリー　Body Cream
cd.& ad.白井信之
d.松尾高明、小野太士
cl.ポーラ化成工業　Pola Chemical Industry
11 ほんだし、こんぶだし、瀬戸のほんじお　Gift
cd.& ad.味の素
d.細井 努
cl.味の素　Ajinomoto

1

大城久幸 Oshiro Hisayuki

1964年12月20日生まれ。1986年東京デザイナー学院卒業。86～98年ウエノ企画在職、98年アド・クリエーター入社。

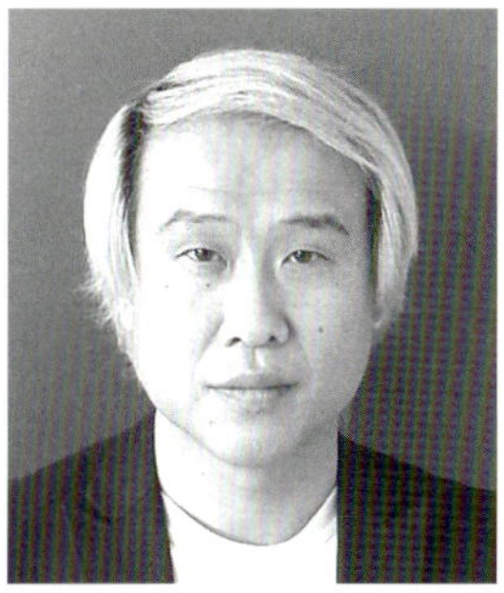

細井 努 Hosoi Tsutomu

1965年6月16日生まれ。1988年青山製図学校グラフィックデザイン科卒業。88年アド・クリエーター入社。

2

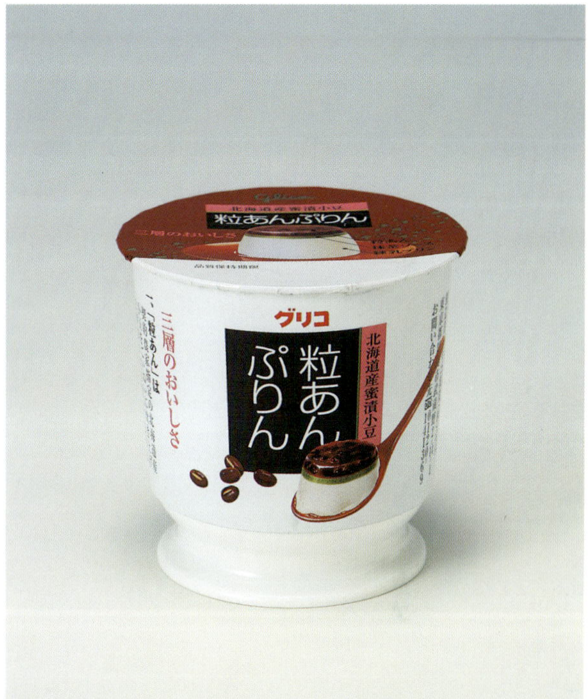

3

4

5

品質保持
期限
あけくち
Glico
グリコ
おいしいコーヒー
グリコ
おいしい
コーヒー
種類別 乳飲料
500ml

6

品質保持
期限
あけくち
Glico
ブルボンバニラで香りまろやか。
グリコ
バニラクリーミーカフェ!
Vanilla
Creamy
Café
種類別 乳飲料
ブルボンバニラで香りまろやか…
希望小売価格
120円(税込)
500ml

7

Glico
RICH AROMA & MILD MOCHA
CAFÉ
de
SOCIÉTÉ
カフェ・ド・ソシエ
種類別 乳飲料
Perfect harmony with
Drip coffee and Milk
生乳55%使用
炭火焙煎したモカ豆を毎朝ドリップ
Glico
ICE
CAFÉ
アイスカフェ
種類別 乳飲料
甘さすっきり仕立て!
Glico
Café
de
Bar
カフェ・ド・バール
種類別 乳飲料
後味すっきり、大人の香り

8

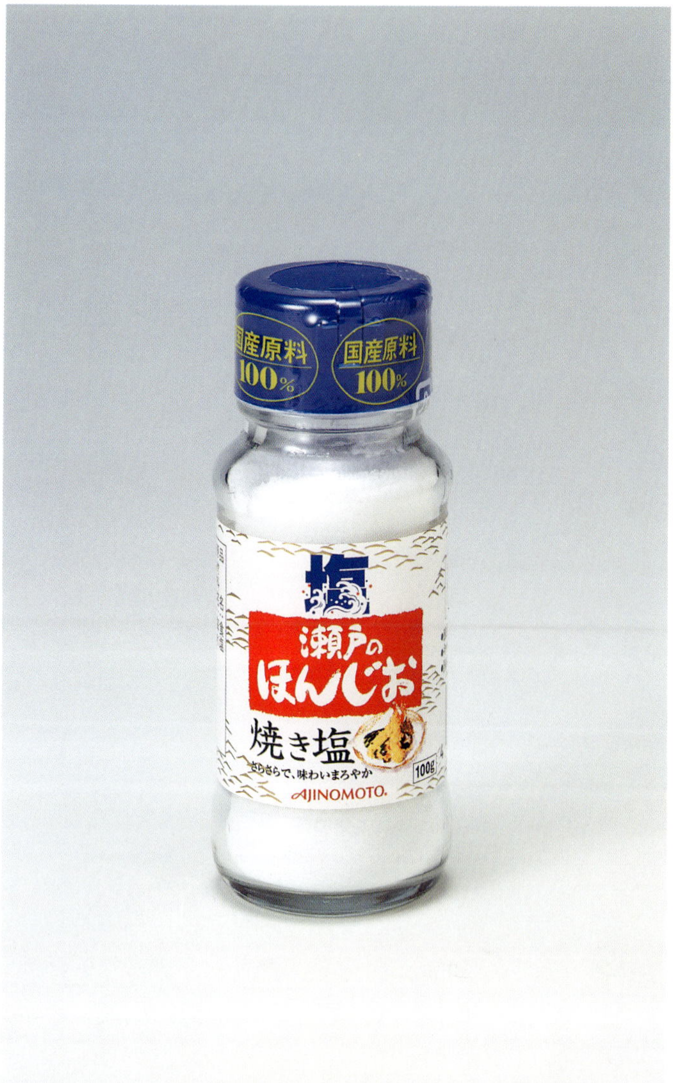
国産原料
100%
塩
瀬戸のほんじお
焼き塩
さらさらで、味わいまろやか
100g
AJINOMOTO

9

TIGHT LINGERIE
BODY MASSAGE & ESSENCE
From the moment you rub it on,Tight Lingerie acts like a girdle, sculpting your skin with a supple feel for a shapelier figure.
A comfortable fit,just like wearing a girdle. Essence for your body that keeps you looking beautiful.
BODY CREAM
6fl.oz./175g

10

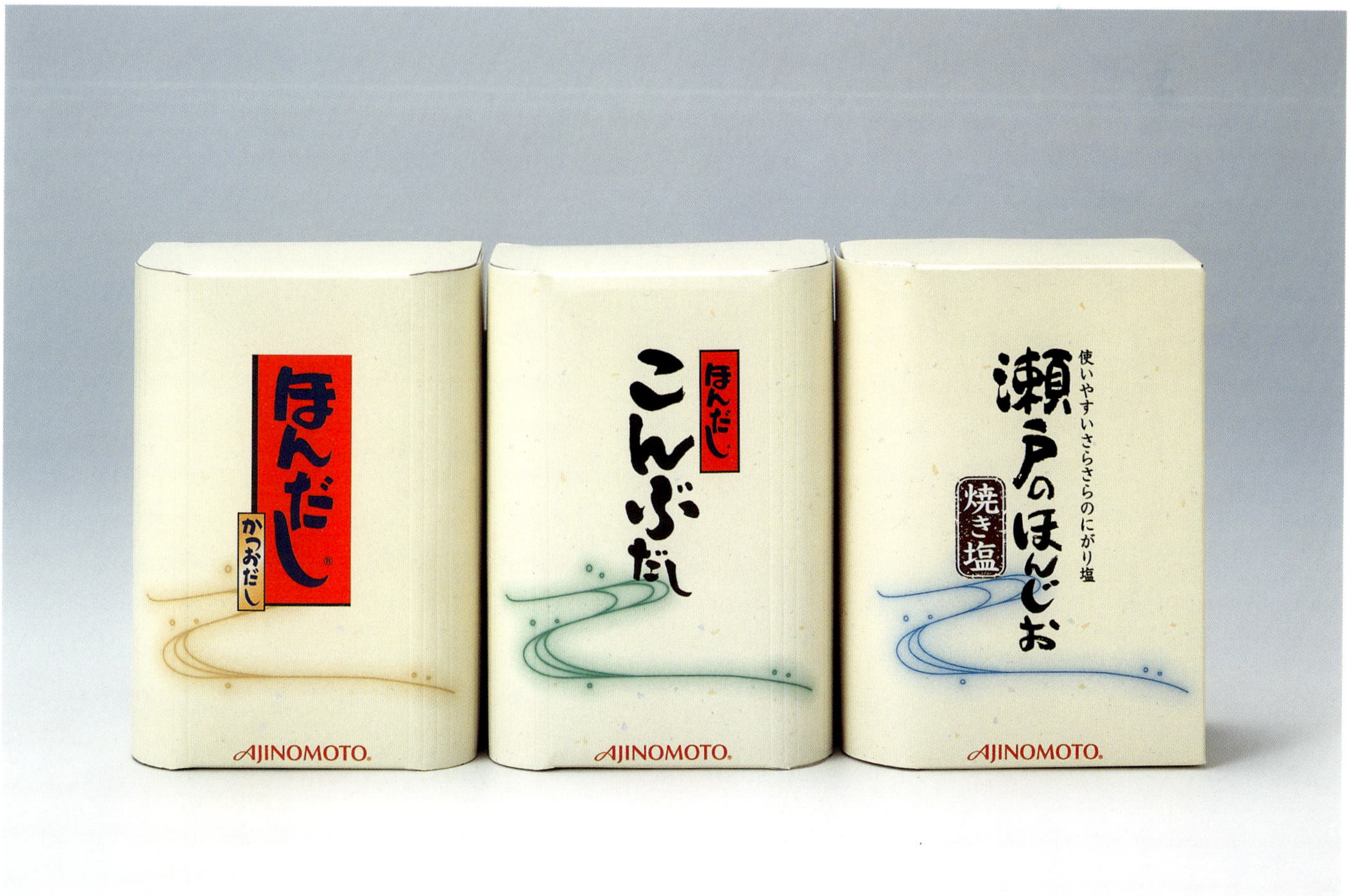
ほんだし
かつおだし
AJINOMOTO
ほんだし
こんぶだし
AJINOMOTO
使いやすいさらさらのにがり塩
瀬戸のほんじお
焼き塩
AJINOMOTO

11

Shigeno Araki Design & Co.

荒木志華乃デザイン室

〒550-0014 大阪府大阪市西区北堀江1-5-14 5F
tel.06-6535-8663　fax.06-6535-8676

荒木志華乃　Araki Shigeno

大阪芸術大学デザイン学科卒業。長崎堂入社。同社企画室長、総括部長を経て、現在、取締役。1993年 荒木志華乃デザインオフィス開設。2005年株式会社荒木志華乃デザイン室設立。デザインワーク他、企業デザインコンサルティング業。日本パッケージデザイン大賞特別賞受賞、ロンドンインターナショナルアドバタイジングデザインアワード、Reddot Award入選、N.Y.ADC入賞。展覧会多数。日本グラフィックデザイナー協会会員、日本パッケージデザイン協会会員理事、大阪芸術大学デザイン学科非常勤講師。

1

2

3

1 夏の贈りもの 2004
Rice,Tea,Fish Boiled in Soy & Japanese Sweets
cd.,ad.,d.,ca.& il.荒木志華乃
cl.長崎堂 Nagasakido

2 夏の贈りもの 2005
Coffee Cup
ad.,d.& il.荒木志華乃
cl.長崎堂 Nagasakido

3 黒船
Gift Box
ad.荒木志華乃
cl.黒船 Quolofune

Arisawa Shintaro

有澤眞太郎

Helvetica
ヘルベチカ
〒107-0062 東京都港区南青山5-15-9 フラット青山301
tel.03-5778-4804　fax.03-5778-4808
e-mail: arisawa@helvetica.co.jp

1955年12月9日生まれ。1999年ヘルベチカ設立。パッケージのみならず、グラフィック、ロゴマーク、エディトリアル、広告など総合的に活動。

1 R Chocolate
cd.吉岡友紀子、古賀直美
ad.有澤眞太郎
d.稲葉奏子
cl.不二家 Fujiya
2 FEEL SAFARI,FEEL ENVY Chocolate
cd.吉岡友紀子、古賀直美
ad.& lo.有澤眞太郎
d.稲葉奏子、鈴木美保
cl.不二家 Fujiya
3 ナチュラルハウス 丸しぼり果汁 Juice
ad.有澤眞太郎
d.澤井裕明
cl.ナチュラルハウス Natural House
4 ホリスティック ビューティー Tea
cd.有澤眞太郎
ad.稲葉奏子
d.& il.澤井裕明
cl.ナチュラルハウス Natural House
5 和漢花 Skin Care Products
cd.古賀直美
ad.有澤眞太郎
d.澤井裕明
lo.,ad.& d.大口祐紀恵
cl.カネボウホームプロダクツ販売
Kanebo Home Products Sales

1

2

商品名
ナチュラルハウス
丸しぼり果汁.
原材料名
温州みかん
生産地
愛媛県中島産
Natural House
Whole Squeezed Juice
made from 100% pure Unshu Mikan
商品名
ナチュラルハウス
丸しぼり果汁.
原材料名
いよかん.
生産地
愛媛県中島産
Natural House
Whole Squeezed Juice
made from 100% pure Ehime Iyokan
3

TAB
タブを手前におこし、右に引っぱって下さい。
ZIPPER
HOLISTIC BEAU-TEA
Oregon Tilth 認証ハーブ100%使用
Natural House
ハーバリストが厳選した7種のハーブのブレンドティ
Reset Blend
リセットブレンド
7包入
4

和漢花
わかんか
高保湿美容液
和漢花
wakanka
Essence
Kanebo
5

Albion

アルビオン

〒104-0061 東京都中央区銀座1-16-7
tel.03-5159-1610　fax.03-5159-1615

1 アルビオン エクサージュ Skin Care Products
ad.錦織章三、野田徳雄、小泉陽一
d.林 要年
cl.アルビオン Albion

2 アルビオン エクサージュ サマーシフォン Cosmetics
ad.錦織章三、野田徳雄
d.篠崎雅子
cl.アルビオン Albion

3 アルビオン エクサージュ モイスチュアシフォンAI Cosmetics
ad.錦織章三、小泉陽一
d.中野 恵、根上真理子
cl.アルビオン Albion

錦織章三 Nishigori Shozo

野田徳雄 Noda Norio

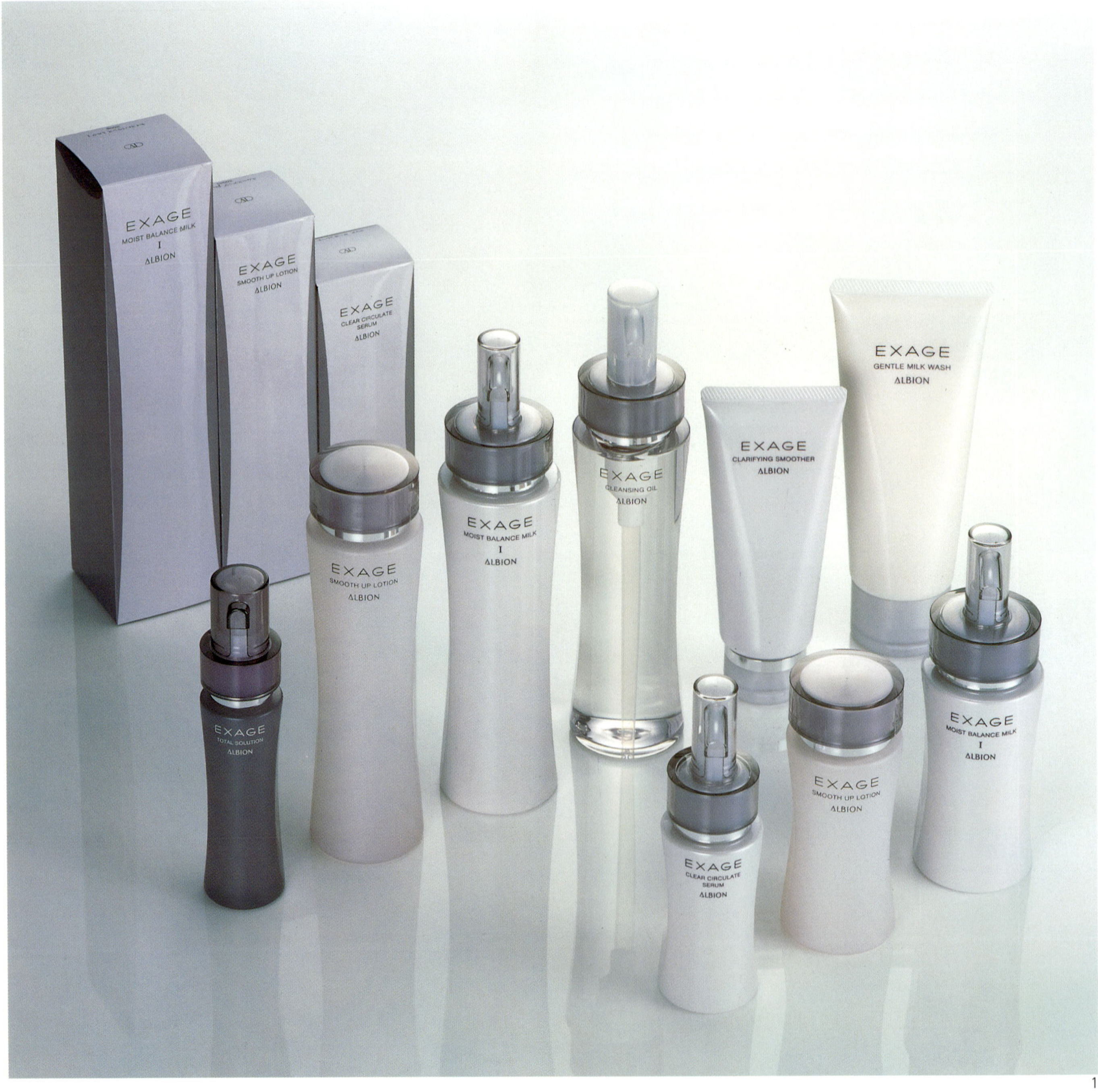

1

小泉陽一 Koizumi Yoichi

中野 恵 Nakano Megumi

篠崎雅子 Shinozaki Masako

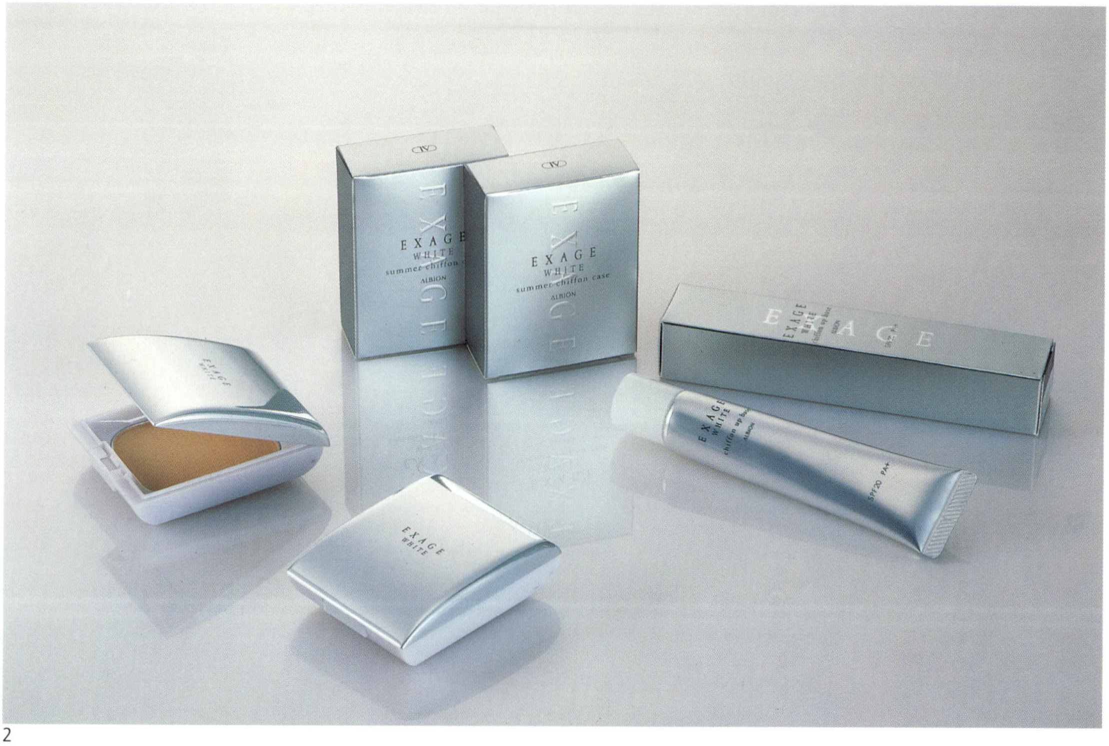

2

3

小黒 元　Oguro Hajime

根上真理子　Negami Mariko

4 アルビオン スキンコンディショナー 30th アニバーサリー Skin Care Products
ad.錦織章三
d.矢野順子
cl.アルビオン Albion
5 アナスイ スイ ルージュ Make-up Products
cd.アナ・スイ
ad.錦織章三
d.中野 恵
cl.アルビオン Albion
6 アナスイ スキンケア Skin Care Products
cd.アナ・スイ
ad.錦織章三
d.中野 恵
cl.アルビオン Albion
7 アルビオン エクサージュ コルセス Skin Care Products
ad.錦織章三、小泉陽一
d.林 要年、村田英子
cl.アルビオン Albion

5

4

6

EXAGE
CORSES
KELP WASH
ALBION
EXAGE
CORSES
CLARIFYING
CLEANSING MILK
ALBION
EXAGE
CORSES
LIFT CONCENTRATE
MILK
ALBION
EXAGE
CORSES
LIFT CONCENTRATE
LOTION
ALBION
EXAGE
CORSES
FIBER RENOVATE
SERUM
ALBION
EXAGE
CORSES
HYALO EXPRESS
ALBION
EXAGE
CORSES
CREAM RESILIFT
ALBION

7

8

9

10

8 PAUL&JOE BEAUTE ハッピーバード
Make-up Products
cd.ソフィー・アルブー
ad.錦織章三、小泉陽一
d.村田英子
cl.アルビオン Albion

9 イグニス ハーバルエッセンシャルオイル
Bath Products
ad.錦織章三、小泉陽一
d.根上真理子
cl.アルビオン Albion

10 イグニス リフレッシュ ボディーケア
Bath&Body Care Products
ad.錦織章三、小泉陽一
d.根上真理子
cl.アルビオン Albion

11

12

13

11 アルビオン エプリス 05 クリスマス
Make-up Products
ad.錦織章三、野田徳雄
d.小黒 元、奥 真澄、Artisan&Artist
cl.アルビオン Albion

12 アルビオン エプリス 05 サマー
Make-up Products
ad.錦織章三、野田徳雄
d.小黒 元、奥 真澄
cl.アルビオン Albion

13 エレガンス 05 クリスマス Make-up Products
ad.錦織章三、小泉陽一
d.吉岡美帆
cl.アルビオン Albion

Antenna Studio

あんてなスタジオ

〒107-0062 東京都港区南青山4-15-4
パークヒルズ南青山101
tel.03-5772-2342　fax.03-5772-2343
e-mail: emiko@antenna-studio.com
http://www.antenna-studio.com

シバサキエミコ　Shibasaki Emiko

11月26日生まれ。13年間お世話になった巣鴨を離れ、青山へ移転いたしました。あんてなスタジオを育んでくれた巣鴨の方々には、本当に感謝の気持ちでいっぱいです。そしてまた、新たな気持ちでよい仕事をしていきたいと思っています。

1 セルミナ Beauty Products
cd.山本真二 pd.大田馨子
ad.& gd.シバサキエミコ lo.荒井 聡
cl.松下電工 Matsushita Electric Works

2 ミルファン Sweetener
ad.久保田マリア
d.シバサキエミコ
cl.片岡物産 Kataoka

3 味の素ケータリング トスドレ Dressing
cd.加地賢太郎
ad.& d.シバサキエミコ
cl.味の素 Ajinomoto

4 カルビー フルーツグラノーラ、カルビー 南国デザートグラノーラ、カルビー おいもとあずきグラノーラ、カルビー キャラメルグラノーラ Cereal
cd.太田道夫
ad.シバサキエミコ d.荒井 聡
cl.オイシア Oisia Foods

5 ピーチツリーフィズ、ライチツリーフィズ、ラズベリーツリーフィズ、アップルツリーフィズ Cocktail
ad.& d.シバサキエミコ
cl.メルシャン Mercian

6 さらさらそば茶 Tea
ad.& d.シバサキエミコ
cl.伊藤園 Ito En

7 冷梅(ひやしうめ) Soft Drink
ad.& d.シバサキエミコ
cl.伊藤園 Ito En

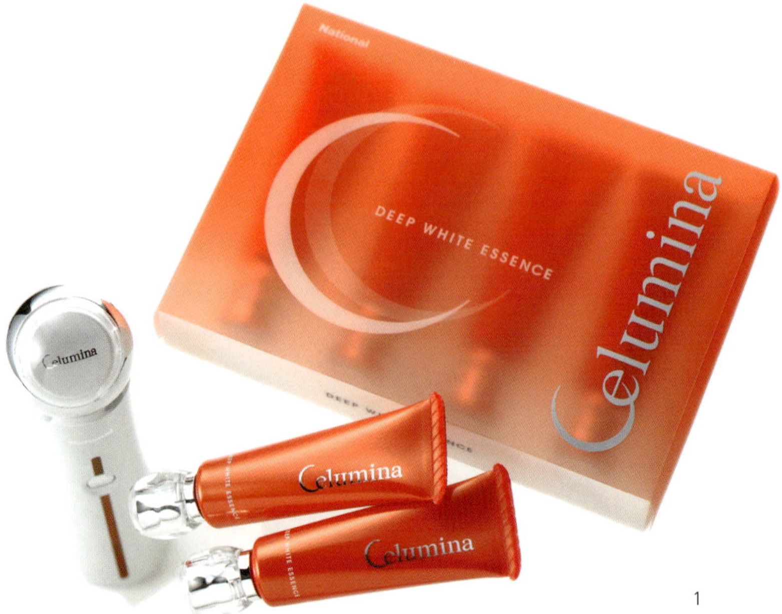

1

2

3

Calbee
フルーツがさらにおいしく
フルーツ
グラノーラ
フルーツ・ナッツ・穀物いろいろ
自然な甘さと香ばしさ
Natural Fruit Granola
食物繊維や
鉄分がたっぷり
NET 400g
Calbee
南国デザート
グラノーラ
ココナッツミルク味
自然な甘さと香ばしさが
織りなす味わい
Nangoku Dessert Granola
ココナッツの
おいしさたっぷり
期間限定
NET 365g
Calbee
ほのかな甘さと香ばしさ
おいもとあずき
グラノーラ
さつまいもとあずき
穀物いろいろ
期間限定
NET 365g
Calbee
期間限定
甘さひかえめ 大人の味わい
キャラメル
グラノーラ
食物繊維や鉄分がたっぷり
ホットミルクを
かけて食べる
コクのあるビターな
キャラメル味
NET 365g

4

Mercian
Original
PEACHTREE
FIZZ
桃のカクテル
LIGHT FRUIT
COCKTAIL
Sweet
ALCOHOL 4%
お酒
果汁1%
リキュール類・アルコール分4%
Mercian
Original
LYCHEETREE
FIZZ
ライチのカクテル
LIGHT FRUIT
COCKTAIL
Sweet
ALCOHOL 4%
お酒
果汁2%
Mercian
Original
RASPBERRYTREE
FIZZ
ラズベリーのカクテル
LIGHT FRUIT
COCKTAIL
Sweet
ALCOHOL 4%
お酒
果汁2%
リキュール類・アルコール分4%
Mercian
Original
APPLETREE
FIZZ
りんごのカクテル
LIGHT FRUIT
COCKTAIL
Sweet
ALCOHOL 4%
お酒
果汁1%
リキュール類・アルコール分4%

5

伊藤園
韃靼そば100%
さらさらそば茶
さらさら効果
天然ルチン40mg
無香料・無着色
自然のままのおいしさ
伊藤園
ホットでおいしい
韃靼そば100%
さらさらそば茶
さらさら効果
天然ルチン22mg

6

ITO EN
冷梅
ひやしうめ
夏負けおらず
すっぱさ効果
天然有機酸2000mg

7

Arai Takeshi Design Office

新井猛デザイン事務所

〒377-0008 群馬県渋川市渋川1771-8
tel.0279-23-4208　fax.0279-23-4265
e-mail: araidesign@grape.plala.or.jp

新井 猛　Arai Takeshi

1948年8月25日生まれ。

1 清酒 福迎 Sake
ad.& d.新井 猛
cl.永井酒造 Nagai Shuzo

2 清酒 水芭蕉 Sake
ad.& d.新井 猛
cl.永井酒造 Nagai Shuzo

1

2

Igo Design Office

伊郷デザイン事務所

〒572-0841 大阪府寝屋川市太秦東が丘9-15
tel.& fax. 072-823-5271
e-mail: igo-design@pipopa.ne.jp

伊郷武治 Igo Takeharu

1943年8月24日生まれ。カネボウ、関係会社ジャパンデザインサービス、フロムコミュニケーションズ退社後、2004年伊郷デザイン事務所設立し、現在に至る。

1 漬物ギフトパッケージ Pickles
ad.& d.伊郷武治
cl.伊勢屋商店 Iseya

2 Pスタンプギフトパッケージ Stamp
ad.& d.伊郷武治

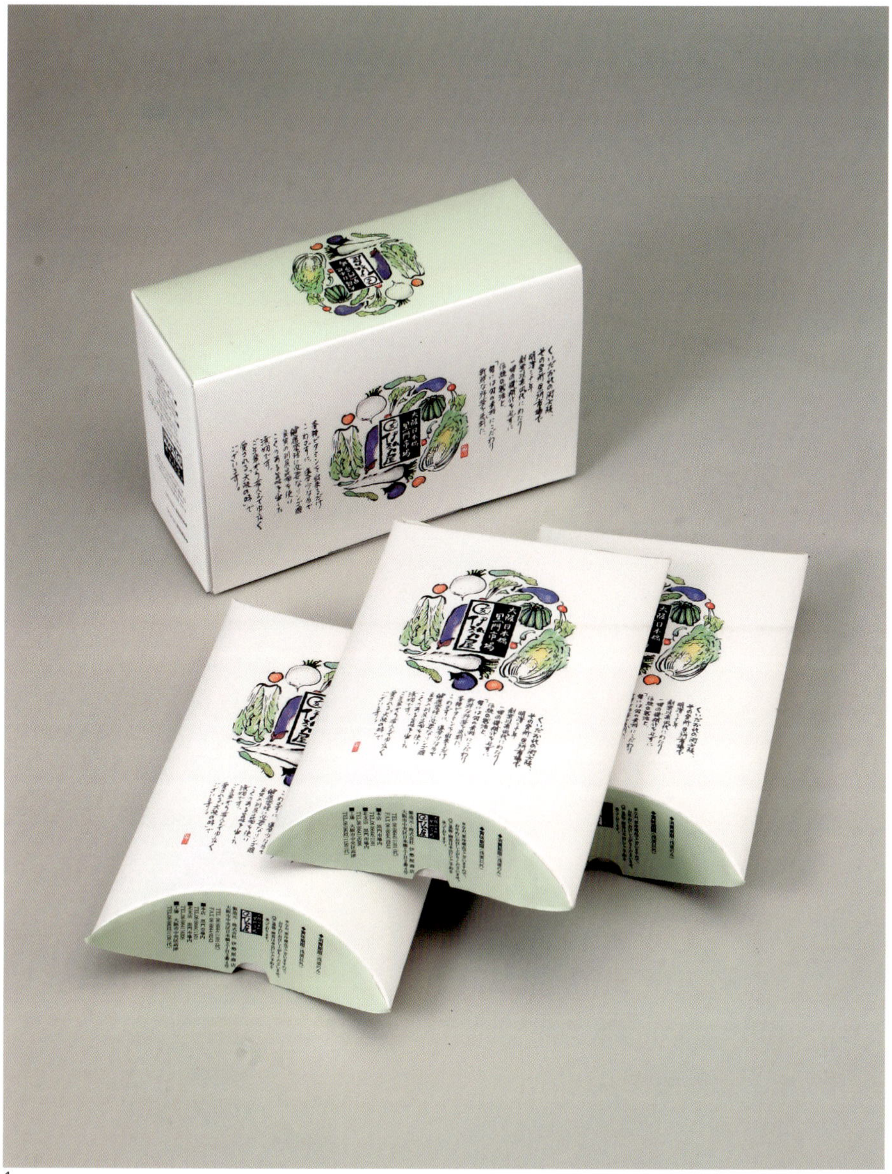

1

2

Minato Ishikawa Associates
石川源事務所

〒153-0061 東京都目黒区中目黒4-12-7-503
tel.03-3760-7591 fax.03-3760-7588
e-mail: minato@minatoishikawa.com
http://www.minatoishikawa.com

私たちの事務所は石川を中心に集まった仲間たちのアトリエです。石川は外資系広告代理店のアートディレクターを経てここを開きました。ビジュアルコミュニケーションを総合的に、戦略的に考えることから始めます。でもそれから先が本領なんです。消費者のアンテナに感じさせ、受信機の針を振らせることのできるデザインを目指しているんです。言い換えれば、美しい、おもしろい、かっこいい、楽しい……とにかくポジティブに「気になる」ものを作りたいと思っているんです。何を隠そう実はそれが(私たち自身)楽しいし、がんばれるし、何よりもプロジェクトに対して、私たちの出来うる最大の貢献だと、信じているからです。

1 キリン ハニーブラウン
Sparkling Alcoholic Beverage
cd.,il.& ad.石川 源
ad.秋山香代子
cl.キリンビール Kirin Brewery

2 キリン まろやか酵母 Beer
cd.石川 源
ad.秋山香代子
cl.キリンビール Kirin Brewery

3 キリン ホワイトエール Beer
cd.石川 源
ad.& il.秋山香代子
cl.キリンビール Kirin Brewery

4 caretrico Hair Care Products
cd.石川 源
ad.秋山香代子
cl.アリミノ ケアトリコ事業部
Arimino Caretrico Division

石川 源 Ishikawa Minato

1948年7月24日東京生まれ。1971年多摩美術大学グラフィックデザイン科卒業。広告代理店・電通ヤング・アンド・ルビカムに12年間勤務。83年石川源事務所設立。86年妻・博子と生活雑貨の店ファーマーズテーブルを始める。87年から88年にかけてニューヨークで仕事をする。

秋山香代子 Akiyama Kayoko

1963年10月17日静岡生まれ。1984年桑沢デザイン研究所卒業。89年石川源事務所入社。

1

2

3

marbling system for professional
caretrico
after treatment
oil

5 トワイニング紅茶 Tea
cd.& ad.石川 源
d.呉屋奈奈
cl.片岡物産 Kataoka

6 アボカドオイル Cooking Oil
cd.,ad.& il.石川 源
d.呉屋奈奈
cl.紅花食品 Benibana Foods

7 荏胡麻油 Cooking Oil
cd.,ad.& il.石川 源
d.呉屋奈奈
cl.紅花食品 Benibana Foods

8 黒荏胡麻油 Cooking Oil
cd.,ad.& ca.石川 源
d.呉屋奈奈
cl.紅花食品 Benibana Foods

9 果実だけの自然な甘さヨーグルト Yogurt
cd.石川 源
ad.秋山香代子
d.呉屋奈奈
cl.協同乳業 Kyodo Milk Industry

10 La Rosé Cosmetics
cd.& il.石川 源
ad.秋山香代子
cl.ハウス オブ ローゼ House of Rose

5

6

7

8

メイトー
MEITO
香料・着色料・安定剤
無添加
Natural Sweetness of Only Fruits
果実だけの
自然な甘さ
ヨーグルト
いちご&木苺
カナダ産
ブルーベリー
9

La Rosé
La Rose is a series of bath & body product presenting the fragrance of lovely pink roses. Enjoy a moment of bath time luxury.
EAU DE TOILETTE DAMASK
オードトワレ ダマスク
MOISTURE HAND CREAM
モイスチュア ハンドクリーム
FRAGRANCE BUBBLES
フレグランス バブルス
EAU DE TOILETTE CENTIFOLIA
FRAGRANCE POWDER
フレグランス パウダー
FRAGRANCE BATH SOAP
MOISTURE BODY LOTION
モイスチュア ボディローション
HOUSE OF ROSE
10

Ishikawa Kazuo

石川千雄

Design Works Thousand
デザインワークスサウザンド
〒458-0845 愛知県名古屋市緑区鳴海町字赤塚157-1
tel.052-892-3999　fax.052-892-1385

1952年11月27日生まれ。紙器及びPOPの構造設計のみ制作。

1 ボディー Body
const.石川千雄
cl.凸版印刷 Toppan Printing

2 ランプ&時計 Lamp,Clock
ad.森本直子
const.石川千雄
cl.覚王山チーズサロン Kakuozan Cheese Salon

3 箸置き Chopstick Rest
ad.森本直子
const.石川千雄
cl.覚王山チーズサロン Kakuozan Cheese Salon

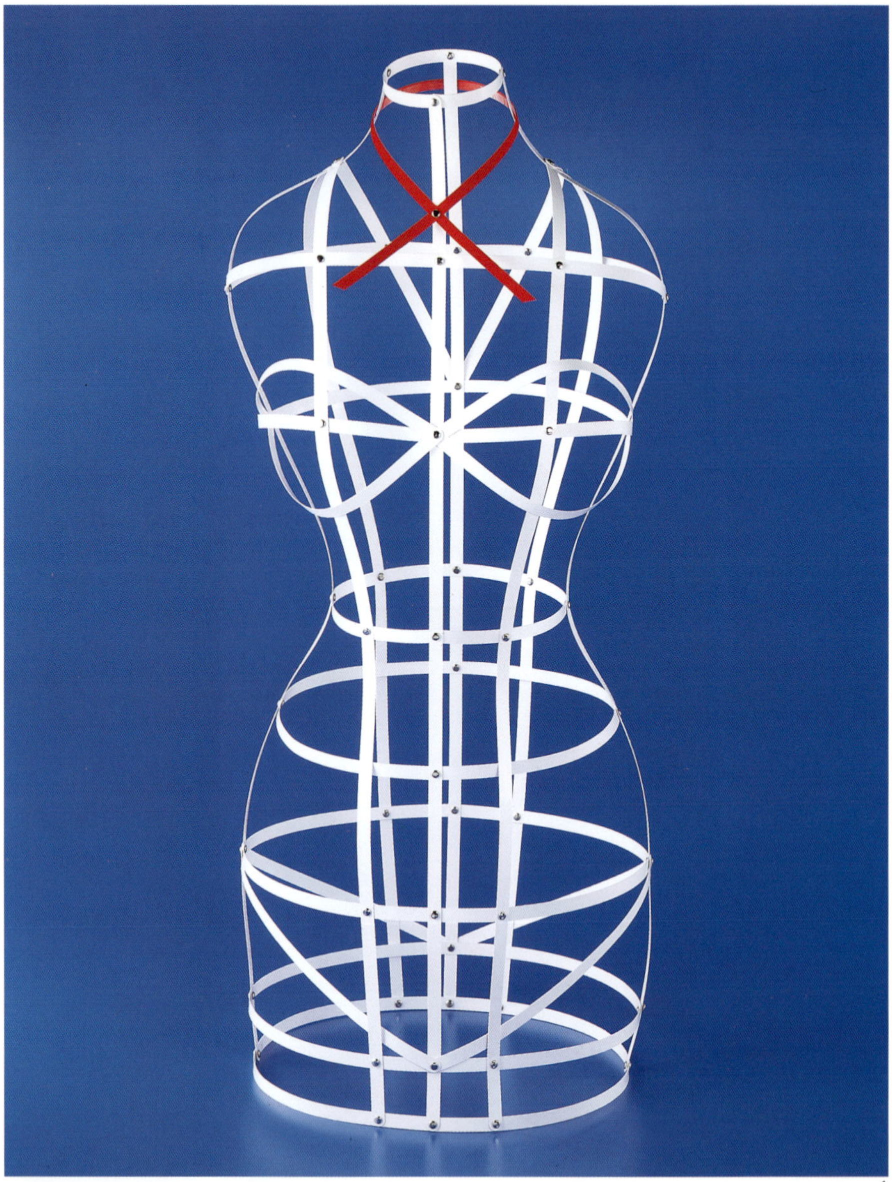

1

2

3

1

Imakita Koichi

今北紘一

Imakita Design Research
今北デザイン研究所

〒530-0047 大阪府大阪市北区西天満4-5-5
京阪マーキス梅田312
tel.06-6364-6640　fax.06-6364-6140
e-mail: imakita@d7.dion.ne.jp

1941年3月1日生まれ。1964年京都教育大学特修美術構成科卒業。カネボウファッション研究所25年勤務を経て、90年今北デザイン研究所設立。78年NAAC展特選、79年アランゴ・インターナショナル・デザインコンペ(USA)入賞、81年パッケージング展食品部門賞、82年クリオアウォーズファイナリスト賞、87年信楽高原鉄道車両デザイン最優秀賞、88年国際識字年シンボルグランプリ(UNESCO・PARIS)、91年奈良県統一案内標識デザイン最優秀賞、96年デザインコンペ大阪95グランプリ、等受賞多数。いつも地球規模で、ユニバーサルデザイン。

1 ニューミュンヘン・鶏のから揚げ
Shopping Bag for Fried Chicken
cd.,ad.& d.今北紘一
cl.ニューミュンヘン　New Munchen

2 White Day・相思相愛　Clock for Mutual Love
cd.,ad.& d.今北紘一
cl.日本パッケージデザイン協会
Japan Package Design Association

2

Ito Toru

伊藤 透

Toru Ito Design
〒150-0046 東京都渋谷区松濤1-26-16-102
mobile:090-6517-0649 fax.03-3460-3383
e-mail: email@toruitodesign.com
http://www.toruitodesign.com

1958年6月20日生まれ。千葉大学工業意匠学科卒業、資生堂宣伝部パッケージグループ勤務。1989年渡仏。カレ・ノアール社アートディレクターを経て独立。化粧品を中心としたハイプレステージ商品のデザインを主に行う。現在東京とパリを拠点に活躍中。主な受賞として日本パッケージデザイン大賞特賞、同特別賞、JPC通産大臣賞、同通産省生活産業局長賞、同日本印刷産業連合会長賞、New York Art Director's Club Merit Award、CLIO Award 他。

1 ばら園 Fragrance
cd.,ad.& d.信藤洋二
ad.& d.伊藤 透
il.佐藤日南子
cl.資生堂 Shiseido

2 スキンクリエーター Skin Care Products
cd.足立和彦
d.伊藤 透
cl.資生堂薬品 Shiseido Medical

1

2

3 テール フ Wine
ad.& d.伊藤 透
d.ガブリエル・ドゥヴージュ・ラミエル
cl.アズマコーポレーション Azuma Corporation
4 コークチュール Cosmetics
cd.足立和彦
d.伊藤 透
lo.丸橋 桂
cl.資生堂 Shiseido
5 ザ・ミツイクリーム Skin Care Products
d.伊藤 透
cl.三井コスメティックス Mitsui Cosmetics

3

4

5

Inuzuka Tatsumi

犬塚達美

Inuzuka Design Office
犬塚デザイン事務所
〒113-0034 東京都文京区湯島3-3-4 高柳ビル4F
tel.03-3839-1386　fax.03-3839-1387
e-mail: inuzuka@box.email.ne.jp

1

1950年5月14日生まれ。1990年犬塚デザイン事務所設立、現在に至る。

1 肌セルフ Body Care Products
ad.& d.犬塚達美
cd.久保田紘恵
cl.明治製菓 Meiji Seika Kaisha
2 ダイナグリッド シリーズ Battery
ad.& d.犬塚達美
cd.大林正幸
pl.守屋祐亮
p.新崎紳一郎
cl.オートバックスセブン Autobacs Seven

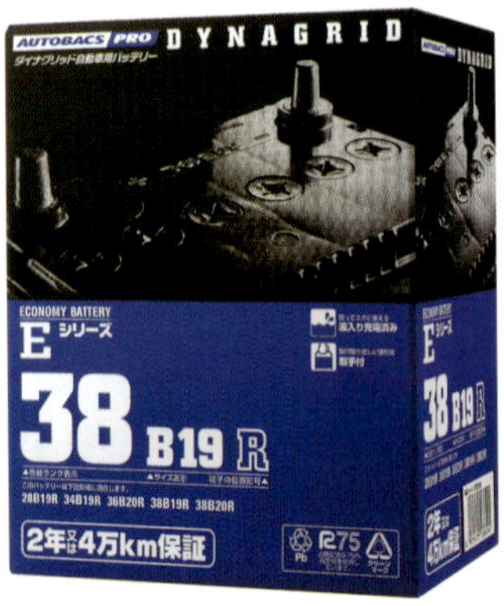

2

3 本格焼酎 いちまる Shochu
ad.& d.犬塚達美
cd.本間良弥
cl.いちまる Ichimaru
4 球磨焼酎 ケンボー Shochu
ad.佐藤昭夫
d.& il.犬塚達美
cl.ケンボー Kenbo
5 山城・蔵出し 茶箱 Green Tea
ad.& d.犬塚達美
cl.宇治田原製茶場 Ujitawara-Seichajyo
6 マギービア デザートパール アソート Soft Drink
ad.& d.犬塚達美
brandmark d.イアン・キッド
ca.マギー・ビア
pl.八木隆子
cl.百楽インターナショナル Hyakuraku International
7 マギービア フレーバージャム アソート Flavors Jam
ad.& d.犬塚達美
brandmark d.イアン・キッド
pl.八木隆子
cl.百楽インターナショナル Hyakuraku International
8 こいまろ茶 贈答 Green Tea
ad.,d.& character d.犬塚達美
cl.宇治田原製茶場 Ujitawara-Seichajyo

3

4

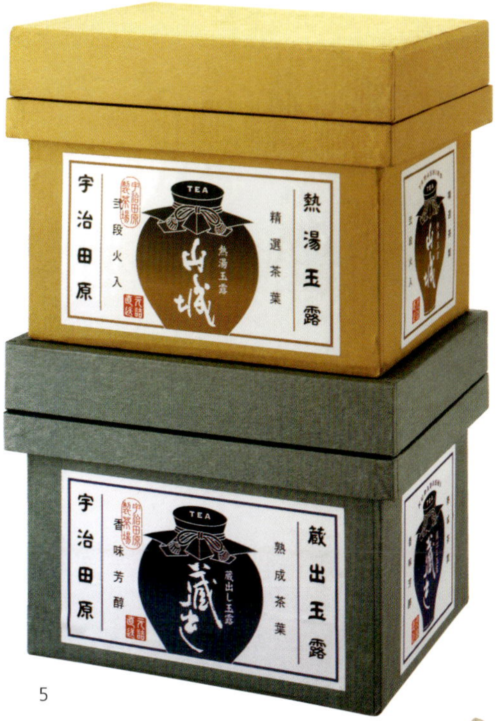
宇治田原
TEA
山城
熱湯玉露
精選茶葉
宇治田原
TEA
蔵出
蔵出玉露
熟成茶葉

5

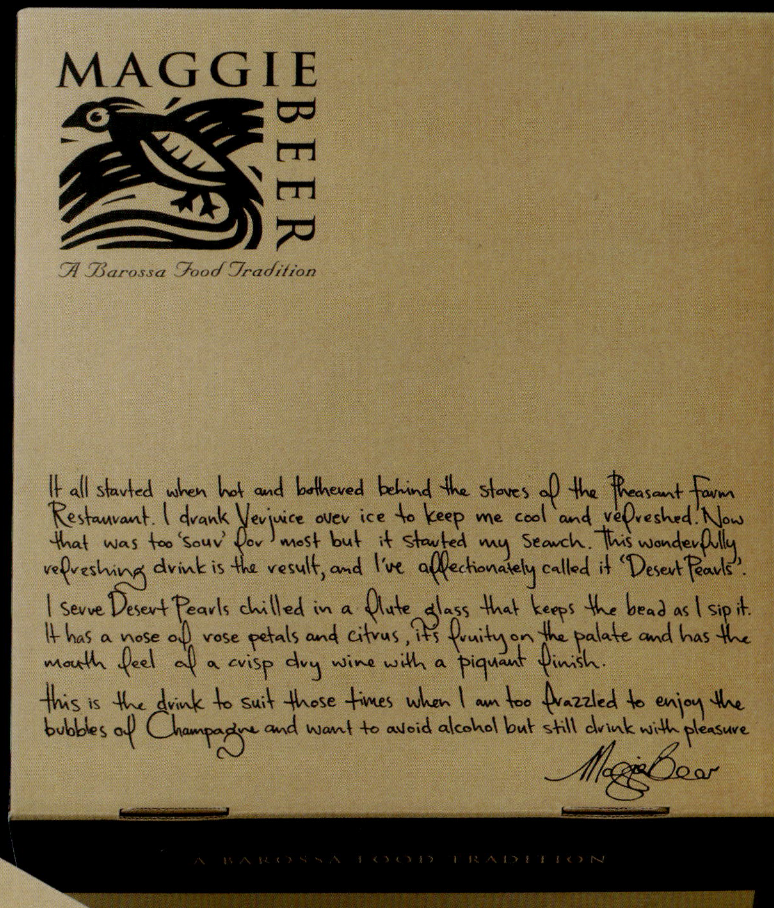
MAGGIE BEER
A Barossa Food Tradition
It all started when hot and bothered behind the stoves of the Pheasant Farm Restaurant. I drank Verjuice over ice to keep me cool and refreshed. Now that was too 'sour' for most but it started my search. This wonderfully refreshing drink is the result, and I've affectionately called it 'Desert Pearls'.
I serve Desert Pearls chilled in a flute glass that keeps the bead as I sip it. It has a nose of rose petals and citrus, it's fruity on the palate and has the mouth feel of a crisp dry wine with a piquant finish.
This is the drink to suit those times when I am too frazzled to enjoy the bubbles of Champagne and want to avoid alcohol but still drink with pleasure
Maggie Beer
A BAROSSA FOOD TRADITION

6

MAGGIE BEER
A Barossa Food Tradition

7

こいまろ茶
宇治田原製茶場
こいまろ茶
宇治田原製茶場

8

Iff Company
イフカンパニー
〒107-0062 東京都港区南青山6-8-11
tel.03-3406-0731　fax.03-3406-0738
e-mail: info@iff-com.co.jp
http://www.iff-com.co.jp

高橋 敏　Takahashi Ving

1948年2月18日生まれ。1984年イフカンパニー設立。主な作品として、日本たばこ産業「ミスティ/セレクト」、TDK「オーディオテープ/ビデオテープ全般」、ハウス食品「ククレカレー」、サントリー「マグナムドライ」、日本コカ·コーラ「GEOGIAシリーズ/スプライト」、など。96年ロンドン国際広告賞、97年日本パッケージデザイン大賞銀賞、2000年日本パッケージデザイン大賞特別賞、01年日本パッケージデザイン大賞銀賞、03年日本パッケージデザイン大賞銀賞、受賞。桑沢デザイン研究所講師。

武田優子　Takeda Yuko

1971年1月9日生まれ。1990年専門学校アーバンデザインカレッジ·グラフィック科卒業、イフカンパニー入社。95年、97年、2004年ロンドン国際広告賞入選。現在に至る。

1 | GEORGIAシリーズ Soft Drink
cd.日本コカ·コーラ
ad.高橋 敏、長澤 学
d.高田裕二、木村隆太、杉山 礼、毛塚七重
cl.日本コカ·コーラ Coca-Cola (Japan)

1

長澤 学 Nagasawa Gaku

クリエイティブアソシエイツを2005年に設立。
〒106-0031 東京都港区西麻布4-15-2
APARTMENTS西麻布 801
tel.03-3406-0696 fax.03-3406-0697

信貴 渉 Shigi Wataru

クリエイティブアソシエイツ。

2 CLEF Mini Disc
cd.TDKデザイン
ad.高橋 敏
d.杉山 礼
cl.TDKデザイン TDK Design

3 録画用・データ用DVD-R Digital Versatile Disc
cd.TDKデザイン
ad.高橋 敏
d.木村隆太
cl.TDKデザイン TDK Design

4 GABAN Seasoning
cd.山下秀俊
ad.高橋 敏、長澤 学
d.高田裕二
cl.ハウス食品 House Foods

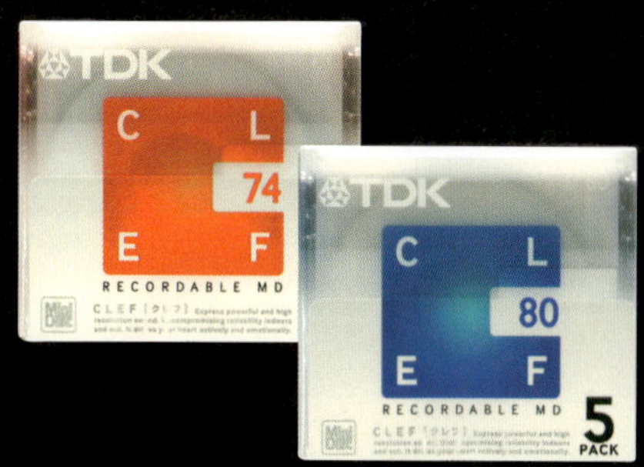

2

3

4

5 大豆ノススメ Soft Drink
cd.日本コカ･コーラ
ad.高橋 敏、長澤 学 d.高田裕二
cl.日本コカ･コーラ Coca-Cola (Japan)

6 アクティブダイエット Soft Drink
cd.日本コカ･コーラ
ad.高橋 敏、長澤 学 d.高田春樹
cl.日本コカ･コーラ Coca-Cola (Japan)

7 アクエリアス Soft Drink
cd.日本コカ･コーラ
ad.高橋 敏、長澤 学 d.高田春樹
cl.日本コカ･コーラ Coca-Cola (Japan)

8 スプライトX Soft Drink
cd.日本コカ･コーラ
ad.高橋 敏、長澤 学 d.木村隆太
cl.日本コカ･コーラ Coca-Cola (Japan)

9 スプライト Soft Drink
cd.日本コカ･コーラ
ad.高橋 敏、長澤 学 d.高田春樹
cl.日本コカ･コーラ Coca-Cola (Japan)

10 ヤクルト ジョア Soft Drink
cd.楠野 準(東急エージェンシー)
ad.高橋 敏 d.武田優子
cl.ヤクルト本社 Yakult Honsha

5

6

7

8

9

10

11	キーマカレー、ビーンズカレー Curry cd.安間かおり ad.高橋 敏 d.高田裕二 cl.マスコット Mascot
12	ASTORIA Coffee Powder cd.菊池成基 ad.高橋 敏 d.木村隆太 cl.片岡物産 Kataoka
13	スーパードレッシング Dressing cd.理研ビタミン ad.高橋 敏 d.木村隆太 cl.理研ビタミン Riken Vitamin

11

12

13

Iwamoto Sadao
岩本禎雄
Design Office i-box
デザインオフィス アイボックス
〒452-0803 愛知県名古屋市西区大野木4-94
tel.052-502-3023　fax.052-502-3040
e-mail: i-box03@dol.hi-ho.ne.jp
http://www.bea.hi-ho.ne.jp/rump/

1969年6月7日生まれ。兵庫県出身。名古屋芸術大学美術学部デザイン学科卒業後、大和グラビヤを経て、2001年、デザインオフィス アイボックス設立。

1 素材元気! Snack
ad.,d.& il.岩本禎雄 cl.ベルソフト Bellsoft
2 鍋の素 Soup
ad.村井竜一朗 d.岩本禎雄 il.岩本玲子
cl.マルアイ Maruai
3 青汁オーレ Drink Powder
ad.& d.岩本禎雄
cl.山本漢方製薬 Yamamoto Kanpo Seiyaku
4 おいしい青汁 大麦若葉100% Drink Powder
ad.& d.岩本禎雄
cl.山本漢方製薬 Yamamoto Kanpo Seiyaku
5 クッピーラムネ 4連 Confectionery
ad.& il.岩本禎雄 d.宮田真千子 il.岩本玲子
cl.カクダイ製菓 Kakudai Seika
6 グミ100 5連 Confectionery
ad.岩本禎雄 d.& il.宮田真千子
cl.春日井製菓 Kasugai Seika
7 ポケグミ Confectionery
ad.& il.岩本禎雄 d.& il.岩本玲子
cl.春日井製菓 Kasugai Seika
8 Danish Cookies Cookie
ad.岩本禎雄 d.宮田真千子 cl.岩月屋 Iwatsukiya
9 発芽玄米雑炊 Rice Porridge
ad.,d.& il.岩本禎雄 cl.第一物産 Daiichi Bussan
10 りそぼっ茶 Tea
ad.& d.岩本禎雄 cl.リソボッティー Riso Bottega

1

2

3

4

クッピー・フルーツ
ラムネ菓子
5

Kasugai
5連グミ100
グミ100
アップル果汁100%
マスカット果汁100%
オレンジ果汁100%
グレープ果汁100%
パイナップル果汁100%
6

Kasugai
かわいくてジューシー
ポケグミ
グレープ果汁入
オレンジ果汁入
果汁100%(換算)
7

Danish Cookies
•デニッシュクッキー•
It is a cookie politely baked.
At time of the tea time please try it.
Danish Cookies
•デニッシュクッキー•
8

にがり入
飛騨牛雑炊
一人前
奥美濃古地鶏雑炊
あゆ雑炊
9

りそぼっ茶
14種ブレンド茶
500ml
五穀茶
10

Ing Associates

イングアソシエイツ

〒564-0053 大阪府吹田市江の木町27-3
tel.06-6385-0955　fax.06-6384-1757
http://www.ing-associates.co.jp/

井上邦子 Inoue Kuniko
5月13日生まれ。1970年入社、現在に至る。

大力千津子 Dairiki Chizuko
1月12日生まれ。1987年入社、現在に至る。

三河内英樹 Mikouchi Hideki
4月24日生まれ。1997年入社、現在に至る。

1 ブレオ Candy
ad.井上邦子
ad.& d.大力千津子
cl.江崎グリコ Ezaki Glico
2 DVD Digital Versatile Disc
ad.& d.三河内英樹
cl.日立マクセル Hitachi Maxell
3 DVD Digital Versatile Disc
ad.& d.三河内英樹
cl.日立マクセル Hitachi Maxell
4 DVD Digital Versatile Disc
ad.井上邦子
ad.& d.三河内英樹
cl.日立マクセル Hitachi Maxell
5 ポイントマジック Cosmetics
ad.& d.大力千津子
cl.黒龍堂 Kokuryudo
6 マイラッシュ Make-up Products
cd.& ad.楊 裕幸（ピアス）
d.大力千津子
cl.ピアス Pias
7 ファイバーウィッグ
Make-up Products
cd.& ad.楊 裕幸（ピアス）
d.大力千津子
cl.ピアス Pias
8 フィルメイド Candy
ad.井上邦子
ad.& d.三河内英樹
cl.日硝実業 Nissho Jitsugyo
9 ボディパールパウダー Cosmetics
ad.& d.大力千津子
cl.黒龍堂 Kokuryudo
10 海藻スープ Soup
ad.井上邦子
d.大力千津子
cl.小倉屋昆布食品
Oguraya Kombu-shokuhin

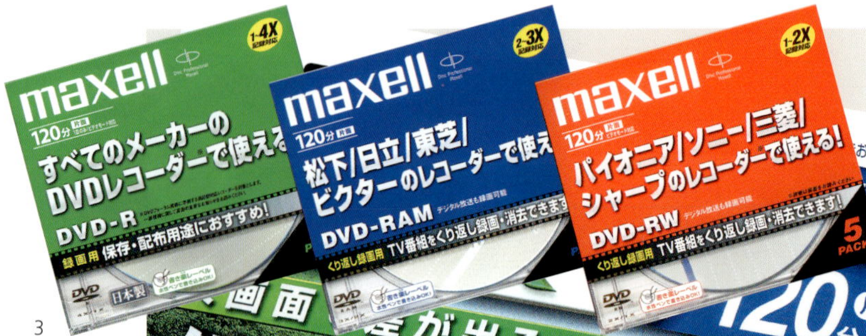

3

1

2

4

毛穴
みえなくする
パウダー
SPF12
カバーするのに素肌みたいな仕上がり
ふんわり光のベールで
透明感のある仕上がり
ニキビの
もとになりにくい
Point Magic
5

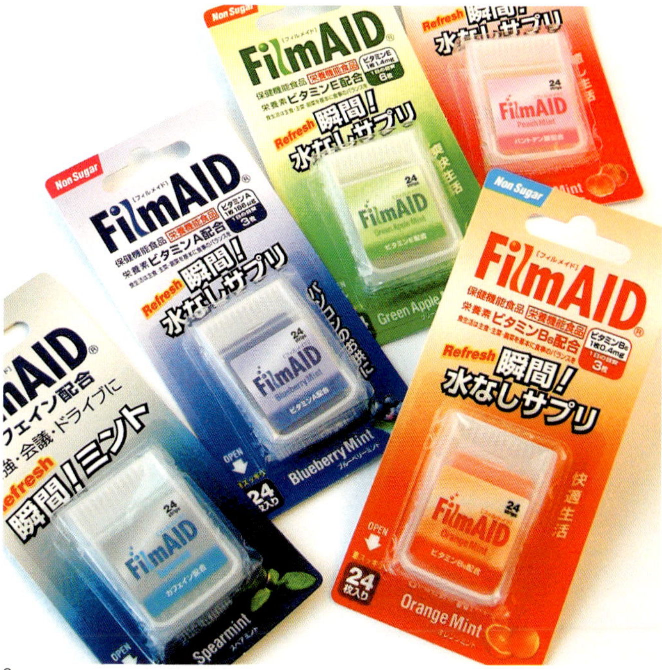
Non Sugar
FilmAID
Refresh 瞬間!
水なしサプリ
Blueberry Mint
Orange Mint
Spearmint
Green Apple
快適生活
24枚入り
8

opera
my lash
クッキリ
ナチュラル
マスカラ
漆黒
「漆黒」と「ツヤ」で
まつげクッキリ
自然なのに目もとハッキリ
6

ボディにまとう
パウダージュエリー
キラめきパウダーinパフ
Body Pearl Powder
PRIVACY
DRESS UP FACE
Face Glitter Color
CHAMPAGNE TOPAZ
PINK MUSE
9

dejavu
Fiberwig
マスカラじゃない
これは
塗るつけまつげ
Pure Black
TinySniper
7

くらこん
とろり
5種の
海藻スープ
栄養機能食品(鉄)
3食入
1食あたり
17
kcal
あっさり醤油味
10

Usui Mari

碓井まり

Marry Pack Studio
マリーパックスタジオ
〒224-0066 神奈川県横浜市都筑区見花山4-20
tel.045-942-5160　fax.045-942-5126
e-mail: aquabox@wine.ocn.ne.jp
http://www.marrypack.com

1980年愛知県立芸術大学デザイン科卒業。パッケージングディレクション、エージーを経て、86年以後フリー。マリーパックスタジオ設立。18年間マイペースで仕事をしてきました。大好きなパッケージデザインの領域を広げる為、新しいジャンルにもチャレンジしたいと思っています。

1 セラミドEX、ホワイトステップ、クリアステップ Supplement
ad.& d.碓井まり
cl.オルビス Orbis

2 シトラスコラーゲン Nutritive Drink
ad.& d.碓井まり
cl.オルビス Orbis

3 スリムキープ、スリムエクササイズ Supplement
ad.& d.碓井まり
cl.オルビス Orbis

1

2

3

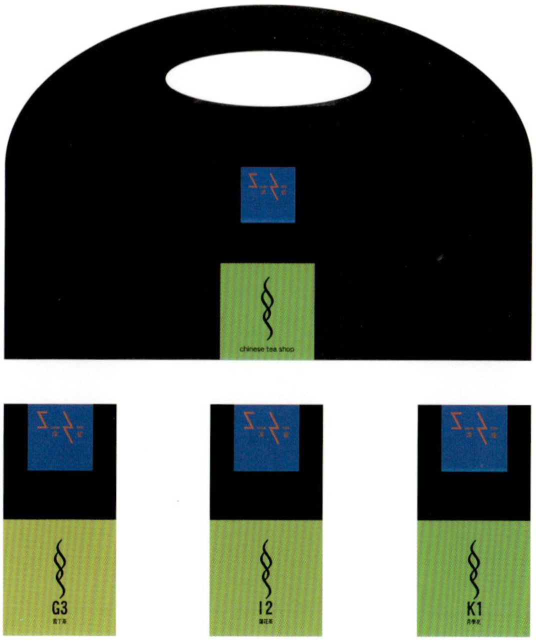

1

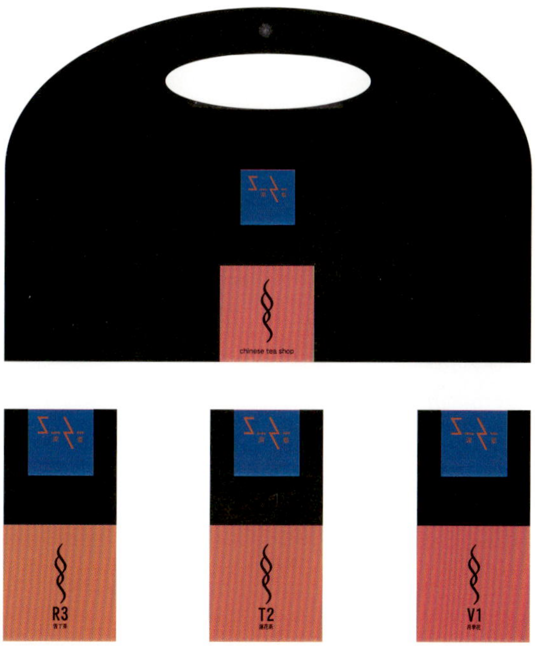

2

Uzuka Satoshi

宇塚 智

Bistage
ビステージ
〒321-0942 栃木県宇都宮市峰3-28-19
tel.& fax. 028-635-0304

1963年6月1日生まれ。武蔵野美術大学造形学部基礎デザイン学科卒業。〈受賞歴〉ニューヨークフェスティバルインターナショナルアウォードゴールドメダル、WPO世界包装機構ワールドスター賞、APFアジア包装連盟アジアスター賞、日本パッケージングコンテストグッドパッケージング賞、パッケージデザイン賞・化粧品包装部門賞、ジャパンパッケージングコンペティション奨励賞・化粧品部門賞受賞。シーボン化粧品、ペンタックスヴィジョンを経て現在に至る。WPO世界包装機構会員。

1 深藍 中国緑茶セット Green Tea
ad.& d.宇塚 智
cl.深藍 Shan Ran
2 深藍 中国花茶セット Flower Tea
ad.& d.宇塚 智
cl.深藍 Shan Ran
3 ビューティーバランスバックアップシステム Supplement
ad.& d.宇塚 智
cl.ビービービー BBB

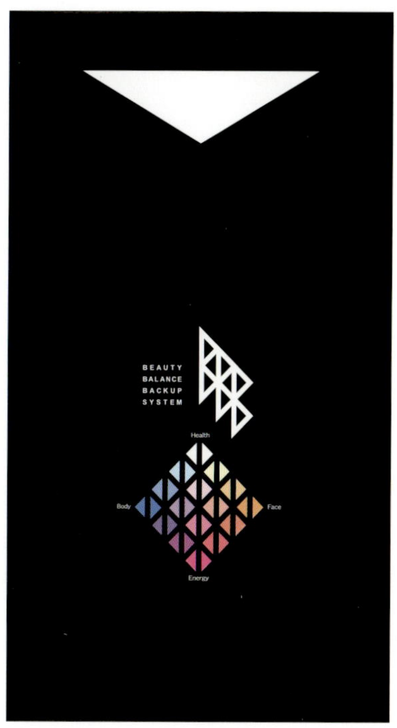

3

Umekawa Shuji

梅川修司

PBS Association
PBSアソシエーション
〒532-0002 大阪府大阪市淀川区東三国3-9-11-301
tel.06-6392-5684　fax.06-6392-5685
e-mail: umekawa@p-b-s.jp
http://www.p-b-s.jp/

1951年4月20日生まれ。

1 Mont-Saint-Michel
モン・サン・ミッシェル修道院　Papercraft
d.,il.& const.梅川修司
cl.キヤノン　Canon

2 Himeji Castle 姫路城　Papercraft
d.,il.& const.梅川修司
cl.キヤノン　Canon

3 Cathédrale Notre-Dame
ノートル・ダム大聖堂　Papercraft
d.,il.& const.梅川修司
cl.キヤノン　Canon

1

2

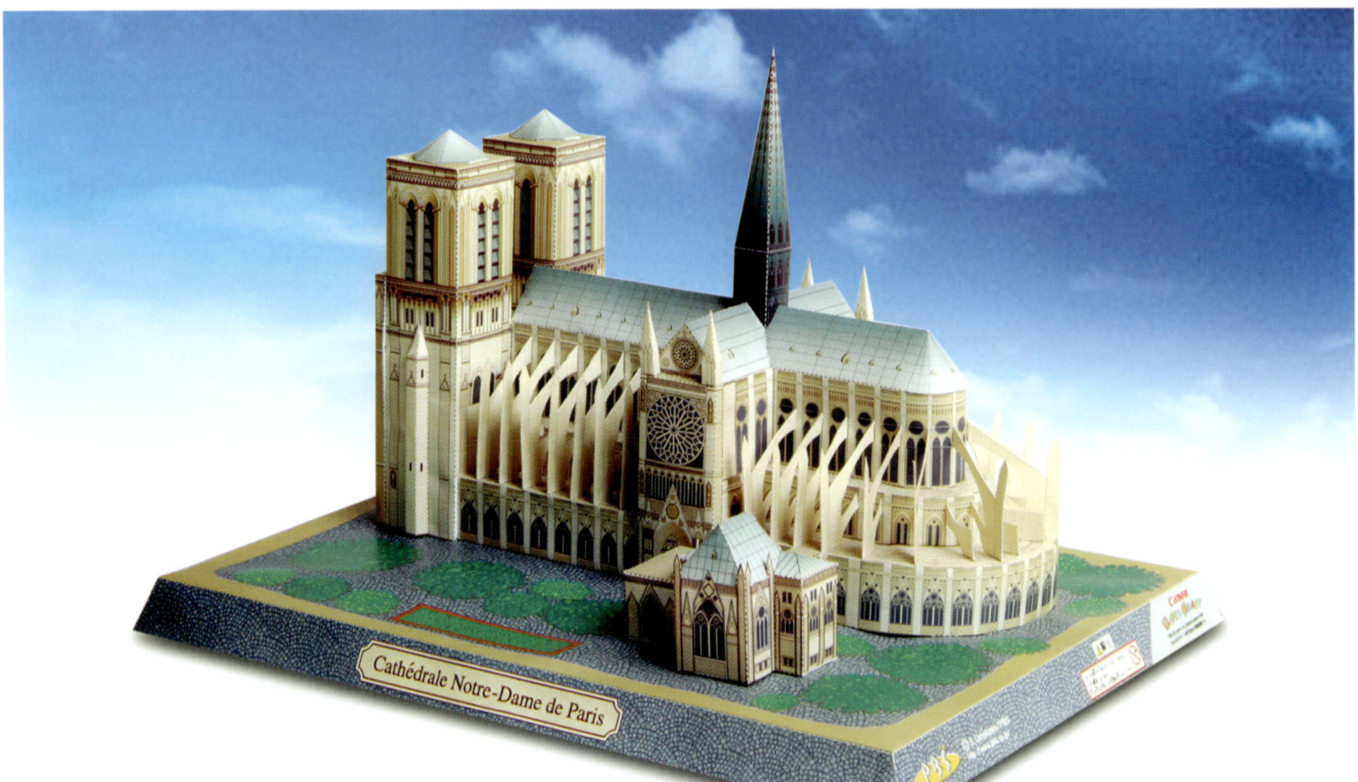

3

Umebara Makoto

梅原 真

Umebara Design Office
梅原デザイン事務所
〒782-0051 高知県香美郡土佐山田町楠目53-1
tel.0887-52-2223　fax.0887-57-0317
e-mail: umegumi@bronze.ocn.ne.jp

1950年1月16日生まれ。

1 純米大吟醸生酒 鴻山 Sake
ad.,d.,ld.& ca.梅原 真
cl.桝一市村酒造場
Masuichi-Ichimura Sake Brewery

2 日本秘湯を守る会 山ぶどうワイン Wine
ad.,d.,lo.& ld.梅原 真
cl.日本秘湯を守る会
Society for Hidden Onsen of Japan

1

2

S&B Foods
エスビー食品
〒174-8651 東京都板橋区宮本町38-8
tel.03-3558-5531
http://www.sbfoods.co.jp/

1 フォション Seasoning
cd.岡﨑賢爾
cl.エスビー食品 S&B Foods
2 デミカレー(中辛・辛口) Curry
cd.岡﨑賢爾
cl.エスビー食品 S&B Foods
3 世界の食卓から Seasoning
cd.岡﨑賢爾
cl.エスビー食品 S&B Foods

1

2

保存に便利なファスナー付き
インド産テリチリ
ブラックペッパー
FAUCHON
PARIS
POIVRE NOIR
(Inde)

保存に便利なファスナー付き
トルコ産
ローレル
FAUCHON
PARIS
LAURIER
(Turquie)

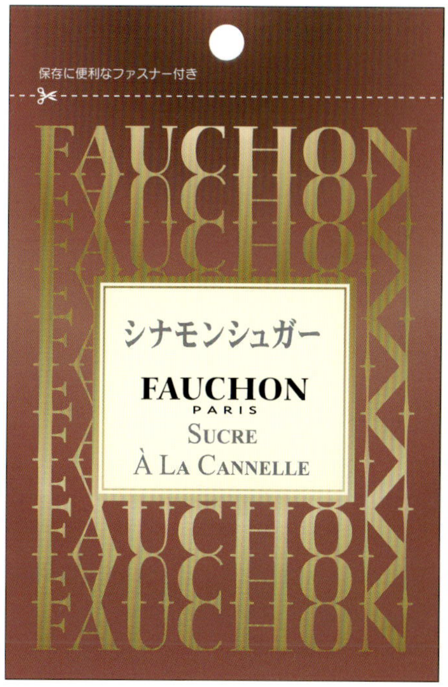
保存に便利なファスナー付き
シナモンシュガー
FAUCHON
PARIS
SUCRE
À LA CANNELLE

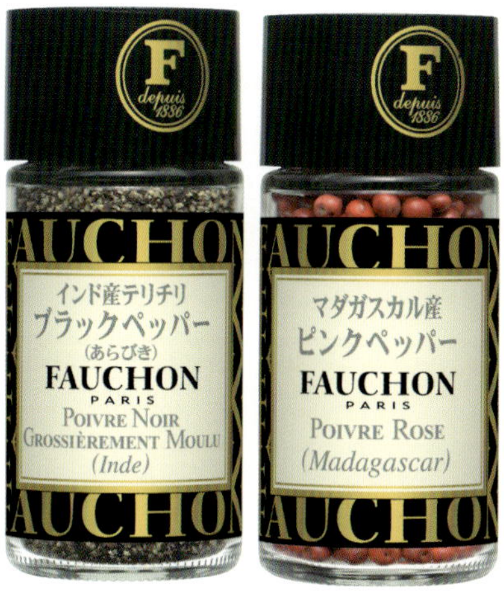
インド産テリチリ
ブラックペッパー
(あらびき)
FAUCHON
PARIS
POIVRE NOIR
GROSSIÈREMENT MOULU
(Inde)
マダガスカル産
ピンクペッパー
FAUCHON
PARIS
POIVRE ROSE
(Madagascar)

アメリカ産
パセリ
FAUCHON
PARIS
PERSIL
(États-Unis)
トルコ産
ローレル
FAUCHON
PARIS
LAURIER
(Turquie)

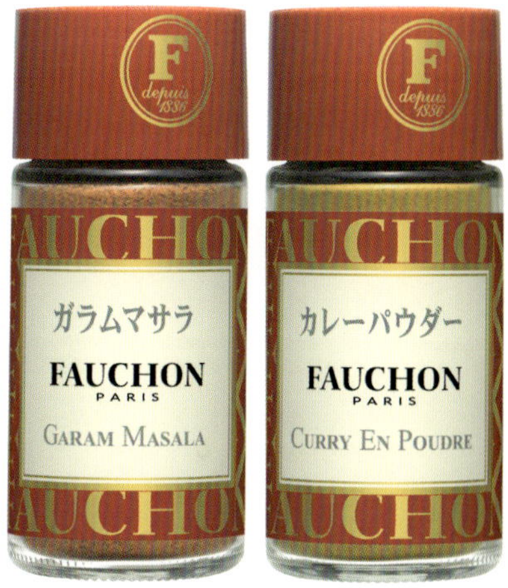
ガラムマサラ
FAUCHON
PARIS
GARAM MASALA
カレーパウダー
FAUCHON
PARIS
CURRY EN POUDRE

S&B
世界の食卓から
ロシアの家庭料理
牛肉とマッシュルームでつくる
【ストロガノフ】
ブラウンソースとサワークリームの豊かなコク
4皿分
化学調味料無添加
ストロガノフルウ 盛り付け例

S&B
世界の食卓から
ロシアの家庭料理
牛肉と野菜でつくる
【ボルシチ】
トマトのうまみと生クリームのまろやかさ
4皿分
化学調味料無添加
ボルシチルウ 盛り付け例

S&B
世界の食卓から
フランスの家庭料理
魚介類と野菜でつくる
【ブイヤベース】
シーフードのうまみとサフランの香り
4皿分
化学調味料無添加
ペースト・スパイスセット 盛り付け例

S&B
世界の食卓から
フランスの家庭料理
ソーセージと野菜でつくる
【ポトフ】
ブイヨンのコクとハーブの香り
4皿分
化学調味料無添加
ペースト・スパイスセット 盛り付け例

3

Eto Masanori

江藤正典

Adbrain
アドブレーン
〒105-0004 東京都港区新橋1-9-6 新一ビル8F
tel.03-5568-5770 fax.03-5568-5781
e-mail: eto@adbrain.co.jp
http://www.adbrain.co.jp

1962年6月29日生まれ。商品に対してトータルに携わるブランディング・デザインを目指しています。ブランドや商品が持つ社会への意義や価値ある部分を〈見出し〉、それぞれの媒体の特性を活かしながらその〈意義・価値〉を伝えてゆく。消費者本位の商品開発を目指す企業の〈想い〉と消費者の〈願い〉その両者を上手く出会わせるためのブランディングでありたい。そして何かしらのポジティブな+αも付け加えようと努めています。

1 | スイスエミー ヨーグルト Yogurt
ad.& d.江藤正典
d.大熊友梨
cl.森永乳業 Morinaga Milk Industry

2 | エーザイ サクロン Medicine
ad.& d.江藤正典
cl.エーザイ Eisai

3 | マルちゃん Hot Noodle Instant Noodles
ad.& d.江藤正典〈lo.佐藤 卓〉
cl.東洋水産 Toyo Suisan

4 | サンキスト フルーツ飲料 Juice
ad.& d.江藤正典
cl.森永乳業 Morinaga Milk Industry

5 | 森永 スキムミルク Skim Milk
ad.江藤正典
d.神田 尚
cl.森永乳業 Morinaga Milk Industry

6 | 森永 ラクトフェリン Supplement
ad.& d.江藤正典
cl.リブウエル Livewell

7 | 特選北海道十勝牛乳 Milk
ad.江藤正典
d.堀内かおる
cl.よつ葉乳業 Yotsuba

1

2

3

氷結果汁使用
Sunkist
100%
ORANGE
Premium Collection
濃縮還元 オレンジ
果汁100% 1000ml 要冷蔵10℃以下
賞味期限
(開封前)
要冷蔵10℃以下
あけくち
Sunkist
Fruits Milk
生乳
10%入り
Fruits Milk
オレンジ&マンゴーinミルク
果汁30% 500ml 要冷蔵10℃以下

4

開け閉め簡単！スライドジッパー採用！
New
CLOSE
低脂肪・高たんぱく
カルシウムたっぷり！
morinaga
森永
スキムミルク
さらりとおいしい食生活。
250g
＊＊＊スキムミルクを使ったオススメレシピを紹介しています＊＊＊
http://www.morinagamilk.co.jp/skim

5

「初乳」の研究から生まれた
ラクトフェリン
プラス
●ビフィズス菌 ●ミルクオリゴ糖
1日6粒を目安に…
毎日続ける！
Lactoferrin
ラクトフェリン
「初乳」の研究から生まれた
M'amie
マミークラン健康食品
1日6粒からの健康習慣

6

賞味期限
(開封前)
あけくち
YOTSUBA
特選
北海道十勝牛乳
特選
北海道
十勝牛乳
【十勝でパック】
牛乳のおいしさは酪農生産者がつくります。北海道十勝の「よい土、よい草、よい牛」がおいしさをささえています。
種類別 牛乳
生乳100%使用
成分無調整
1000ml

7

Emoto Yoshio

江本吉雄

Design Office EM
デザインオフィス・エム
〒530-0043 大阪府大阪市北区天満4-5-9 オクノビル3F
tel.06-6354-2160　fax.06-6354-2646
e-mail: designem@d1.dion.ne.jp

フリーを経て、デザインオフィス・エム設立。現在に至る。

1 スーパーコートペイント Paint
ad.& d.江本吉雄
cl.アサヒペン Asahipen
2 外カベ用ペイント Paint
ad.& d.江本吉雄
cl.アサヒペン Asahipen
3 インテリアカラーペイント Paint
ad.& d.江本吉雄
cl.アサヒペン Asahipen
4 超強力防水スプレー Waterproof Spray
ad.& d.江本吉雄
cl.アサヒペン Asahipen

1

2

3

4

M-Zo

エムゾー

〒531-0072 大阪府大阪市北区豊崎3-8-5
朝日プラザ梅田Ⅱ708
tel.06-6377-1800 fax.06-6377-1817
e-mail: m-zo7@mx2.canvas.ne.jp

溝渕浩治 Mizobuchi Koji

1962年5月12日生まれ。1994年M-Zo設立。

1 | タフボーイ&タフマグ Vacuum Bottle
cd.吉田直子
ad.& d.溝渕浩治
cl.象印マホービン Zojirushi

2 | IH調理器 Induction Heating Cooker
cd.月田基義
pd.舩橋靖男
ad.& gd.溝渕浩治
cl.象印マホービン Zojirushi

3 | 空気清浄機 Air Purifier
cd.& pd.月田基義
ad.& gd.溝渕浩治
cl.象印マホービン Zojirushi

1

2

3

T. Okubo Design Office

大久保隆デザイン事務所

〒569-0071 大阪府高槻市城北町2-7-16 モジュール405
tel.072-662-7011　fax.072-662-7012
e-mail: todo@art.zag.jp
http://www.tcn.zag.ne.jp/todo/

大久保 隆　Okubo Takashi

1955年2月19日生まれ。1990年大久保隆デザイン事務所設立。美しい生き方を心がける人が、美しいデザインを産み出せるのだと信じています。87年、92年JPC展部門賞、88年日本グッドデザイン賞部門賞、2005年年鑑日本のパッケージデザイン銀賞、受賞。

1 FRUITS COMPOTE JELLY　Jelly
ad.宇田 優
d.大久保 隆
cl.ゴンチャロフ製菓企画部
Goncharoff Confectionery

2 ゴンチャロフの生チョコレート　Chocolate
ad.宇田 優
d.大久保 隆
cl.ゴンチャロフ製菓企画部
Goncharoff Confectionery

3 LOVE STONE　Chocolate
ad.宇田 優
d.大久保 隆
cl.ゴンチャロフ製菓企画部
Goncharoff Confectionery

1

2

3

Ohta Kumiko
太田久美子
ViewPoint
ビューポイント
〒550-0003 大阪府大阪市西区京町堀1-4-16
センチュリービル6F
tel.06-4803-0301　fax.06-4803-0302
e-mail: k.ohta@vp-graphics.com
http://www.vp-graphics.com

1954年5月28日生まれ。京都市立芸術大学美術学部工芸科染織専攻科卒業。主に化粧品、健康食品などのパッケージデザインを手がける。いつも新鮮な驚きと感動の気持ちを忘れずに制作しつづけたいと思います。

1 ミズフィール　Skin Care Products
ad.太田吉美
d.太田久美子
p.福島正造（スタジオワイズ）
cl.日本デイリーヘルス　Nippon Daily Health

2 リポーム　Skin Care Products
ad.太田吉美
d.太田久美子
cl.日本デイリーヘルス　Nippon Daily Health

3 スキュア　Skin Care Products
ad.太田吉美
d.太田久美子
p.福島正造（スタジオワイズ）
cl.日本デイリーヘルス　Nippon Daily Health

1

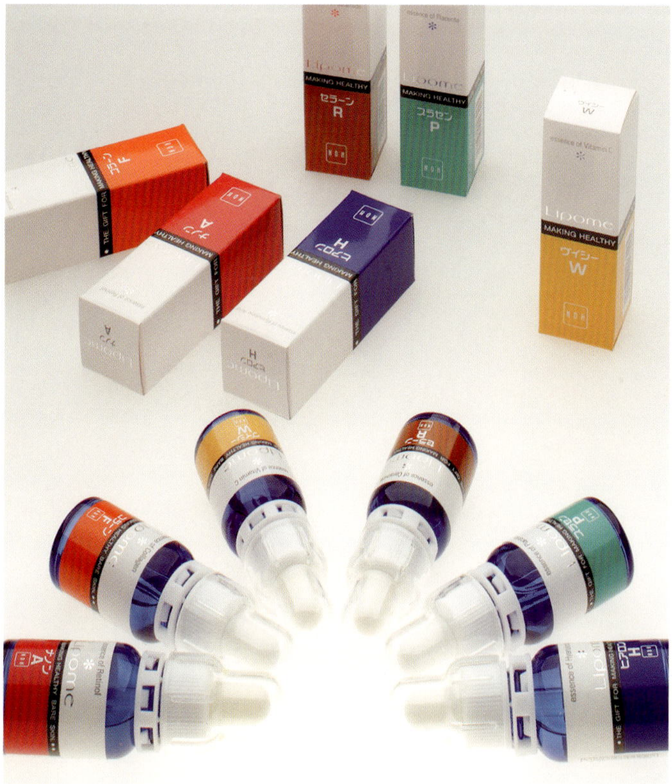

2

3

Ogawa Hiroko Design

小川裕子デザイン

〒107-0062 東京都港区南青山3-4-8
トレディカーサ南青山208
tel.03-5474-4171　fax.03-5474-4442
mobile: 090-8585-6058
e-mail: hiro@ogawa-design.com

小川裕子　Ogawa Hiroko

1966年1月7日生まれ。26歳で独立し、いつのまにか14年。めまぐるしく今日まできましたが、思う所は一つで、何かを作り上げるこの仕事って本当に面白い、と言う事です。今後の希望は、ハードな素材のプロダクトとか、少し目先の違う仕事も是非やって行きたいと思っています。ホームページは現在新しく制作中なのでアドレスが変わります。名前で検索してみてください。

1 Every Every　Mineral Water
ad.& d.小川裕子
d.小倉良子
cl.ホメオスタイル　Homeo Style
2 はじめー　Green Tea
ad.& d.小川裕子
cl.日本コカ·コーラ　Coca-Cola (Japan)
3 Cho-pan　Chocolate
ad.& d.小川裕子
cl.明治製菓　Meiji Seika Kaisha
4 galbo　Chocolate
ad.& d.小川裕子
cl.明治製菓　Meiji Seika Kaisha
5 Meltykiss　Chocolate
ad.& d.小川裕子
cl.明治製菓　Meiji Seika Kaisha

1

2

Meiji
ショパン
Cho-pan
第5番/二度焼きパイの
プラリネショコラ
プラリネがダブルになりました。

3

Meiji
galbo
ガルボ
不思議食感ミステリー
galbo
8 STICKS

4

Meiji
「濃いちご」
驚きの濃厚な味わい、いちごたっぷり贅沢に
冬期限定
雪のような口どけ‥
Meltykiss

5

Okazawa Gen

岡澤 元

Go Design
豪デザイン
〒104-0042 東京都中央区入船2-2-13-302
tel.03-3555-3513　fax.03-3555-3514
e-mail: go-okazawa@co.email.ne.jp

1967年1月20日生まれ。

1 | カルピス 飲料類 Soft Drink
cd.カルピス広告部
ad.& d.岡澤 元
cl.カルピス Calpis

2 | Knorr カップスープ Soup
cd.味の素広告部
ad.& d.岡澤 元
cl.味の素 Ajinomoto

1

2

1

2

3

Okuda Kazuaki

奥田一明

K note
ケイ・ノート
〒550-0012 大阪府大阪市西区立売堀1-9-4-502
ニューアスターハウス守先502
tel.06-6543-7600　fax.06-6543-7601
e-mail: k.note-okuda@titan.ocn.ne.jp

1958年6月12日兵庫県生まれ。イラストレーションを生かしたパッケージデザインが特長。1989年日本パッケージデザイン協会展C部門奨励賞、95年ジャパンパッケージングコンペティション日本印刷産業連合会長賞、91年日本パッケージデザイン大賞大賞及び特賞、受賞。2001山口きらら博マスコットキャラクター採用、グッドデザイン賞受賞。01年山口県ふるさと切手(山口きらら博)の制作。03年K note設立。

1 エリエールティシュー キュート　Tissue Paper
ad.,d.& il.奥田一明
cl.大王製紙　Daio Paper

2 キャッツファクトリー　Confectionery
ad.,d.& il.奥田一明
cl.ビアンクール　Billancourt

3 マカロフ.G.のバレンタイン　Chocolate
d.& il.奥田一明
cl.ゴンチャロフ製菓　Goncharoff

Onion Soup Studio

オニオン・スープ・スタジオ

〒141-0031 東京都品川区西五反田8-10-14-405
tel.03-3494-0660　fax.03-3494-0939

1 一芯二葉 Japanese Cake
ad.今村朔郎
d.小宮 茂、小宮麻美子
cl.石舟庵 Sekishuan

2 黒米福もち Japanese Cake
ad.今村朔郎
d.小宮麻美子、小宮 茂
cl.石舟庵 Sekishuan

3 太田胃散A〈錠剤〉 Medicine
ad.凸版印刷
d.小宮 茂、小宮麻美子
cl.太田胃散 Ohta's Isan

4 不二家アイス、シャーベット Ice Cream, Sherbet
ad.凸版印刷
d.小宮 茂、小宮麻美子
cl.不二家 Fujiya

5 トリュフ オー フロマージュ Chocolate
ad.凸版印刷
d.小宮 茂、小宮麻美子
cl.不二家 Fujiya

6 京抹茶のトリュフ Chocolate
ad.凸版印刷
d.小宮 茂、小宮麻美子
cl.不二家 Fujiya

7 クランチバー Ice Cream
ad.凸版印刷
d.小宮 茂、小宮麻美子
cl.明治乳業 Meiji Dairies

小宮 茂 Komiya Shigeru

1946年11月30日生まれ。主な受賞歴は、パッケージ展繊維雑貨局長賞、パッケージング展東京グラフィックデザイナークラブ賞、クリオアウォードクリオ賞、雑誌ポパイ・デザインオブザイヤー賞、PDCゴールドアウォード・ファイナリスト賞、ジャパンパッケージングコンペティション一般飲料部門賞・化粧雑貨部門賞・奨励賞・贈答部門賞、2000年ジャパンパッケージングコンペティション日本百貨店協会賞。05年アイデンティティー誌（ロシア）作品掲載。

小宮麻美子 Komiya Mamiko

1

2

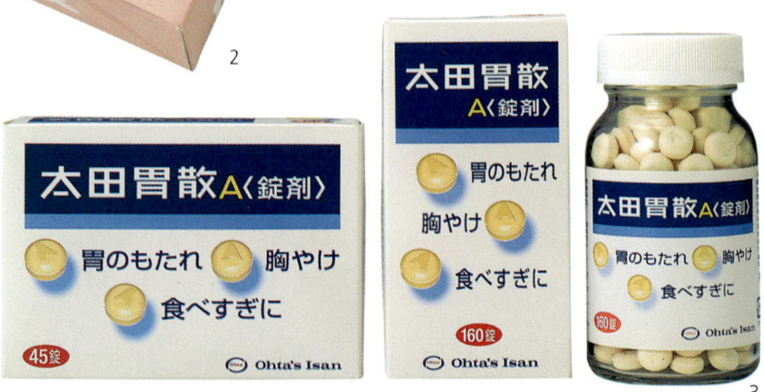

3

マンゴー
Mango
不二家アイスクリーム
ラムレーズン
Rum Raisin
ラ・フランス
La France
不二家シャーベット
白桃
Peach
チョコミント
Chocolate Mint
いちご&ミルキー
ゆず
Yuzu
マスクメロン
Muskmelon
FUJIYA
Make Family Time Fun Time with Fujiya's Delicious Sherbet!

4

季節の洋菓子
Truffe au Fromage
トリュフ オー フロマージュ
クリームチーズのガナッシュ
カカオの効いたミルクチョコ
ココア
1箱6個入り

5

FUJIYA
季・節・の・洋・菓・子
京抹茶のトリュフ
北川半兵衛商店厳選抹茶使用
Truffe au Thé Vert
6粒入り

6

MEIJI
明治
クランチバー
CRUNCH BAR
たっぷりクランチが香ばしい
7本入り
要冷凍
ラクトアイス

7

Ochiai Kayo

落合佳代

〒215-0034 神奈川県川崎市麻生区南黒川10-10-704
tel.& fax. 044-986-5785
e-mail: kayo1101ochiai.dsg@tea.ocn.ne.jp

1971年10月26日生まれ。武蔵野美術大学短期大学部、桑沢デザイン研究所卒業。1995年資生堂ファイントイレタリー事業本部・宣伝企画部パッケージデザイン制作室入社、2002年退社後フリーランスデザイナー。
商品コンセプトに重点をおき、ストーリー性のある物づくりをしたいと考えております。

1 BODY AQUA GEL & BODY SYRUP
Body Care Products
ad.,d.& il.Ochiai Kayo
cl.ワイエスラボ YS Labo

2 RAPIDY Supplement
ad.& d.Ochiai Kayo
cl.大平ハートニング Taihei Heartening

3 concentration essence & lotion
Skin Care Products
ad.& d.Ochiai Kayo
cl.ティアラボ Tialabo

4 WATER in LIP Lip Cream
ad.Kaneo Takashi
d.Ochiai Kayo
cl.エフティ資生堂 FT Shiseido

1

2

3

4

Kakiuchi's Workshop of Design
カキウチズ ワークショップ オブ デザイン

〒194-0004 東京都町田市鶴間1-4-11
tel.& fax. 042-799-1697
e-mail: kakiuchi@dw.catv.ne.jp

垣内貞夫 Kakiuchi Sadao

1938年10月8日生まれ。現役を退いた今、40数年間にわたって育てて頂いたデザイナーとしての知識と技能を「もの」と「こころ」を通して社会と生活者に還元出来ることはこの上ない感激です。現在、パッケージデザインを中心にロゴタイプやロゴマーク、グラフィックデザインを媒介として、自治体やNPO団体の広報活動のお手伝いなどで社会との関わりを維持しています。

1 こだわりの生パスタ Spaghetti
cd.,ad.,d.& il.垣内貞夫
cl.インターフード・テクノロジーズ
Interfood Technologies

1

Kao

花王

〒103-8210 東京都中央区日本橋茅場町1-14-10
tel.03-3660-7341　fax.03-3660-7272

吉田光利 Yoshida Mitsutoshi

三井卓夫 Mitsui Takuo

1 オーブ Make-up Products
2 エスト Skin Care Products
3 レイシャス Make-up Products
4 アルブラン Skin Care Products
5 ファインフィット Make-up Products
6 ライズ&バイタルリッチ Skin Care Products

1

2

3

袋 晋 Fukuro Susumu

沼田九里馬 Numata Kurima

塩沢正秀 Shiozawa Masahide

4

5

6

野末俊作 Nozue Shunsaku

川又 徹 Kawamata Toru

永井 満 Nagai Mitsuru

7 | リーゼサプライ Hair Care Products
8 | メリット Hair Care Products
9 | ビオレ洗顔フォーム Skin Care Products
10 | サクセス Hair Care Products
11 | ブローネ Hair Color Products

7

渡辺隆史 Watanabe Takashi

青山明輝 Aoyama Akiteru

入江あずさ Irie Azusa

8

9

10

11

大平彩可 Ohira Saika

湯本逸郎 Yumoto Itsuro

仲間典子 Nakama Noriko

12 バブ 古都の散策・ミルキーセレクション
Bath Products
13 ロリエ エフ Sanitary Products
14 ロリエ きれいスタイル Sanitary Products
15 ロリエ アクティブガード Sanitary Products
16 ニュービーズ ウォッシュ&ケア Detergent
17 ファミリー キュキュット Dish Washing Detergent
18 クリアクリーンプラス ホワイトニング デンタルブラシ
Tooth Brush
19 クリアクリーン Oral Care Products

12

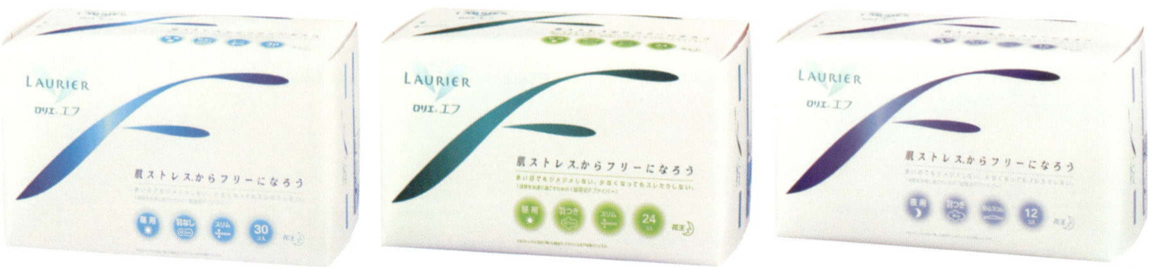

13

14

15

秋葉英雄 Akiba Hideo

片平直人 Katahira Naoto

17

18

16

19

Kakumoto Ohiro

角本大弘

Padik
パディック
〒060-0010 北海道札幌市中央区北10条西20-2-22
tel.011-642-2035　fax.011-642-2093
e-mail: o-kakumoto@mb.infosnow.ne.jp

1954年8月7日生まれ。

1 納豆昆布、とろろ昆布　Seafood
ad.角本大弘
d.& il.中村貴恵
p.吉野平朗
cl.南かやべ漁業協同組合　Minamikayabe Gyokyo

2 フルーツゼリー　Jelly
ad.角本大弘
d.& il.中村貴恵
cl.柳月　Ryugetsu

3 たらこ、辛子明太子　Seafood
ad.角本大弘
d.後藤扶巨子
cl.ぐるめ食品　Gurumet Foods

4 北海道スープカレー　Soup Curry
ad.角本大弘
d.後藤扶巨子
p.今井仁士
cl.寿フーズ　Kotobuki Foods

1

2

3

4

Kagoshima Yoko

鹿児島蓉子

Agosto Archi Studio
アゴスト アーキスタジオ
〒658-0004 兵庫県神戸市東灘区本山町田辺251-8
tel.078-453-0860　fax.078-453-0863
e-mail: agosto@kcc.zaq.ne.jp

1950年11月27日生まれ。パッケージの中の物の良さがはっきり伝わり、あたたか味のあるデザインを、と心掛けています。

1 神戸元町の珈琲&クッキー　Coffee, Cookie
ad.,d.,il.& ca.鹿児島蓉子
cl.神戸浪漫　Kobe Roman

2 阿波手すき和紙の帽子　Paper Hat
ad.,d.& const.鹿児島蓉子
pr.池田 毅
cl.阪急三番街　Hankyu-sanbangai

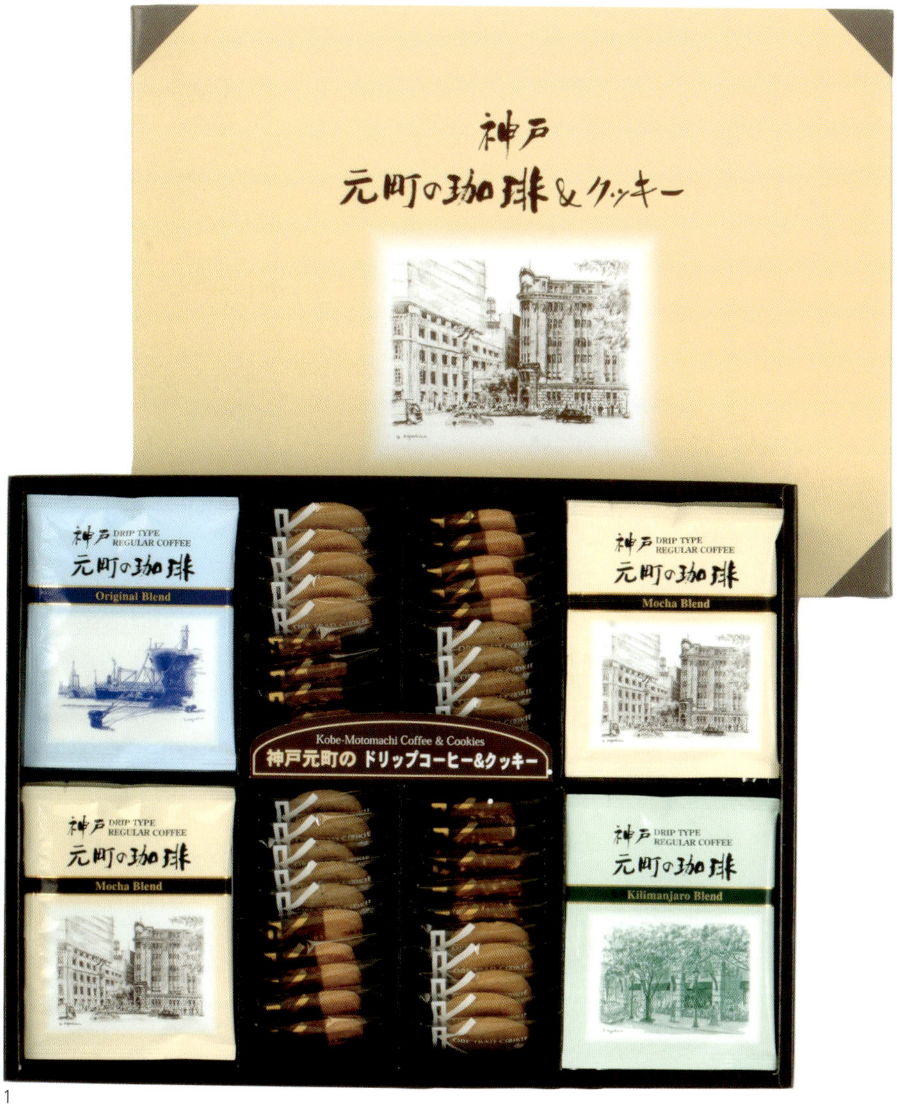

1

2

Kano Design Office

カノウデザインオフィス

〒162-0808 東京都新宿区天神町37-2
フリーディオ神楽坂204
tel.03-3269-4900　fax.03-3269-4903
e-mail: kano-do@themis.ocn.ne.jp

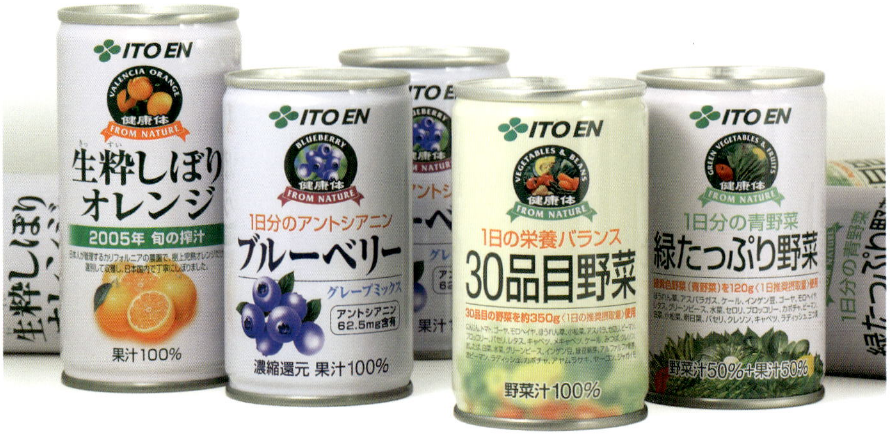

1

狩野浩之　Kano Hiroyuki

1960年3月23日生まれ。パッケージデザイン、紙器構造設計、毛筆カリグラフ制作、キャラクターデザイン他様々な分野で活動。JPC展和食品部門賞、日本パッケージングコンテスト包装アイデア賞、雑貨包装部門賞、受賞。

1 健康体 フロムネイチャー　Juice
ad.& d.狩野浩之
cl.伊藤園　Ito En
2 健康体 快芳黄金桂　Oolong Tea
ad.& d.狩野浩之
cl.伊藤園　Ito En
3 香りを愉しむ 烏龍茶　Oolong Tea
ad.& d.狩野浩之
cl.伊藤園　Ito En
4 茶園おすすめ茶 川根茶　Green Tea
ad.,d.& ca.狩野浩之
cl.伊藤園　Ito En
5 茶園おすすめ茶 やぶきた一番茶　Green Tea
ad.,d.& ca.狩野浩之
cl.伊藤園　Ito En
6 月桃茶　Herbal Tea
ad.& d.狩野浩之
cl.伊藤園　Ito En
7 茶園だより こだわり農家のお茶　Leaf Tea
ad.& d.狩野浩之
cl.伊藤園　Ito En
8 ハバネロカリンボー　Confectionery
ad.& d.狩野浩之
cl.東京カリント　Tokyo Karinto
9 かりんと城のわさび姫　Confectionery
ad.& d.狩野浩之
cl.東京カリント　Tokyo Karinto
10 蜂蜜かりんとう　Confectionery
ad.,d.& ca.狩野浩之
cl.東京カリント　Tokyo Karinto

2

伊藤園
烏龍茶
香りを愉しむ
黄金桂
烏龍茶
香りを愉しむ
色種・水仙・黄金桂
3

伊藤園
静岡
川根茶
緑茶
無香料・無調味
4

伊藤園
一番茶
静岡 本山産
やぶきた
緑茶
無香料・無調味
5

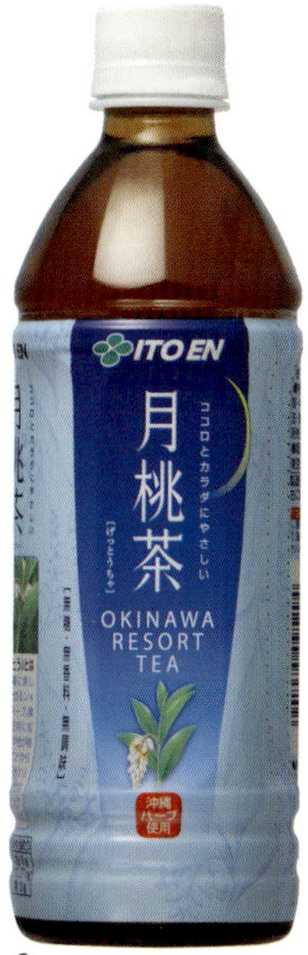
ITO EN
月桃茶
ココロとカラダにやさしい
OKINAWA
RESORT
TEA
6

SNACK KARINTO WITH HABANERO
TŌKARI
ハバネロ
カリンボー
ほんのり甘い蜜と激辛のハバネロ
相性抜群のコンビで生まれた、新しいかりんとう!
ビールのおつまみにもピッタリ!
新種誕生!
8

SNACK KARINTO WITH WASABI & MAYONNAISE
TŌKARI
かりんと城のわさび姫
スナックかりんとう
わさびマヨネーズ味
この刺激・・・、恐ろしや、恐ろしや。
SNACK KARINTO WITH WASABI & MAYONNAISE
9

伊藤園
茶園だより
こだわり農家のお茶
有機肥料100%
静岡産
緑茶
内容量 100g
伊藤園
茶園だより
こだわり農家のお茶
有機肥料100%
静岡産
緑茶
内容量 100g
7

蜂蜜かりんとう
白蜂
蜂蜜発酵仕込み・大釜三度揚げ
東京カリント
蜂蜜かりんとう
黒蜂
蜂蜜発酵仕込み・大釜三度揚げ
東京カリント
10

Kanoh Design

加納デザイン事務所

〒530-0045 大阪府大阪市北区天神西町5-17
アクティ南森町ビル10F
tel.06-6361-9321　fax.06-6361-9329
e-mail: design@kanoh.co.jp

加納守康 Kano Moriyasu

1

2

1 | MAXFACTOR LIPFINITY Make-up Products
cl.P&G
2 | ILMITY Skin Care Products
cl.オッペン化粧品 Oppen Cosmetics
3 | FEBREZE Fabric Refresher
cl.P&G
4 | LENOR Fabric Softner
cl.P&G

北山きょう子 Kitayama Kyoko

川島示真子 Kawashima Shimako

3

4

Buitoni
Spaghetti
スパゲティ
Buitoni
Spaghettini
スパゲティーニ
Buitoni
Linguine
リングィーネ
つるっと口当たりの良い 平たいパスタです
Buitoni
Sovracapellini
ソブラカペリーニ
ゆで時間6分
1.3mm
Pasta di semola di grano duro
Net 300g
Net 500g
Buitoni
Farfalle
ファルファーレ
ゆで時間9分
Pasta di semola di grano duro
Net 100g
Buitoni
Eliche
エリーケ
ゆで時間9分
Buitoni
ゆで時間11分

5

NESCAFÉ
NESCAFÉ
Espresso Type
エスプレッソ仕立て
NESCAFÉ
Cappuccino Type
カプチーノ仕立て
NESCAFÉ
Caffelatte Type
カフェラッテ仕立て
Nestlé
FRUITTIME
Orange
100
Nestlé
FRUITTIME
Apple
100
NESTEA
Earl Grey
ストレートティー
NESTEA
Earl Grey
ストレートティー

6

5 | Buitoni Dry Pasta
cl.ネスレ日本 Nestlé Japan
6 | NESCAFÉ GIFT Beverage
cl.ネスレ日本 Nestlé Japan
7 | まいにちプラス Supplement
cl.サンスター Sunstar
8 | PAKIRA Deodorant Spray
cl.マンダム Mandom

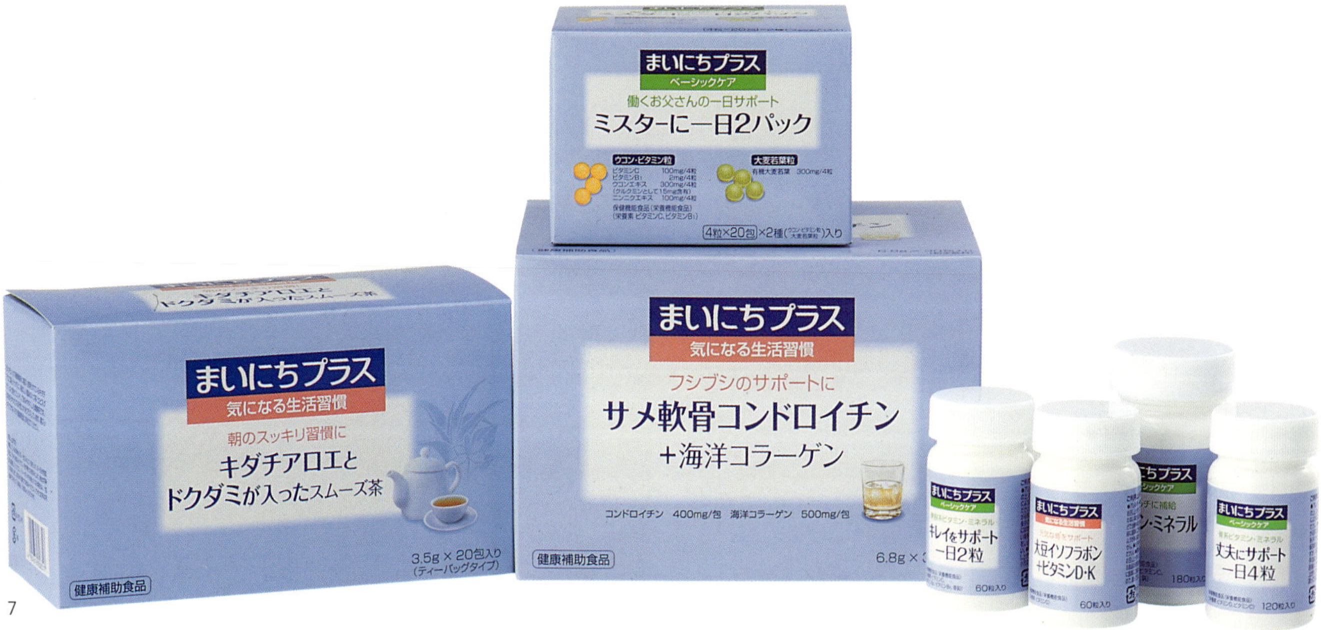

7

8

Kamitani Toshio

神谷利男

Toshio Kamitani Design
神谷利男デザイン
〒556-0021 大阪府大阪市浪速区幸町1-1-1 8F
tel.06-4392-8715　fax.06-4392-8716
e-mail: kammy@apricot.ocn.ne.jp

1964年1月24日京都生まれ。1987年京都市立芸術大学デザイン科卒業。2000年神谷利男デザイン、05年神谷利男デザイン株式会社設立。JPDA、日本タイポグラフィ協会会員。

1 摩耶カリー　Curry
ad.& d.神谷利男
cl.天恵フーズ　Tenkei Foods

2 あずき最中　Ice Cream
ad.丸上智史（大日本印刷）d.神谷利男、塚本香織
cl.井村屋製菓　Imuraya Confectionery

3 オーガニックコーヒー　Coffee
ad.野中勢二（大日本印刷）d.神谷利男
cl.セイコー珈琲　Seiko Coffee

4 お好み焼ねぎ焼セット　Instant Pancake
ad.霜觸尚史（大日本印刷）d.神谷利男、青木孝代
cl.お好みフーズ　Okonomi Foods

5 GABA　Rice
ad.野中勢二（大日本印刷）d.神谷利男、上田裕介
cl.サタケ　Satake

6 アロエとブルーベリーのヨーグルト　Yogurt
ad.藤本季世（大日本印刷）d.神谷利男、青木孝代
cl.日本ルナ　Nippon Luna

7 プレシャワー　Insect Repellent
ad.與田幸一（大日本印刷）d.神谷利男、青木孝代
cl.大日本除虫菊　Dainihon Jochugiku

8 鍋スープ　Soup
ad.大日本印刷、佐竹明子　d.神谷利男、大中響子
cl.伊藤ハム　Ito ham Foods

9 麺の街　Instant Noodles
ad.小池順司、小森祥子（大日本印刷）
d.神谷利男、大中響子　il.山本高史
cl.エースコック　Acecook

10 夜鳴き屋　Instant Noodles
ad.原 雅明（大日本印刷）d.神谷利男、上田裕介
cl.エースコック　Acecook

2

3

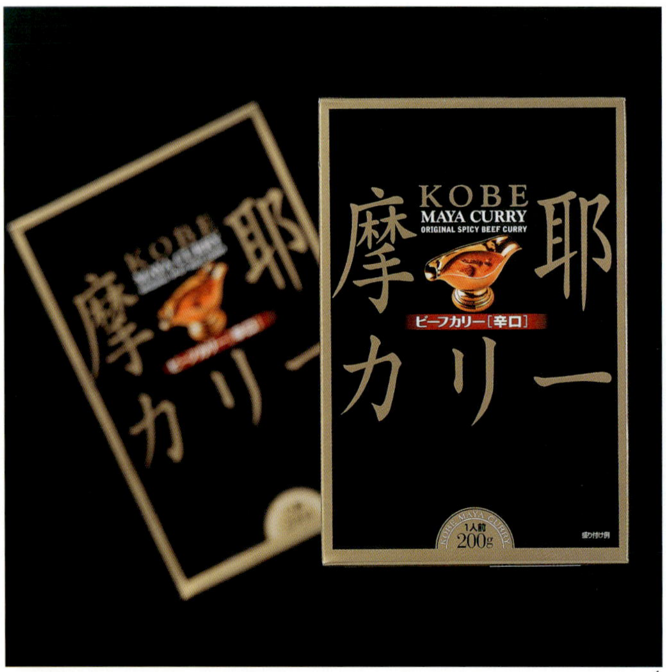

1

4

五目ご飯
豆乳がゆ
カレーピラフ
白飯
梅鰹ふりかけ付き
サタケ
ギャバのチカラ
5

ペンコロ
アロエとブルーベリーのヨーグルト
6

虫よけ
+
海洋深層水使用
KINCHO
虫よけ
プレシャワー
海洋深層水使用
マリンの香り
PRESHOWER
サラサラでべたつかない
天然アルコール使用
7

伊藤ハム
鍋奉行
チャンコ鍋スープ
キムチ鍋スープ
鍋用スープ
しょうゆ味
塩チャンコ鍋スープ
こだわりのだしで作った、コクと旨みのスープです。
720ml
8

麺の街
鹿児島とんこつ
東京中華そば
仙台辛みそ
9

エースコック
札幌
味噌ラーメン
夜鳴き屋
博多
豚骨ラーメン
荻窪
醤油ラーメン
10

Kawaji Yosei Design Office
川路ヨウセイデザインオフィス
〒107-0062 東京都港区南青山5-11-14
H&M EAST 202・206
tel.03-3400-4421　fax.03-3486-0856
e-mail: kdo@k-do.com

川路ヨウセイ
Kawaji Yosei
1940年12月26日生まれ。

宮本泰志
Miyamoto Yasushi
1958年2月20日生まれ。

1 | グリコポッキー　Chocolate Snack
cd.駒 芳昭
ad.川路ヨウセイ
d.宮本泰志
cl.江崎グリコ　Ezaki Gliko

1

近藤和磨
Kondo Kazuma
1964年6月17日生まれ。

遠藤真由美
Endo Mayumi
1967年4月23日生まれ。

田中基美
Tanaka Motomi
1972年12月20日生まれ。

首藤玲子
Shudo Reiko
1976年4月19日生まれ。

2

3

4

2 ヨックモック 季節クッキー Cookie
cd.山田 洋
ad.川路ヨウセイ
d.田中基美
cl.ヨックモック Yoku Moku

3 ルック チョコレート Chocolate
cd.吉崎 徹
ad.川路ヨウセイ
d.田中基美
cl.不二家 Fujiya

4 チェルシー Candy
cd.市川卓也
ad.川路ヨウセイ
d.首藤玲子
cl.明治製菓 Meiji Seika Kaisha

5 かっぱえびせん Snack
ad.川路ヨウセイ
d.近藤和磨
cl.カルビー Calbee

期間限定
Season's flavor
Meiji
Spring Sweets mix
CHELSEA
スプリング スイーツ ミックス
ショコラオランジェ
イチゴのムース
ピーチのブランマンジェ
Calbee
えびせん
やっぱり やめられない、とまらない！
ノンフライ
天然のえびが丸ごと
カルシウム120mg/1袋
Calbee
期間限定で復活！
フレンチサラダ味
えびせん
やっぱり やめられない、とまらない！
ノンフライ
天然のえびが丸ごと
カルシウム108mg/1袋

5

Kamoshita Takanori

鴨下宜訓

Studio Seven
スタジオセブン
〒150-0001 東京都渋谷区神宮前4-1-23-203
tel.03-3470-6019 fax.03-3470-6045

1 木織りカードケース Card Case
textile d.& d.鴨下宜訓
cl.ボワゼット boisette
2 ショコラ Chocolate
d.鴨下宜訓
cl.エミリーフローゲ Emilie Flöge

1

2

1

2

3

4

Kimura Miki

木村未来

Sunrise
サンライズ
〒540-0026 大阪府大阪市中央区内本町1-2-8
TSKビル5F
tel.06-6942-7181　fax.06-6942-7185

1972年5月16日生まれ。1995年大阪芸術大学芸術学部デザイン学科卒業。

1 ミックスベジタブル Pet Food
d.木村未来
cl.サンライズ Sunrise

2 ビストロゴン太グルメパック Pet Food
d.木村未来
cl.サンライズ Sunrise

3 ゴン太のササミ巻き巻き Pet Food
d.木村未来
cl.サンライズ Sunrise

4 ゴン太のふっくらソフト Pet Food
d.木村未来
cl.サンライズ Sunrise

Kitami Masayuki

北見勝之

Kurata Housou

倉田包装

〒111-0043 東京都台東区駒形1-2-5

tel.03-3845-0026　fax.03-3843-5530

e-mail: kitami@kurapack.co.jp

http://www.kurapack.co.jp

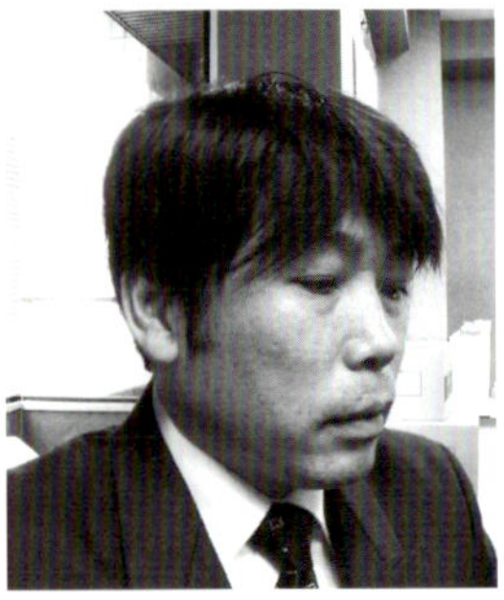

1962年9月13日生まれ。

1 秋ナボナ マロンクリーム、リンゴクリーム　Cake
ad.,d.& ca.北見勝之
cl.亀屋万年堂　Kameya Mannendo

2 亀屋万年堂 包装紙、ショッピングバッグ
Wrapping Paper,Shopping Bag
ad.& d.北見勝之
cl.亀屋万年堂　Kameya Mannendo

3 果実菓子　Cake
ad.& d.北見勝之
cl.亀屋万年堂　Kameya Mannendo

4 一葉つれづれ　Confectionery
ad.,d.& ca.北見勝之
cl.桔梗屋　Kikyouya

1

2

KAJITSU GASHI
フルーツケーキ
果実菓子
FRUITS CAKE
KAMEYA MANNEN-DŌ

3

一葉つれづれ

4

Kyodo Printing

共同印刷

〒112-8501 東京都文京区小石川4-14-12
tel.03-3817-2251　fax.03-3816-3679
e-mail: infop3@kyodoprinting.co.jp

久しぶりの共同印刷のページです。以前は簗個人でお世話になりましたが、今回からは包装企画のグループとして再登場です。今後共、私達をよろしくお願いいたします。
グループリーダー 簗 和夫

1 からめ担々麺　Instant Noodles
cd.明星食品
ad.共同印刷包装企画部
cl.明星食品　Myojo Foods
2 からめ担々麺　Instant Noodles
cd.明星食品
ad.共同印刷包装企画部
cl.明星食品　Myojo Foods
3 お好み焼風焼そば　Instant Noodles
cd.サンヨー食品
ad.共同印刷包装企画部
cl.サンヨー食品　Sanyo Foods
4 ダニアースレッド　Insecticide
cd.アース製薬
ad.井上晋輔
d.荻谷英樹
cl.アース製薬　Earth Chemical
5 ショコラレザン　Chocolate
cd.ロッテ商品開発部
ad.福智久美子
cl.ロッテ　Lotte
6 コラーゲン10000+ビタミンC1000　Nutritive Drink
cd.ロッテ商品開発部
ad.福智久美子
d.神野三義
cl.ロッテ　Lotte
7 ベイクドチーズタルト　Confectionery
cd.ロッテ商品開発部
ad.福智久美子
cl.ロッテ　Lotte

1

2

3

4

5

6

7

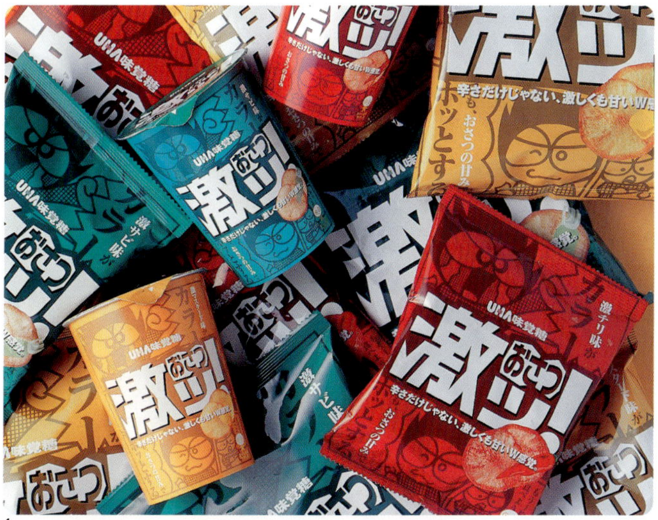

1

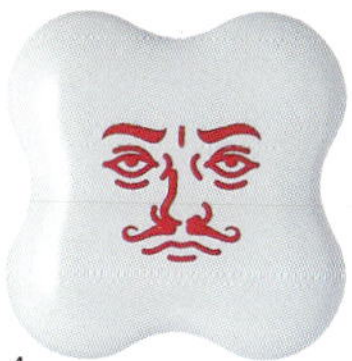

4

2

3

5

Kirima Harumi

キリマハルミ

Kirima Design Office
キリマデザイン事務所
〒534-0026 大阪府大阪市都島区網島町4-12
東文ビル4F
tel.06-6351-7045　fax.06-6351-7046
e-mail: kirima@narutoweb.com

1963年2月14日生まれ。
1985年大阪デザイナー専門学校卒業。
同年パッケージングクリエイト入社。
1993年キリマデザイン事務所設立。
日本グラフィックデザイナー協会会員。
日本タイポグラフィ協会会員。

1 おさつ激ッ!　Snack
ad.& d.キリマハルミ　cl.UHA味覚糖　UHA Mikakuto
2 お風呂屋さんのサイダー　Soft Drink
ad.& d.キリマハルミ　cl.宝酒造　Takara Shuzo
3 パンク玉　Tablet
ad.& d.キリマハルミ　cl.UHA味覚糖　UHA Mikakuto
4 パリトロス　Tablet
ad.& d.キリマハルミ　cl.UHA味覚糖　UHA Mikakuto
5 ミルクがけいちご、ヨーグルトがけりんご　Snack
ad.& d.キリマハルミ
cl.ノーベル製菓　Nobel Confectionery
6 e-ma box　Gift Box
ad.& d.キリマハルミ　cl.UHA味覚糖　UHA Mikakuto

6

Kiriyama Tomohiro
桐山智博
Kiriyama Design Studio
桐山デザインスタジオ
〒150-0043 東京都渋谷区道玄坂1-16-6 二葉ビル10-D
tel.03-5456-7140　fax.03-5456-7147
e-mail: kds.tk@kiriyama.com
http://www.kiriyama.com

1960年11月18日生まれ。1983年武蔵野美術短期大学商業デザイン専攻科卒業。文珠デザインスタジオ、ワークファブリックを経て、95年8月桐山デザインスタジオ設立。生活シーンをイメージできる、記憶に残るパッケージデザインを目指しています。
London International Awards 2005ファイナリスト。

1 英国古酒 Beer
ad.& d.桐山智博
d.& il.桐山理恵
cl.ヤッホー・ブルーイング Yo-Ho Brewing
2 信州ナチュラルビール Beer
ad.桐山智博
d.& il.桐山理恵
cl.ヤッホー・ブルーイング Yo-Ho Brewing
3 ピーロート・ブルー Wine
ad.& d.桐山智博
cl.星野リゾート Hoshino Resort

1

2

3

Crip Sakaguchi Masahiko
クリップ坂口雅彦

〒551-0003 大阪府大阪市大正区千島2-2-14
mobile: 090-1910-6986　fax.06-6551-8713
e-mail: hiko-mobile@jimoto-navi.com
http://www.jimoto-navi.com/c

坂口雅彦 Sakaguchi Masahiko

立体的箱庭感覚で、商品パッケージの立案、包装設計、グラフィクスから、店頭表現等、空気感に魅力を感じて頂けるデザインワークを追求しつづけています。大阪府立守口高等職業訓練校広告デザイン科終了。1966年3月大阪市大正区生まれ。1990年第4回くまもとデザインアウォード[MIKAN PACK]特選。91年第1回紙わざ大賞[POPER]入選、New York PDC[Utsumi scissor package]入賞。

1 ひこちゃんの紙細工屋さん
Paper Works Kit
ad.Package Product
d.& const.Crip Sakaguchi
paper structure art ひこちゃん
ca.& seal stamp 岩井博石
support 城東紙器
2 Creation
3 Creation
4 Creation

1

2

3

4

Kudo Aoshi

工藤青石

Communication Design Laboratory
コミュニケーションデザイン研究所
〒103-0014 東京都中央区日本橋蛎殻町1-33-10
ミカビル3F
tel.03-3668-9777　fax.03-3668-4777
http://www.cdlab.jp

1964年東京生まれ。1988年東京芸術大学卒業、同年資生堂入社。92年から96年パリ勤務。プロダクト、パッケージ、空間をコミュニケーションのメディアととらえ、独自のスタンスでデザインを行う。2005年資生堂を退社し、平野敬子とともにコミュニケーションデザイン研究所を設立。東京芸術大学非常勤講師。毎日デザイン賞、米国建築家協会ニューヨーク最優秀デザイン賞、ADC賞、日本パッケージデザイン賞大賞等受賞。

1 資生堂メン　Skin Care Products
cd.,ad.& d.工藤青石　d.信藤洋二　cl.資生堂　Shiseido
2 資生堂 キオラ　Skin Care Products
cd.池田修一　ad.& d.工藤青石　lo.平野敬子　cl.資生堂　Shiseido
3 資生堂 ザ・メーキャップ　Make-up Products
cd.杉浦俊作、斗ヶ沢哲夫　ad.& d.工藤青石　cl.資生堂　Shiseido
4 イプサ ザ・タイムリセット　Skin Care Products
cd.,ad.& d.工藤青石　lo.ヘルムート・シュミット　cl.イプサ　Ipsa
5 資生堂メン オードトワレ　Men's Eue De Toilette
cd.,ad.& d.工藤青石　d.信藤洋二　cl.資生堂　Shiseido
6 オン・ザ・ピーク　Skin Care Products
cd.,ad.& d.工藤青石　cl.イプサ　Ipsa

1

2

3

4

5

6

Clips Factory

クリップスファクトリー

〒112-0015 東京都文京区目白台1-24-8-201
tel.& fax. 03-5978-4540

塩崎杏澄 Shiozaki Asumi

1960年1月28日生まれ。

1 MACADAMIA CRISP Chocolate
cd.ロッテ商品開発部
ad.三石 博
cl.ロッテ Lotte
2 ポテトチップス Snack
cd.加藤武史、折原正義
ad.林 寿典
cl.山芳製菓 Yamayoshi
3 ZACT Chocolate
cd.山田拓郎
ad.北村桂子
cl.日清シスコ Nissin Cisco
4 キャラメルポップコーン Snack
ad.田中夏実
cl.東京スナック食品 Tokyo Snack
5 旨醤 Instant Noodles
ad.八木和也
cl.明星食品 Myojo Foods
6 南国チャーハンシリーズ Seasoning
ad.田仲 文
cl.丸美屋食品工業 Marumiya
7 新創作中華 Seasoning
ad.田仲 文
cl.丸美屋食品工業 Marumiya
8 生タイプの具 Instant Soup
ad.福岡直子、舘野由紀子
cl.ハナマルキ Hanamaruki

1

2

3

4

明星
こだわりの焼そば
旨醤
ウマジャン
麺 歯切れよく、しなやかな中太麺
醤 旨みのきいた特製ジンギスカンたれ
具 たれ漬け豚肉 キャベツ、香味スパイス
熱湯3分

5

丸美屋
南国チャーハンシリーズ①
沖縄編
タコス風チャーハンの素
ピリ辛トマトソース付き
1人前×2
丸美屋
南国チャーハンシリーズ②
バリ島編
ナシゴレンの素
甘辛エスニックソース付き
1人前×2
基本レシピはごはんと卵で!
きゅうり・トマト・目玉焼きを加えてさらにおいしく。

6

丸美屋
愛菜中華
新創作中華
おもてなししませんか?
鮭と水菜の胡麻だれクリームソース。
牛肉とアスパラのスパイシーガーリックソース。
鶏肉と茄子のラタトゥーユ風トマトソース。
海老とブロッコリーの特製マヨネーズ風ソース。
3人前
調理例

7

ハナマルキ
3食入
生タイプの具
五種類の具材
みそも具材も生
99kcal 1食あたり
調理例
とん汁
あさり
36kcal
なめこ
39kcal
しじみ
35kcal

8

Kosé

コーセー

〒104-0032 東京都中央区八丁堀1-9-9
tel.03-3555-9199　fax.03-3555-9184

塙 冨士雄　Hanawa Fujio

榎村真澄　Enomura Masumi

1 ボーテ・ド・コーセー アルティメーション　Cosmetics
cd.塙 冨士雄　ad.井口佳己
d.山﨑 茂、山本香里
cl.コーセー　Kosé

2 JILL STUART　Cosmetics
cd.塙 冨士雄
d.益田あけみ、佐藤知佳、二タ月麗子
cl.コーセー　Kosé

3 ボーテ・ド・コーセー プレリューション　Cosmetics
cd.塙 冨士雄　ad.井口佳己
d.横倉尚子、赤井尚子
cl.コーセー　Kosé

1

林 千博 Hayashi Chihiro

伊藤恵子 Ito Keiko

井口佳己 Iguchi Yoshimi

2

3

4 コスメデコルテ ザ・ハイドロサイエンス Skin Care Products
cd.塙 冨士雄、林 千博 ad.新鞍一裕
d.森田利江子、松樹青太
cl.コーセー Kosé

5 エスプリーク Cosmetics
cd.塙 冨士雄 ad.井口佳己
d.山﨑 茂、田中健一
cl.コーセー Kosé

6 グランデーヌ Cosmetics
cd.塙 冨士雄 ad.井口佳己
d.横倉尚子、赤井尚子
cl.コーセー Kosé

7 ヴィセ Make-up Products
cd.塙 冨士雄 ad.井口佳己 d.横倉尚子
cl.コーセー Kosé

8 コスメデコルテ リルーセント Cosmetics
cd.塙 冨士雄、林 千博 ad.新鞍一裕
d.益田あけみ、渡邉 均、松樹青太
cl.コーセー Kosé

4

5

GRANDAINE
Amino Vitalizing
Lotion
II
KOSÉ
GRANDAINE
Clear Creamy Cleansing
KOSÉ
GRANDAINE
Amino Vitalizing
Cream
KOSÉ

6

VISÉE
VISÉE
VISÉE

7

COSME DECORTE
LIQUID FOUNDATION
RELUCENT
COSME DECORTE
VELVET VEIL FOUNDATION CASE
RELUCENT
COSME DECORTE
POWDER FOUNDATION CASE
RELUCENT
MAKE UP BASE
RELUCENT

8

新鞍一裕　Niikura Kazuhiro

森田利江子　Morita Rieko

山﨑 茂　Yamasaki Shigeru

9 コンビニック セレクティ プリンセス Cosmetics
cd.塙 冨士雄 ad.榎村真澄 d.森田利江子
cl.コーセーコスメニエンス Kosé Cosmenience
10 スポーツビューティ® ファシオ Make-up Products
cd.塙 冨士雄 ad.榎村真澄
d.森田利江子、熊田美保
cl.コーセーコスメニエンス Kosé Cosmenience
11 フォルミュール Skin Care Products
cd.塙 冨士雄、林 千博 ad.新鞍一裕 d.原田アンリ
cl.コーセー Kosé
12 プレディア スパ・デ・グラン Skin Care Products
cd.塙 冨士雄、林 千博 ad.新鞍一裕 d.渡邉 均
cl.コーセー Kosé

9

10

FORMULE
FORMULE
a powerful ingredient
"hybrid EPC"
vitalizes skin
Softening
Cleansing Gel
Dr. PHIL COSMETICS
FORMULE
FORMULE
a powerful ingredient
"hybrid EPC"
vitalizes skin
Vita Solution
Dr. PHIL COSMETICS
FORMULE
Revitalize Essence
Dr. PHIL COSMETICS

11

Spa des Grands
MASK
For dimensional beauty,
premium concentrated
Sea & Spa formula
CREAM WASH
Prédia
LOTION
Prédia
MOISTURIZER
Prédia
CREAM MASSAGE
Prédia
CREAM CLEANSE
Prédia
DAY CREAM
Prédia

12

Kosé Cosmeport

コーセーコスメポート

〒104-0032 東京都中央区八丁堀1-9-9
tel.03-3551-3549 fax.03-3553-5950
http://www.kosecosmeport.co.jp

2004年以降の受賞歴として、04年ジャパンパッケージングコンペティション化粧雑貨部門賞、04、05年日本パッケージングコンテスト化粧品部門賞・トイレタリー包装部門賞を受賞。

山田博子 Yamada Hiroko

井手広二 Ide Koji

1

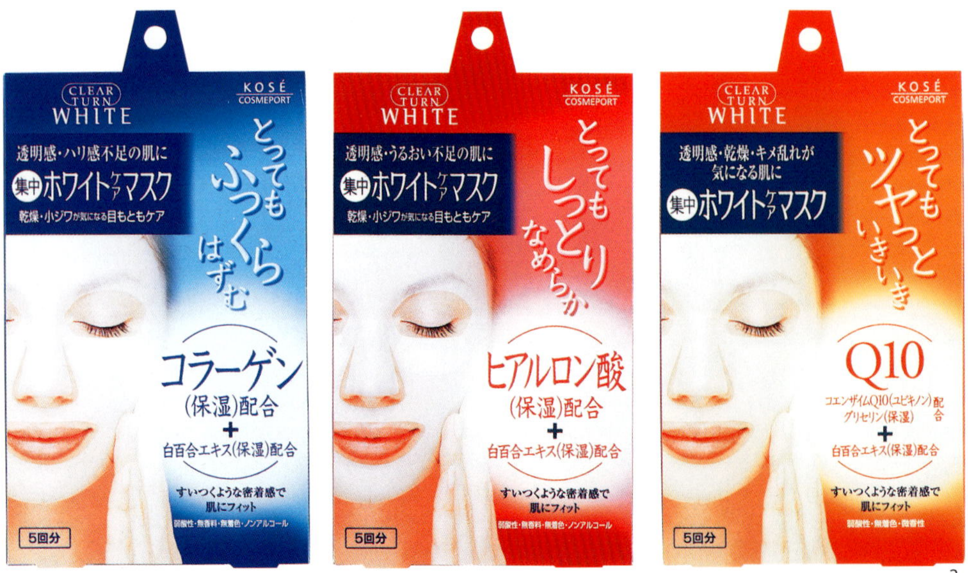

2

田代桂子　Tashiro Keiko

東 みどり　Azuma Midori

1 サロンスタイル Hair Care Products
cd.& ad.山田博子
d.恵面奈津子（コーセーコスメポートデザイン室）、伊藤鷹也デザイン事務所
cl.コーセーコスメポート Kosé Cosmeport

2 クリアターン Skin Care Products
cd.& ad.山田博子
d.YAOデザインインターナショナル、清水さやか（コーセーコスメポートデザイン室）
cl.コーセーコスメポート Kosé Cosmeport

3 レチノヴェール Skin Care Products
cd.& ad.山田博子
d.井手広二
cl.コーセーコスメポート Kosé Cosmeport

4 モイスチュア マイルド ホワイト Skin Care Products
cd.山田博子 ad.佐藤 卓
d.佐藤 卓デザイン事務所、東 みどり（コーセーコスメポートデザイン室）
cl.コーセーコスメポート Kosé Cosmeport

3

4

5 ノア Cosmetics
cd.& ad.山田博子
d.伊藤恵子、田代桂子
cl.コーセーコスメポート Kosé Cosmeport

6 マリ・クレール Make-up Products
cd.& ad.山田博子
d.伊藤恵子、恵面奈津子
cl.コーセーコスメポート Kosé Cosmeport

7 メンズ ソフティモ Men's Cosmetics
cd.& ad.山田博子
d.恵面奈津子
cl.コーセーコスメポート Kosé Cosmeport

5

6

7

Grove Design
グローブデザイン
〒104-0042 東京都中央区入船3-9-1 第2細矢ビル3F
tel.03-3555-7772 fax.03-3555-7776
e-mail: grove@rb3.so-net.ne.jp
http://www.001.upp.so-net.ne.jp/grove/

三谷 豊 Mitani Yutaka

1953年11月10日生まれ。1976年金沢美術工芸大学卒業。シュガーポット、シュガーポットジーアールを経て、93年グローブデザイン設立。企業と消費者を結ぶコミュニケーターの視点で、幅広いジャンルのパッケージに取り組んでいきたいと思っています。

1 電池の消臭プラグ Deodorant
d.小山 弘、浅井真澄
cl.エステー化学 S.T.
2 シリアルチョコレート Chocolate
d.三谷 豊
il.宮北敏秀
cl.カバヤ食品 Kabaya Foods
3 のむヨーグルト Yogurt Drink
d.三谷 豊
il.宮北敏秀
cl.オハヨー乳業 Ohayo Dairy Products

1

2

3

Kotobuki Seihan Printing

寿精版印刷 デザインセンター

〒135-0091 東京都港区台場2-3-1 16F
tel.03-3529-3205　fax.03-3529-3213

〒543-0002 大阪府大阪市天王寺区上汐6-4-26
tel.06-6770-2807　fax.06-6770-2817

竹広光春　Takehiro Mitsuharu
1953年2月11日生まれ。

國吉英二郎　Kuniyoshi Eijiro
1962年1月31日生まれ。

1

2

3

山川弘子 Yamakawa Hiroko

1947年11月5日生まれ。

原 拓哉 Hara Takuya

1964年5月29日生まれ。

松浦真二 Matsuura Shinji

1967年8月28日生まれ。

4

5

1 サントリー 謎ウイスキー Whisky
ad.横尾 浩
d.寿精版印刷デザインセンター
cl.サントリー Suntory　photograph offer 防衛庁

2 サントリー 干支ラベル Whisky
ad.前田英樹
il.藤森兼明
d.寿精版印刷デザインセンター
cl.サントリー Suntory

3 サントリー ボンビエール Beer
ad.牛島志津子
il.大森重志
d.寿精版印刷デザインセンター
cl.サントリー Suntory

4 サントリー にごり新酒ワイン Wine
ad.牛島志津子
d.寿精版印刷デザインセンター
cl.サントリー Suntory

5 サントリー ペプシCIマニュアル Compact Disc
ad.平田 宙
cl.サントリー Suntory

染谷信子 Someya Nobuko

1969年11月8日生まれ。

長野友紀 Nagano Yuki

1971年8月25日生まれ。

6 長龍 月日重ねて Sake
ad.& d.寿精版印刷デザインセンター
cl.長龍酒造 Chouryo

7 沢の鶴 ひとはなぐらす Sake
ad.& d.寿精版印刷デザインセンター
cl.沢の鶴 Sawanotsuru

8 アクアヴィーナス化粧品パッケージ Cosmetics
ad.& d.寿精版印刷デザインセンター
cl.シードプロダクツ Seed Products

9 スクラッチベーカリーパパン Bakery
ad.& d.寿精版印刷デザインセンター
cl.BMS

10 メダルアミーゴ Game Center
ad.& d.寿精版印刷デザインセンター
cl.K'sアミューズメント K's Amusement

7

6

8

手づくり　やきたて　105円
Papan
パパン
SCRATCH BAKERY
パパンのパンは低価格のパン屋さんでは
決して実現できなかった粉から作る
手作りパン（スクラッチベーカリー）です。
温かな焼きたてを毎日提供し続ける
妥協を許さない本物感溢れるパンです。

Papan
パパン

Papan

手づくり・やきたて・105円
Papan
パパン
SCRATCH BAKERY

9

メダルゲーム GAME
MEDAL AMIGO!
MEDAL AMIGO · MEDAL AMIGO ·

MEDAL AMIGO!
OPEN

10

Saeki Jun

佐伯 淳

J.Works

J.ワークス

〒530-0041 大阪府大阪市北区天神橋2-3-22
tel.06-6882-5185 fax.06-6882-5186
e-mail: jworks@osk4.3web.ne.jp

1952年5月14日生まれ。京都市立芸術大学卒業。J.ワークス代表。ジャパンパッケージコンペティション日本印刷工業会長賞、部門賞多数受賞。PDCゴールドアウォード金賞。インターナショナルパッケージアウォード銅賞等受賞。

1 UCC COFFEE Coffee
ad.佐伯 淳
d.上野光生
cl.UCC上島珈琲 UCC Ueshima Coffee

2 HILLS BROS COFFEE Coffee
ad.佐伯 淳
d.上野光生
cl.日本ヒルスコーヒー Hills Bros Coffee; Japan

3 HELLO KITTY Cookie,Tea,Jam
ad.佐伯 淳
d.上野光生
cl.日食 Nisshoku

1

2

3

Sakasegawa Takekazu
酒瀬川武一

Pa-Dock
パドック

〒550-0013 大阪府大阪市西区新町1-2-13
新町ビル10F
tel.06-6531-9444　fax.06-6531-9445
e-mail: p1@padock.co.jp
http://www.padock.co.jp

1957年12月17日生まれ。

1 DRY・UP Detergent
ad.清家瑞穂
d.酒瀬川武一
cl.サンスター Sunstar

2 とろろんデザート Confectionery
d.酒瀬川武一
cl.中島大祥堂 Nakajima Taishoudo

3 あんかけ湯 Bath Products
d.酒瀬川武一
cl.ヴァンベル Vanbell

1

2

3

Sakurai Atsushi

桜井 淳

Design Firm Supply
デザイン・ファーム・サプライ
〒486-0957 愛知県春日井市中野町2-18-3
tel.0568-36-1814　fax.0568-36-1824

1963年10月27日生まれ。

1 白とんこつ・黒とんこつ　Snack
ad.今尾小夜子（凸版印刷）
d.桜井 淳
cl.おやつカンパニー　Oyatsu Company

2 超野菜いっぱいシリーズ　Soup
ad.村井竜一朗（凸版印刷）
d.桜井 淳
cl.マルコメ　Marukome

1

2

Saraya
サラヤ

〒546-0013 大阪府大阪市東住吉区湯里2-2-8
tel.06-6797-2469　fax.06-6700-6656
http://www.saraya.com/

「自然派のサラヤ」は、人と環境にやさしい商品を開発しています。パッケージデザイナーも環境への負荷を考慮し、材質、廃棄性などをも含め、包装資材の削減と使いやすさを両立したデザイン開発を目指しています。

1 ヤシノミ洗剤 Dish Washing Detergent
ad.サラヤ
gd.近 明由美
bd.サラヤ商品開発本部I.D課

2 洗たく洗剤 パウ Detergent
ad.サラヤ
gd.岡田香里
pl.代島裕世

3 薬用手洗い石けん ウォシュボンG Hand Soap
ad.サラヤ
gd.近 明由美
bd.小林美子

1

2

3

Zasso Creative

ザッソ クリエイティブ

〒160-0022 東京都新宿区新宿2-13-10-603
tel.03-5363-0027　fax.03-5363-0028
e-mail: job@zasso.co.jp
http://www.zasso.co.jp

髙見裕一　Takami Yuichi

1961年8月31日生まれ。スーパーマーケットやコンビニエンスストアの溢れんばかりの商品群の中、売れ勝っていく「顔」をつくり出していくのが、わたしの仕事です。自信たっぷりな「顔」をして、「堂々」と売り場にあってほしいと、常々考えています。日常生活に欠かせない「食品」や「日用雑貨」など、その製品の良いところ、良いことを、余すことなく伝える「顔」づくりを、ずっと続けていきたいと思っています。

1 日清まる得 叉焼麺、ちゃんぽん　Instant Noodles
ad.& d.髙見裕一
cl.日清食品　Nissin Food Products

2 日清焼そば 豚カルビ入り　Frozen Food
ad.& d.髙見裕一
cl.日清食品　Nissin Food Products

3 韓国キムチ鍋スープ　Seasoning
ad.白井幸子
d.髙見裕一
cl.キッコーマン　Kikkoman

4 ダージリン・セカンドフラッシュ　Leaf Tea
ad.歳原和明
d.髙見裕一
cl.三井農林　Mitsui Norin

1

2

3

4

Shimizu Yukio

清水幸生

Pax Design Associates
パックスデザインアソシエイツ
〒461-0011 愛知県名古屋市東区白壁2-9-18-303
tel.052-968-1955　fax.052-968-1966
e-mail: yukios@pax-da.co.jp

1950年6月13日生まれ。

1 ええなも　Shochu
ad.舟橋正純
d.清水幸生
cl.清洲桜酒造　Kiyosusakura

2 二度焙煎 金胡麻　Sesame
cd.九鬼産業開発部
ad.& d.清水幸生
cl.九鬼産業　Kuki Sangyo

3 イチビキ鍋つゆ　Seasoning
ad.イチビキマーケティング部
d.清水幸生
cl.イチビキ Ichibiki

1

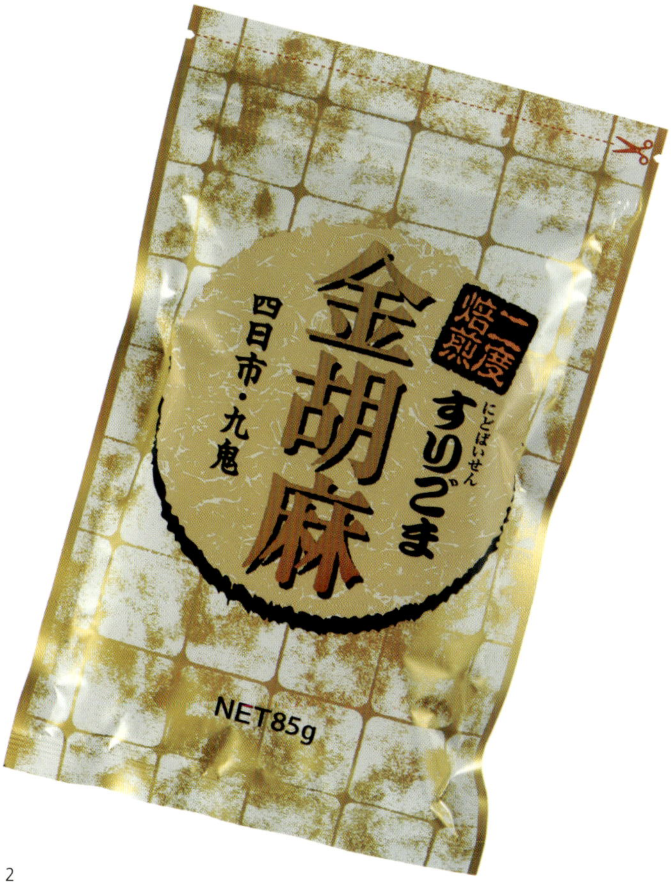

2

3

The Design Associates
ザ・デザイン・アソシエイツ

〒106-0046 東京都港区元麻布3-2-9
tel.03-3404-0328　fax.03-3404-0254
e-mail: tda@gol.com
http://www.thedesignassoc.com

パッケージデザインをはじめアイデンティティの開発などトータルな実績を多くもっています。英語圏やアジア向けのブランド開発の経験もあります。

1 ヴォーノ Soup
d.ザ・デザイン・アソシエイツ
cl.味の素 Ajinomoto
2 アーモンドバター・ホイップ Spread
d.ザ・デザイン・アソシエイツ
cl.ブルーダイヤモンド Blue Diamond
3 マイルドセブン エコスタイル Cigarettes
d.ザ・デザイン・アソシエイツ
cl.日本たばこ産業 Japan Tobacco
4 ピュアホワイト Supplement
d.ザ・デザイン・アソシエイツ
cl.資生堂ビューティフーズ Shiseido Beauty Foods
5 季節を彩るカルピス Lactic Acid Beverage
d.ザ・デザイン・アソシエイツ
cl.カルピス Calpis
6 ルーツ アロマブラック Coffee
d.ザ・デザイン・アソシエイツ
cl.日本たばこ産業 Japan Tobacco
7 とんがりコーン Snack
d.ザ・デザイン・アソシエイツ
cl.ハウス食品 House Foods
8 旨もろこし Snack
d.& n.ザ・デザイン・アソシエイツ
cl.ハウス食品 House Foods

1

2

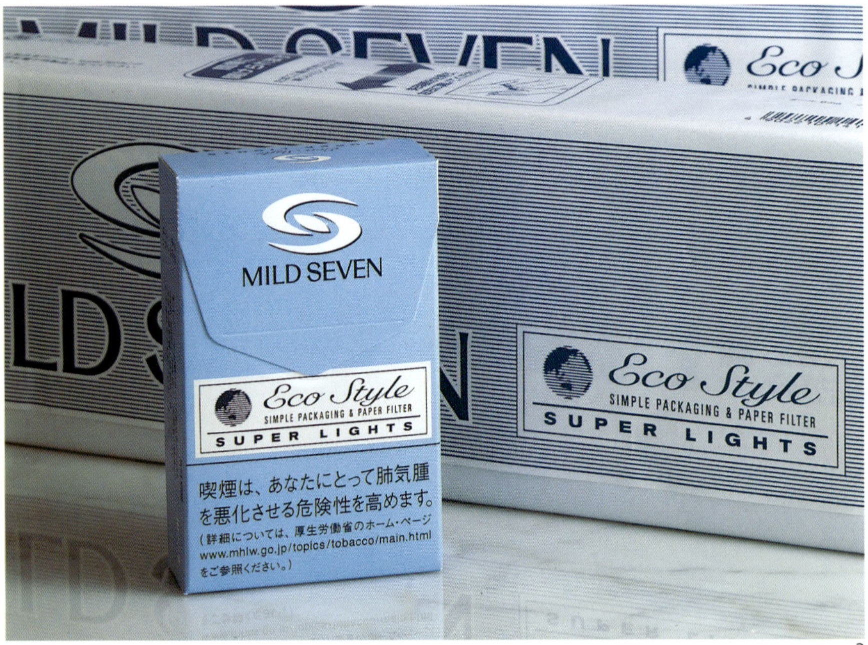

3

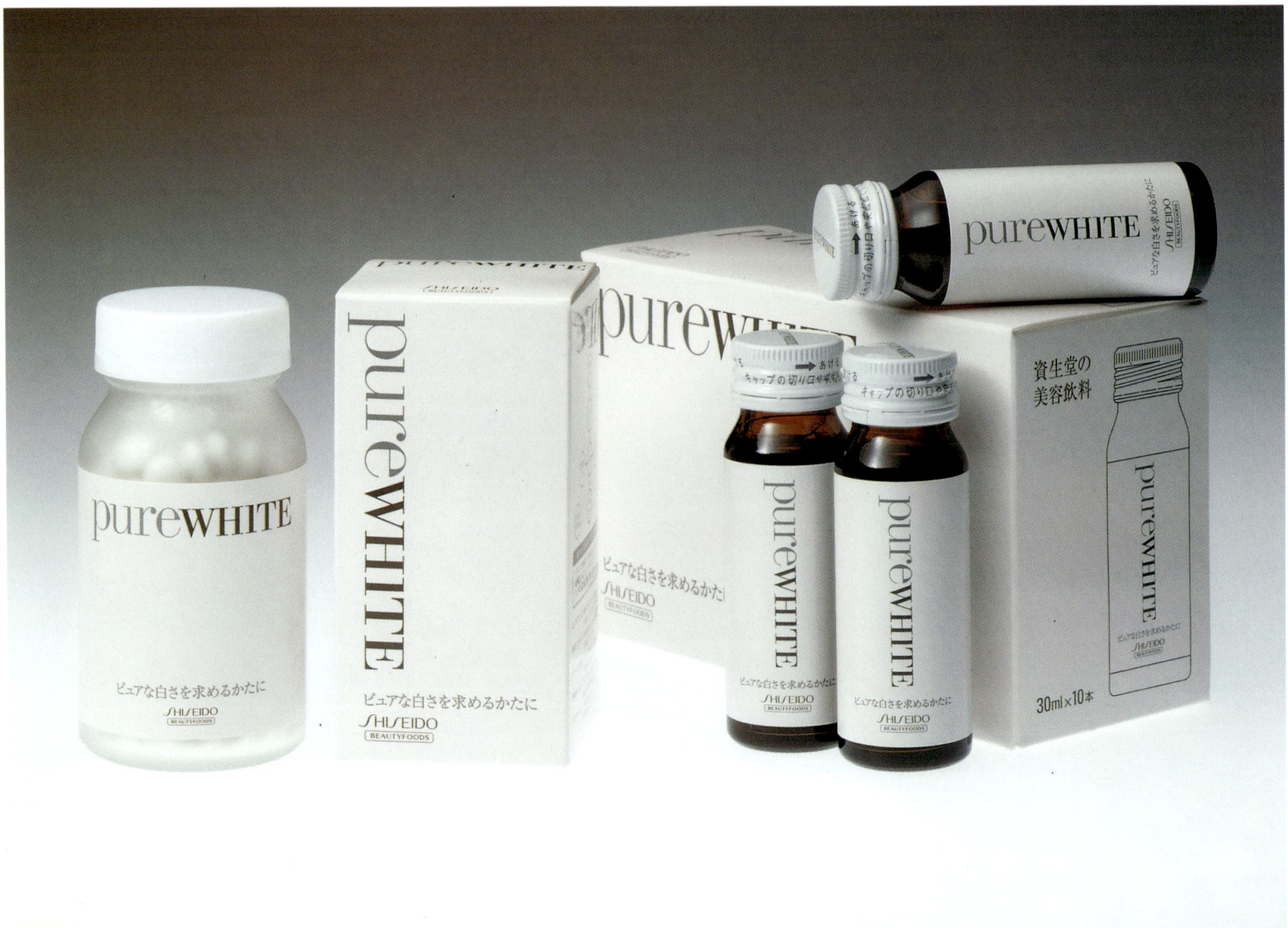

4

5倍希釈用
季節を彩る
カルピス
バナナ
BANANA
南国産バナナ果汁使用
マンゴー
mango
南国産マンゴー果汁使用
キウイ
レモン
KIWI&LEMON
ニュージーランド産キウイ果汁使用
ミックスフルーツ
mix fruits
3つの果実の豊かな味わい
いちご
練乳入り
Strawberry
栃木県産とちおとめ苺果汁使用
CALPIS
5倍希釈時 果汁1% 500ml
種類別：乳製品乳酸菌飲料（殺菌）

5

JT
Roots
AROMA
BLACK
ORIGINAL
ブラック 無糖
コーヒー
OPEN

6

とんがりcorn
まるごとコーンの香ばしさ!!
ゴマだれマヨネーズ
あっさり塩
TONGARI CORN

7

旨
うま
もろこし
スイートコーンのうまみひろがる
うまみひきたつ
あっさり塩味
うまみひろがる
コーンマヨネーズ
UMA-MOROKOSHI WA TOUMOROKOSHI

8

Sato Akio
佐藤昭夫

Sato Akio Design
佐藤昭夫デザイン室
〒150-0002 東京都渋谷区渋谷1-19-1 ハウスワン2F
tel.03-3406-9491　fax.03-3406-9492
e-mail: kintaya@sa2.so-net.ne.jp

1942年9月9日生まれ。ヴィジュアルデザイン研究所にて基礎デザインを学ぶ。1965年デルタモンド入社。94年佐藤昭夫デザイン室設立。

1 一番搾り生ビール　Beer
ad.& d.佐藤昭夫
d.川路欣也
lo.成澤正信
cl.キリンビール　Kirin Brewery

2 とれたてホップ一番搾り　Beer
ad.& d.佐藤昭夫
d.川路欣也
lo.成澤正信
cl.キリンビール　Kirin Brewery

3 淡麗シリーズ　Sparkling Alcoholic Beverage
ad.& d.佐藤昭夫
d.川路欣也
lo.成澤正信
cl.キリンビール　Kirin Brewery

4 マルコメ フリーズドライ京懐石シリーズ　Miso Soup
ad.& d.佐藤昭夫
d.& il.川路欣也
p.川口 保
cl.マルコメ　Marukome

5 天然醸造 二年味噌　Miso
ad.& d.佐藤昭夫
d.佐藤 新
cl.マルコメ　Marukome

1

2

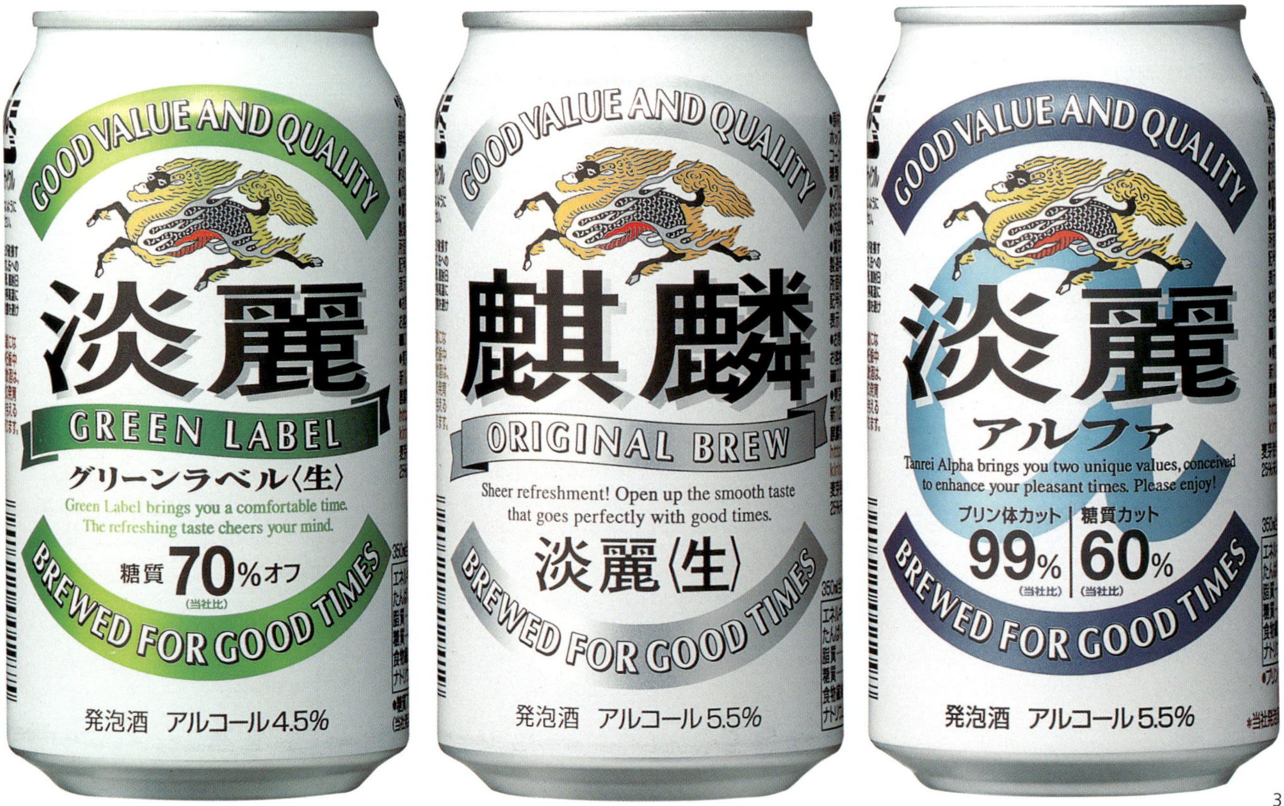

3

京懐石 長ねぎ
京懐石 とうふ
京懐石 とん汁
京懐石 けんちん汁
ホット亭 たまごスープ
京懐石 なす
京懐石 野菜
京懐石 赤だし とうふ
京懐石 赤だし 長ねぎ
ホット亭 中華スープ
風味仕立て
1食入

4

マルコメの
おみそ汁
スープ

京懐石 長ねぎ
京懐石 とうふ
京懐石 なす

4

美麻髙原蔵

マルコメ
美麻高原蔵
天然醸造
二年味噌
選びぬいた国産大豆と米と
塩で仕込んだ天然醸造味噌

5

Satonaka Maho

里中麻穂

Satonaka Design Office
サトナカデザインオフィス
〒151-0051 東京都渋谷区千駄ヶ谷1-11-3
メゾン中塚502
tel.& fax. 03-3470-6185
e-mail: satonaka@siren.ocn.ne.jp

1970年12月24日生まれ。

1 天然虫よけパッチ Insect Repellent Seal
ad.& d.里中麻穂
cl.日新メディコ Nissin Medico
2 Night Socks, Hand Care Mitten
Skin Care Goods
ad.& d.里中麻穂
cl.シー・シー・メディコ C.C.Medico
3 スープ春雨 Soup
ad.大日本印刷
d.里中麻穂
cl.旭松食品 Asahimatsu Foods
4 あぶらサラサラ Dish Washing Detergent
ad.& d.里中麻穂
cl.日新メディコ Nissin Medico

1

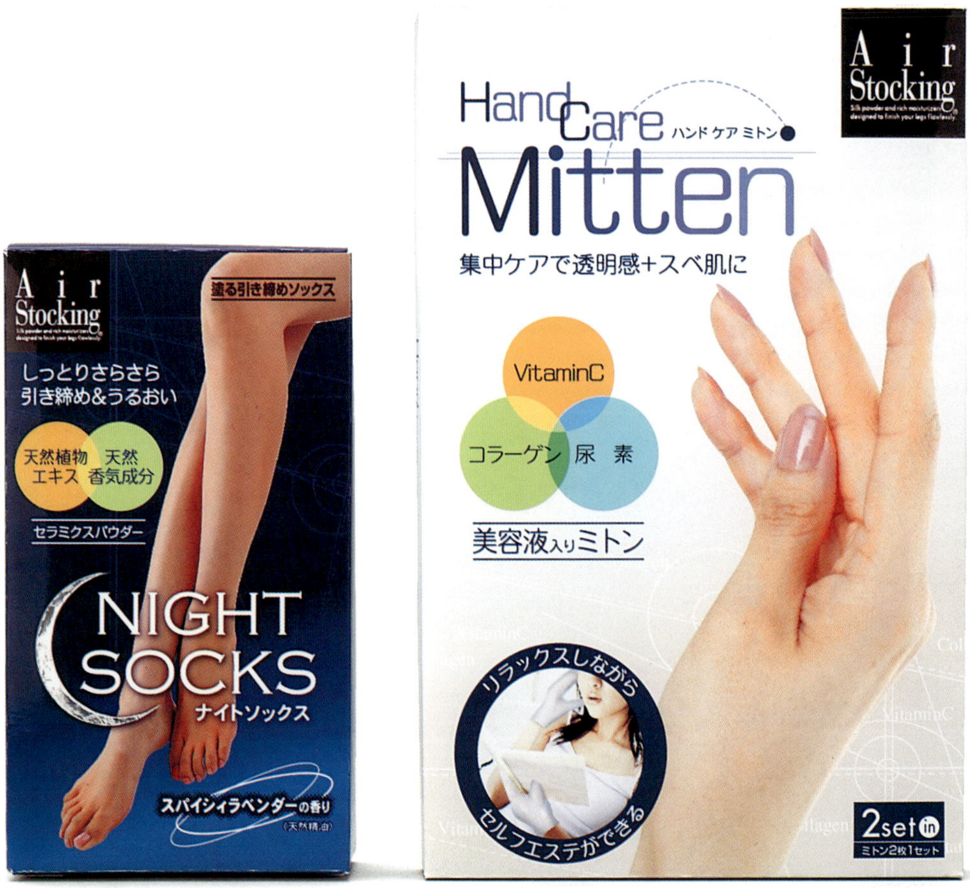

2

担々スープ春雨
5食入
72kcal
(1食あたり)
ポークスープに味噌と
豆板醤の辛味・ごまの旨味
白湯スープ春雨
和風スープ春雨
5食入
42kcal
(1食あたり)
ゆずとごまの風味が決め手の
かつおだししょう油のお吸い物
手軽に作れる
調理例
酸辣湯スープ春雨
5食入
50kcal
(1食あたり)
心地よい辛味の刺激と
さわやかな酸味が効いたスープ
手軽に作れる
調理例

3

あぶらサラサラ
ガンコな油汚れも
サラサラすっきり
油汚れ専用の乳化型洗剤です。
ウーロン茶の香り
あぶらサラサラ
ガンコな油汚れも
サラサラすっきり
油汚れ専用の乳化型洗剤です。
ウーロン茶の香り

4

Cinq Directions
サンクディレクションズ
〒107-0052 東京都港区赤坂8-5-2 アルティス赤坂301
tel.03-3405-7586　fax.03-3405-7592
e-mail: hoso@39d.co.jp
http://www.39d.co.jp

細島雄一　Hosojima Yuichi

1963年4月29日生まれ。パッケージ開発から広告及びセールスプロモーション等トータルにマーケティング活動をサポートします。

1 ネスレ Tottemo Tea
ad.細島雄一　d.小林一彦　il.mashroom cafe
cl.ネスレ日本　Nestlé Japan

2 ボーダフォン nudio Mobile Phone
ad.魚本勝之　d.中田浩介　p.羽金和恭
cl.ボーダフォン　Vodafone

3 bomp! Skin Care Products
cd.細島雄一　ad.小川 薫　d.小林一彦
cl.シュウエイトレーディング　Shuei Trading

4 ネスレ perrier Mineral Water
ad.細島雄一　d.佐藤裕治　il.mashroom cafe
cl.ネスレ日本　Nestlé Japan

1

nudio
vodafone
2

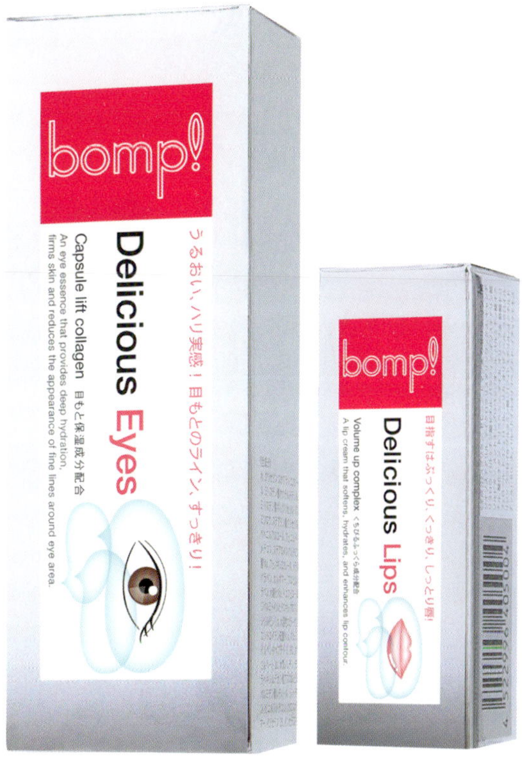
bomp!
うるおい、ハリ実感！目もとのライン、すっきり！
Delicious Eyes
Capsule lift collagen 目もと保湿成分配合
An eye essence that provides deep hydration, firms skin and reduces the appearance of fine lines around eye area.
bomp!
Delicious Lips
Volume up complex
3

perrier
4

Sun-Create
サン・クリエイト
〒530-0012 大阪府大阪市北区芝田1-12-7 大栄ビル6F
tel.06-6371-3800　fax.06-6371-6106
e-mail: sun-create@nifty.com

1 紹興酒 塔牌 純五年陳花彫 玉珠白磁 Liqueur
cd.大住順一　ad.藤井本道
d.原田美智子、奥林 舞、高木直也
cl.宝酒造 Takara Shuzo
2 タカラ 罍チューハイ Shochu
cd.大住順一　ad.藤井本道
d.原田美智子、奥林 舞、高木直也
cl.宝酒造 Takara Shuzo
3 寶本味醂 Seasoning
cd.大住順一　ad.藤井本道
d.原田美智子、奥林 舞、高木直也
cl.宝酒造 Takara Shuzo
4 松竹梅 ビンcup Sake
cd.大住順一　ad.藤井本道
d.原田美智子、奥林 舞、高木直也
cl.宝酒造 Takara Shuzo
5 松竹梅 酒パック Sake
cd.大住順一　ad.藤井本道
d.原田美智子、奥林 舞、高木直也
cl.宝酒造 Takara Shuzo

大住順一 Osumi Jun'ichi
1933年11月3日生まれ。

藤井本道 Fujii Motomichi
1951年10月5日生まれ。

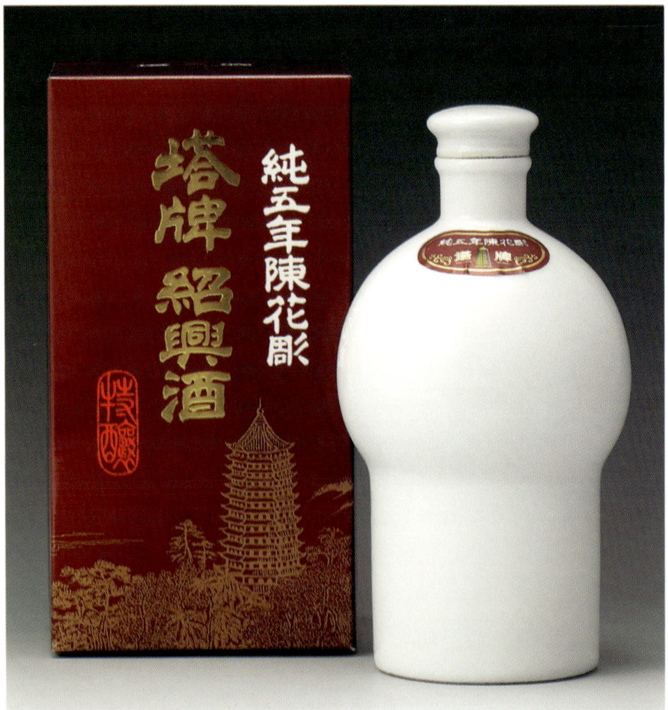

1

2

3

4

蔵人伝統の技
松竹梅
蔵付き酵母仕込
上撰
清酒3ℓ
原材料名：米、米麹、醸造アルコール
蔵人伝統の技
松竹梅
蔵付き酵母仕込
上撰
清酒2ℓ
原材料名：米、米麹、醸造アルコール
蔵人伝統の技
松竹梅
蔵付き酵母仕込
上撰
清酒900mℓ
原材料名：米、米麹、醸造アルコール

5

Sun Studio

サン・スタジオ

〒105-0012 東京都港区芝大門2-5-8
芝大門牧田ビル8F
tel.03-5425-2430　fax.03-5425-2439
e-mail: miyaji-n@SUNSTUDIO.CO.JP
http://www.SUNSTUDIO.co.jp

宮地睦明　Miyaji Nobuaki

1943年1月1日生まれ。東京芸術大学美術学部卒。サン・スタジオ代表取締役、御茶の水美術専門学校理事。通商産業大臣賞、食品部門賞、印刷工業会長賞等受賞。

田辺慎二　Tanabe Shinji

1960年4月10日生まれ。1982年サン・スタジオ入社。

1 ほんだし　Seasoning
ad.田辺慎二
ad.& d.大橋幸裕
cl.味の素　Ajinomoto

2 モンカフェ　Coffee
ad.宮地睦明
d.東 朋宏
cl.片岡物産　Kataoka

3 味の素冷凍食品　Frozen Food
ad.田辺慎二
ad.& d.佐藤広高
cl.味の素冷凍食品　Ajinomoto Frozen Foods

4 ほっとレモン　Soft Drink
ad.田辺慎二
d.君島美香
cl.カルピス　Calpis

5 ファミリーパスタギフト　Gift
ad.田辺慎二、大橋幸裕
d.君島美香
cl.味の素　Ajinomoto

1

2

AJINOMOTO
海鮮八宝菜
ブラックタイガーたっぷり
白身魚でふんわり包み
XO醤仕上げ
海老大焼売
4個入り(152g)
油通しした
ブラックタイガー
熟成豆板醤仕上げ
海老のチリソース
1人前(140g)
1人前(200g)
8個入り(224g)
3

香り際立つおいしさ
CALPIS
ほっと
ゆず
果汁1%
ビタミンC
たっぷり
セブン-イレブン
ほっとやすらぐやさしい味わい
CALPIS
ほっと
レモン
はちみつ入り
ビタミンC
たっぷり
果汁3%
ほっとやさしいおいしさ
CALPIS
ほっと
かりん
はちみつ入り
ビタミンC
たっぷり
果汁1%
4

AJINOMOTO
ひき肉・たまねぎの旨み
炒め野菜の
ミートソース
ITALIAN GIFT
SPECIAL SELECTION
2人前
280g
スパゲッティ
プレーン
エリケ
トリコロール
60g
AJINOMOTO
鶏肉の
クリームソース
スパゲッティ
トマト
400g
AJINOMOTO
コンソメ仕立ての味わい
4種のきのこ
のソース
AJINOMOTO
ザク切りトマトのおいしさ
トマトとベーコン
のソース
OLIVE
OIL
150g
5

Sun Design Associates

サンデザインアソシエーツ

〒542-0081 大阪府大阪市中央区南船場2-4-8
長堀プラザビル6F
tel.06-6261-2961　fax.06-6261-2960

1 五穀フレーク、発芽玄米フレーク　Cereal
ad.凸版印刷　d.米虫寿実
cl.日清シスコ　Nissin Cisco

2 スーパーカップ1.5倍　Instant Noodles
ad.凸版印刷
d.松尾政明、金志ひろみ
cl.エースコック　Acecook

3 粉雪苺、匠味香房、梅昆布茶　Candy
ad.中村明弘　d.村田守弘
cl.三星食品　Sansei Foods

4 メタルガンマニア2　Candy
ad.中村明弘　d.村田守弘
cl.フルタ製菓　Furuta Confectionery

中村明弘　Nakamura Akihiro

1952年3月22日生まれ。クリエイティブディレクター。

松尾政明　Matsuo Masaaki

1965年7月30日生まれ。1989年大阪芸術大学デザイン科卒業後、ナウシステムデザイン入社。91年に退社後、サンデザインアソシエーツ入社、現在に至る。

1

2

3

4

米虫寿実 Yonemushi Hisami

1971年7月31日生まれ。1990年大阪市立工芸高等学校図案科卒業。94年創造社デザイン専門学校卒業後、サンデザインアソシエーツ入社、現在に至る。

竹澤さつき Takezawa Satsuki

1962年5月15日生まれ。大阪デザイナー専門学校卒業。パッケージデザイナーの立場から人の役に立つデザインをテーマにしていきたいと思います。

5 青パパイヤダイエット、α-リポ酸、ローヤルゼリー Supplement
ad.& d.村田守弘
cl.井藤漢方製薬 Itoh Kanpo Pharmaceutical

6 ハニーラボ Skin Care Products
ad.凸版印刷
d.松尾政明、金志ひろみ
cl.山田養蜂場 Yamada Bee Farm

7 安心スリム、ミスタードライ Uric Pad
ad.竹澤さつき
d.村田守弘、長岡佐恵
cl.リブドゥコーポレーション Lived Corporation

8 ママスリム Supplement
ad.& d.竹澤さつき
cl.丹平製薬 Tampei Pharmaceutical

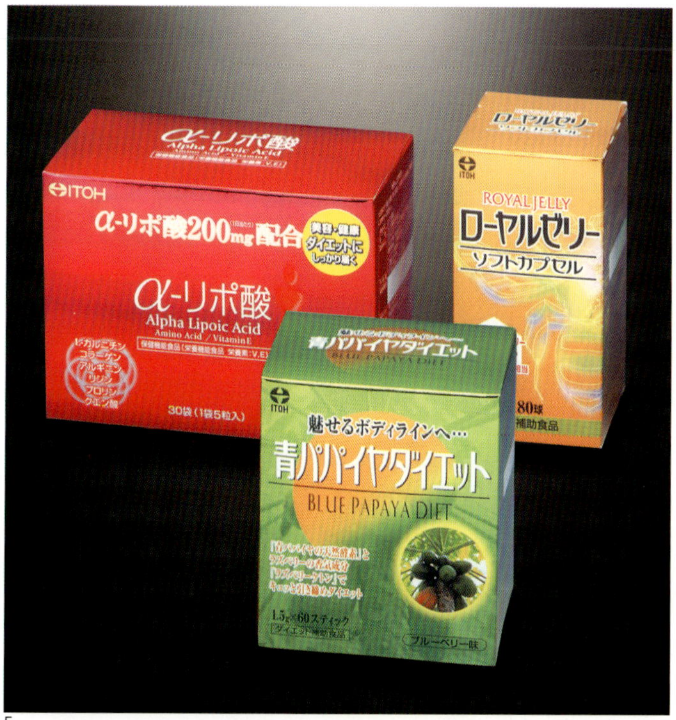

5

6

7

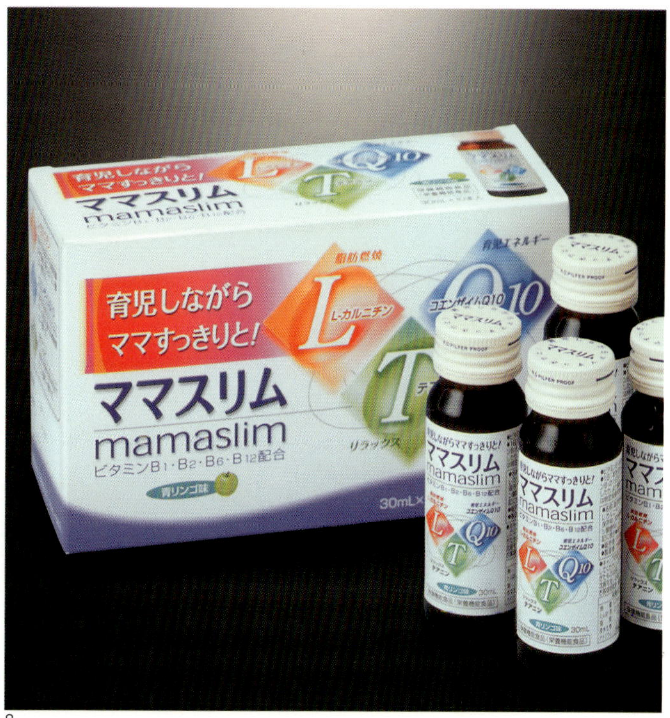

8

Suntory
サントリー

〒135-8631　東京都港区台場2-3-3
tel.03-5579-1145　fax.03-5579-1718

1 サントリー新ロゴタイプ　Corporate Identity
ad.サントリーCI制作委員会とそのスタッフ
d.水口洋二
cl.サントリー　Suntory

2 サントリー緑茶 伊右衛門　Green Tea
cd.加藤芳夫
ad.& d.水口洋二
il.林 幸蔵
lo.島田則行
cl.サントリー　Suntory

3 サントリー烏龍茶 クリスタルカットボトル　Oolong Tea
cd.加藤芳夫
ad.水口洋二
d.桐元晶子
cl.サントリー　Suntory

4 サントリーDAKARA スリムボトル　Soft Drink
cd.加藤芳夫
ad.水口洋二
d.桐元晶子
cl.サントリー　Suntory

5 サントリーコーヒーボス　Coffee
cd.藤田芳康
cd.& ad.加藤芳夫
ad.& d.石浦弘幸
d.片岡啓介、浅野こず絵
cl.サントリー　Suntory

加藤芳夫　Kato Yoshio

1953年7月23日名古屋市生まれ。1979年愛知県立芸術大学卒業、同年サントリーデザイン室入社。現在デザイン部長。主な受賞は、JPC通産大臣賞、日本パッケージデザイン大賞・大賞、金賞、銀賞、特別賞など。2001年『なっちゃんの秘密』六耀社より出版。

SUNTORY

1

茶
伊右衛門
京都
福寿園
石臼挽き茶葉の旨み
SUNTORY

2

サントリー
烏龍茶
SUNTORY

3

SUNTORY
LIFE PARTNER
DAKARA
カラダ・バランス飲料
Life Partner DAKARA contains these functional ingredients: dietary fiber, octacosanol, potassium chloride, calcium lactate, calcium chloride, magnesium oxide, monosodium L-aspartate, L-arginine, and monosodium L-glutamate.
KEEP GOOD BALANCE
500ml

4

SUNTORY
SUNTORY COFFEE BOSS
BOSS
RAINBOW MOUNTAIN BLEND
レインボーマウンテンブレンド
【コーヒー】
SUNTORY
BOSS
WORLD EXECUTIVE BLEND
微糖
ワールドエグゼクティブブレンド
【コーヒー】
BOSS
BLACK
無糖・ブラック
SUNTORY【コーヒー】
BOSS
Café au Lait
SUNTORY カフェオレ【コーヒー飲料】

5

牛島志津子 Ushijima Shizuko

1957年5月22日長野県生まれ。1980年京都市立芸術大学卒業、同年サントリーデザイン室入社。現在デザイン部課長。主に洋酒、リキュール、焼酎、ワインのクリエイティブディレクターを担当。

浅倉 正 Asakura Tadashi

1956年11月27日東京都生まれ。1982年京都工芸繊維大学意匠工芸学科大学院修了、同年サントリーデザイン室入社。現在デザイン部課長。

横尾 浩 Yokoo Hiroshi

1943年8月19日横浜市生まれ。1967年多摩美術大学デザイン科卒業、同年サントリーデザイン室入社。現在デザイン部勤務。主にウイスキー、ブランデー関連のデザイン、ディレクションを担当。JPC通産大臣賞、PDC国際コンペ金賞などを受賞。

6

7

8

藤田 隆 Fujita Takashi

1950年12月14日兵庫県生まれ。1972年九州芸術工科大学(現:九州大学)画像設計学科卒業、同年サントリーデザイン室入社。2004年コーポレートコミュニケーション本部(現在は文化事業部と名称変更)勤務、CIデザインのディレクションに従事。1984年JAGDA新人賞、85、87年日本パッケージデザイン大賞・奨励賞、89年ワルシャワポスタービエンナーレ入選、富山ポスタートリエンナーレ入選。

川西 明 Kawanishi Akira

1950年12月14日大阪府生まれ。1969年サントリー入社。現在デザイン部勤務。主にサントリーウイスキー・ビール関連のデザイン、スポーツイベント関係のデザインを担当。デザイン賞受賞歴多数。

6 サントリーピュアモルトウイスキー アクアヴィーテ Whisky
cd.牛島志津子 ad.古庄章子 d.永田麻美
cl.サントリー Suntory

7 サントリーピュアモルトウイスキー 北杜 Whisky
cd.加藤芳夫 ad.古庄章子 d.川西 明
cl.サントリー Suntory

8 サントリーシングルモルトウイスキー
ヴィンテージモルトウイスキー Whisky
cd.加藤芳夫 ad.古庄章子 ad.& d.横尾 浩
cl.サントリー Suntory

9 サントリーリキュール マカディア Liqueur
cd.加藤芳夫 ad.大住裕一
d.黒田佳子、土屋啓延 il.大森重志
cl.サントリー Suntory

10 ラズール Liqueur
cd.加藤芳夫 ad.平田 宙 d.黒田佳子
cl.サントリー Suntory

11 本格焼酎 八重丸 Shochu
cd.加藤芳夫 ad.& d.大住裕一
d.浅野こず絵、土屋啓延 ca.荻野丹雪
cl.サントリー Suntory

9

10

11

12

13

14

15

16

17

18

19

20

21

22

23

24

25

26

12 サントリーモルツ Beer
cd.浅倉 正、前田英樹 ad.& d.牛島志津子 d.原 拓哉 il.合田修二 cl.サントリー Suntory

13 サントリーザ・プレミアムモルツ Beer
cd.浅倉 正 ad.& d.牛島志津子 d.原 拓哉 cl.サントリー Suntory

14 サントリーマグナムドライエクストラ Sparkling Alcoholic Beverage
cd.,ad.& d.藤本勝之 lo.イフカンパニー cl.サントリー Suntory

15 サントリーダイエット Sparkling Alcoholic Beverage
cd.浅倉 正 ad.& d.関 玄達 cl.サントリー Suntory

16 サントリー炭濾過純生 Sparkling Alcoholic Beverage
cd.藤本勝之 ad.浅倉 正 d.永田麻美 cl.サントリー Suntory

17 サントリーキレ味 Sparkling Alcoholic Beverage
cd.加藤芳夫 ad.& d.浅倉 正、モマック cl.サントリー Suntory

18 サントリーカナディアンモルト Beer
cd.藤本勝之 ad.& d.牛島志津子 d.廣田 肇 cl.サントリー Suntory

19 サントリースーパーブルー Liqueur
cd.前田英樹 d.黒田佳子 cl.サントリー Suntory

20 サントリー春生 Sparkling Alcoholic Beverage
cd.藤本勝之 ad.& d.毛 倩 lo.島田則行 cl.サントリー Suntory

21 サントリー夏生 Sparkling Alcoholic Beverage
cd.藤本勝之 ad.& d.片岡啓介 il.野田あい lo.島田則行 cl.サントリー Suntory

22 サントリー味わい秋生 Sparkling Alcoholic Beverage
cd.藤本勝之 ad.& d.片岡啓介 il.堤 岳彦 lo.荻野丹雪 cl.サントリー Suntory

23 サントリー冬生 Sparkling Alcoholic Beverage
cd.藤本勝之 ad.& d.片岡啓介 il.野田あい lo.島田則行 cl.サントリー Suntory

24 サントリーチューハイ −196℃ Liqueur
cd.加藤芳夫 ad.前田英樹 ad.& d.水口洋二 cl.サントリー Suntory

25 サントリーチューハイ ダブル搾り Liqueur
cd.加藤芳夫 ad.前田英樹 ad.& d.森田きよの d.永田麻美 cl.サントリー Suntory

26 サントリー 沖縄チューハイ Liqueur
cd.加藤芳夫 ad.前田英樹 ad.& d.礒崎奈津江 cl.サントリー Suntory

藤本勝之 Fujimoto Katsuyuki

1957年11月30日兵庫県生まれ。1984年愛知県立芸術大学大学院修了、同年サントリーデザイン室入社配属。現在デザイン部スペシャリスト。主に国内ビール事業、海外事業商品化事業を担当。

前田英樹 Maeda Tsuneki

1962年3月23日大阪府生まれ。1987年金沢美術工芸大学商業デザイン専攻卒業、同年サントリーデザイン部入社。

永田麻美 Nagata Asami

1962年10月19日大阪生まれ。1982年嵯峨美術短期大学卒業。サントリーデザイン部入社。

27

28

29

柴戸由岐子　Shibato Yukiko

1963年2月5日生まれ。1985年京都市立芸術大学デザイン科卒業。現在サントリーデザイン部勤務。主な作品は、ミス・ピーチ、鉄骨飲料、サントリー緑茶、なっちゃん、等。

水口洋二　Minakuchi Yoji

1965年別府市生まれ。1989年九州芸術工科大学（現：九州大学）画像設計学科卒業、同年サントリーデザイン部入社。主に清涼飲料製品のコンセプト、アートディレクションを担当。日本パッケージデザイン大賞・大賞、グッドデザイン賞、ADC賞、等を受賞。

27 上海サントリープレミアムドラフト 世樽 Beer
cd.,ad.& d.藤本勝之

28 プライムブルー Whisky
cd.藤本勝之
ad.& d.古庄章子

29 上海サントリー カーヴ・ド・レスポワール Wine
cd.藤本勝之
ad.& d.牛島志津子
d.長野友紀
lo.廣瀬映子

30 ポンパドール Wine
cd.牛島志津子
ad.& d.礒崎奈津江
cl.サントリー Suntory

31 サントリー彩食健美 タヴォラ Wine
cd.牛島志津子
ad.& d.礒崎奈津江
cl.サントリー Suntory

32 サントリーリラックスワイン リラクシア Wine
cd.牛島志津子
ad.礒崎奈津江
d.浅野こず絵
cl.サントリー Suntory

30

31

32

大住裕一 Osumi Yuichi

1965年1月3日生まれ。京都精華大学立体造形学科卒業、1990年よりサントリー入社。主に水事業、リキュール事業、焼酎事業のディレクションを担当。

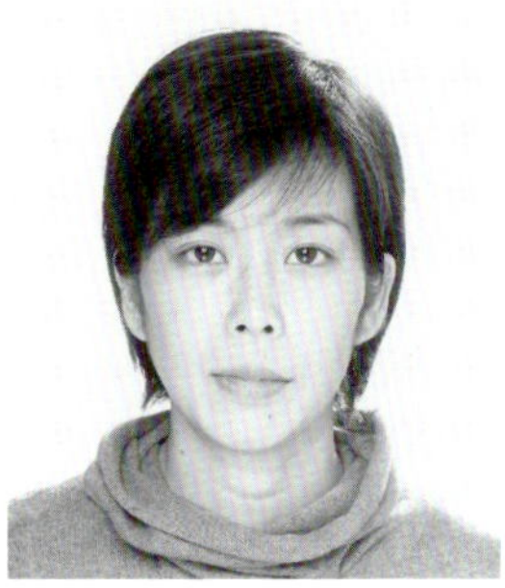

礒崎奈津江 Isozaki Natsue

1966年7月18日生まれ。東京藝術大学デザイン科修了、1991年よりサントリーデザイン部勤務。

平田 宙 Hirata Oki

1966年7月4日京都市生まれ。1991年宝塚造形芸術大学卒業、同年サントリーデザイン部入社。主に食品、輸入リキュール等のアートディレクション、デザインを担当。主な作品歴は、デカビタC、リプトン、ペプシ、キャンベル、等。日本パッケージデザイン大賞・銀賞、その他JPC賞等多数。

33

34

35

石浦弘幸 Ishiura Hiroyuki

1968年11月24日富山県生まれ。1991年金沢美術工芸大学商業デザイン専攻卒業。同年サントリーデザイン部入社。主に清涼飲料のアートディレクション、デザインを担当。主な仕事は、缶コーヒーBOSS、等。日本パッケージデザイン大賞·銀賞、JPC通産省生活産業局長賞、日本印刷産業連合会長賞などを受賞。

古庄章子 Furusho Akiko

1970年2月1日生まれ。1994年東京藝術大学デザイン科卒業。同年サントリーデザイン部入社。

33 リプトンリーフイン Tea
cd.加藤芳夫
ad.平田 宙
d.染谷信子
cl.サントリー Suntory

34 ゲータレードエクストラ Soft Drink
cd.加藤芳夫
ad.平田 宙
d.長野友紀
cl.サントリー Suntory

35 ペプシツイスト Soft Drink
cd.加藤芳夫
ad.平田 宙
d.グラフィックトラフィック
cl.サントリー Suntory

36 サントリーバブルマン Soft Drink
cd.加藤芳夫
ad.石浦弘幸
d.黒田佳子
cl.サントリー Suntory

37 サントリーなっちゃん Soft Drink
cd.加藤芳夫
ad.石浦弘幸
d.& il.柴戸由岐子
il.大岡雅博
cl.サントリー Suntory

36

37

〒542-0082 大阪府大阪市中央区島之内1-22-23
MUCビル6F
tel.06-6251-8288　fax.06-6251-8287

辻本良雄 Tsujimoto Yoshio

1946年10月17日生まれ。1967年浪速短期大学デザイン美術科卒業。69年サンデザインアソシエーツ入社。89年退社。同年サンボックス設立。現在に至る。コンセプトの分かるデザイン制作を心掛けています。

山田伸治 Yamada Nobuharu

1960年10月28日生まれ。いい作品よりも、イイ商品をデザインしたい。

1

2

3

藤川昭二

Fujikawa Shoji

1958年2月20日生まれ。臨機応変、縦横無尽にパッケージデザインと関わっていきます。

1 カロリーコントロールアイス Ice Cream
ad.& d.藤川昭二
cl.江崎グリコ Ezaki Glico
2 マイスターシリーズ Sausage
ad.& d.山田伸治
cl.グリコ栄養食品 Glico Foods
3 焼くハンバーグ Hamburg
ad.& d.山田伸治
cl.グリコ栄養食品 Glico Foods
4 ファンシーカルパス Sausage
ad.,d.& il.山田伸治
cl.グリコ栄養食品 Glico Foods
5 具いり麺シリーズ Noodles
ad.& d.山田伸治
cl.グリコ栄養食品 Glico Foods
6 うどんの素 Seasoning
ad.& d.山田伸治
cl.グリコ栄養食品 Glico Foods
7 アイスの実 Ice Cream
ad.& d.藤川昭二
cl.江崎グリコ Ezaki Glico
8 ミニセレシリーズ Ice Cream
ad.& d.藤川昭二
cl.江崎グリコ Ezaki Glico

4

5

6

7

8

9

12

10

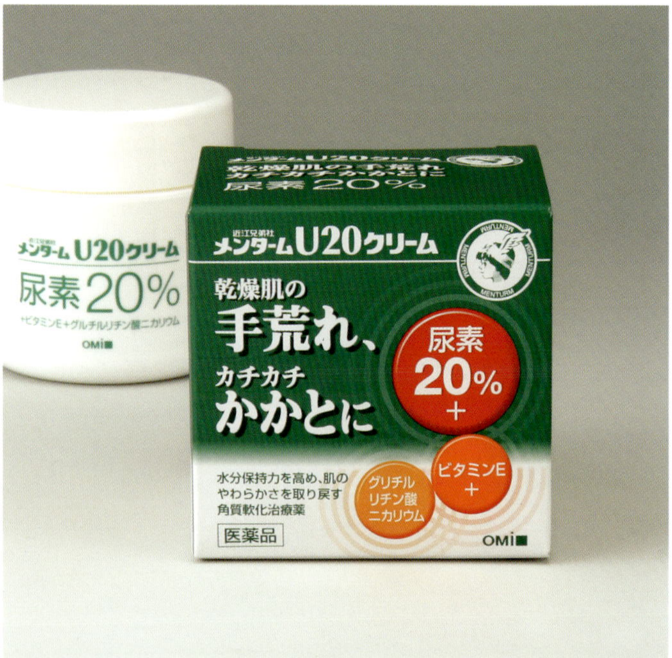

13

11

14

9 たねシリーズ Candy
cd.辻本良雄 ad.,d.& il.山田伸治
cl.ノーベル製菓 Nobel Confectionery
10 クリュレ Candy
ad.& d.山田伸治 il.猪島智朗
cl.ノーベル製菓 Nobel Confectionery
11 つぶシリーズ Candy
ad.& d.山田伸治 il.猪島智朗
cl.ノーベル製菓 Nobel Confectionery
12 メンターム AP Hand Cream
ad.& d.山田伸治 cl.近江兄弟社 Omi
13 メンターム U20クリーム Hand Cream
ad.& d.山田伸治 cl.近江兄弟社 Omi
14 虫よけスプレー Insect Repellent Spray
ad.& d.山田伸治 cl.近江兄弟社 Omi
15 ジーゾックス・ギガスシリーズ Car Care Products
ad.& d.山田伸治 il.猪島智朗
cl.ソフト99コーポレーション Soft 99 Corporation
16 ジーゾックス・プロスペック 樹脂復活剤
Plastics Parts Coat
ad.& d.山田伸治
cl.ソフト99コーポレーション Soft 99 Corporation
17 ジーゾックス・ギガスシリーズ Car Care Products
ad.& d.山田伸治 il.猪島智朗
cl.ソフト99コーポレーション Soft 99 Corporation
18 サポーター Supporter
ad.& d.山田伸治 d.猪島智朗
cl.コジット Cogit

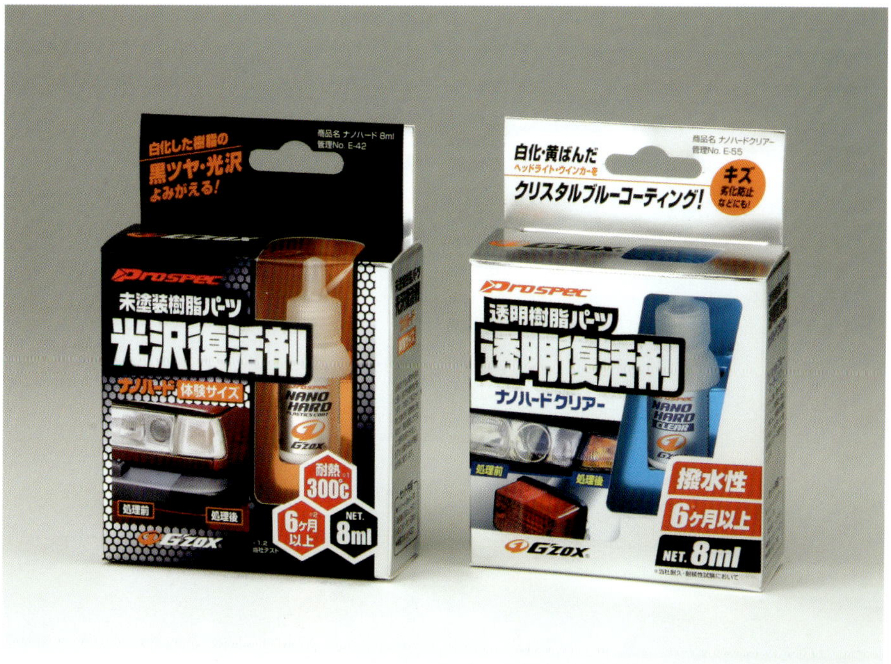

16

17

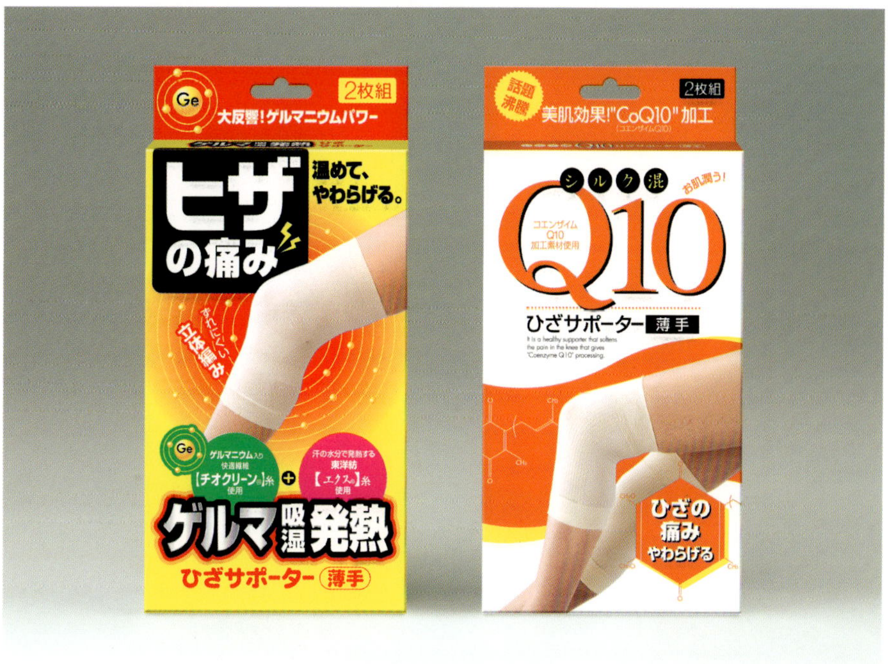

18

15

C.Creative

シィクリエイティブ

〒107-0062 東京都港区南青山3-4-7 第7SYビル5F
tel.03-5771-7200　fax.03-5771-7222

モノと生活の繋がりが心地よいかたちとして実現できることを考えています。

久住芳男　Kusumi Yoshio

1961年3月18日生まれ。プロダクトデザイナー。

内田真由美　Uchida Mayumi

1955年2月26日生まれ。グラフィックデザイナー。

1

2

1 メイクパレット Make-up Products
ad.久住芳男
d.五十嵐 学
cl.シュウウエムラ化粧品 Shu Uemura Cosmetics

2 アイビーメイクシリーズ Skin Care Products
ad.久住芳男
d.内田真由美
cl.アイビー化粧品 Ivy Cosmetics

3 テーブルソルト、クッキングソルト Salt
ad.内田真由美
d.小杉明子
cl.日本精塩 Nihon-seien

4 アイビーメイクシリーズ Make-up Products
ad.久住芳男
d.内田真由美
cl.アイビー化粧品 Ivy Cosmetics

5 ミニディスク Mini Disc
ad.久住芳男
d.内田真由美
cl.長瀬産業 Nagase

3

4

5

GK Graphics
GKグラフィックス

〒161-0033 東京都新宿区下落合2-1-15
tel.03-5952-6831　fax.03-5952-6832
http://www.gk-design.co.jp/gra/

1957年GKインダストリアルデザイン研究所のグラフィック部門として発足し、85年にGKグループの1社として分社化独立しました。パッケージ、CI･VI･ブランディング、サインなどの環境グラフィック、GUI･編集などのインフォメーションデザインを活動領域としています。当社は「生活をつくるグラフィックス」を標榜しています。適切で魅力的なグラフィックメッセージは固有の価値を生み出し、優れた華のあるデザインは生活文化を育みます。そのためにクライアントと協働し、つねに先進的であるために創造行為のプロセスを重視しています。また、確実な成果をもたらすために、企画･提案段階から実施段階にいたるまで一貫したチームワーク体制で臨んでいます。

村井大三郎 Murai Daisaburo
1968年武蔵野美術大学工芸工業デザイン科卒業。

丸本彰一 Marumoto Shoichi
1983年愛知県立芸術大学美術学部美術科デザイン専攻卒業。

1

2

1 トワニー にほひ桜 Body Powder
ag.フロム･コミュニケーションズ
cl.カネボウ化粧品 Kanebo Cosmetics
2 トワニー EX AGT コンセントレート･ベータN
Skin Care Products
ag.フロム･コミュニケーションズ
cl.カネボウ化粧品 Kanebo Cosmetics

二宮昌世 Ninomiya Shosei

1984年武蔵野美術大学造形学部視覚伝達デザイン学科卒業。

佐藤雅洋 Sato Masahiro

1982年北海道東海大学芸術工学部デザイン学科卒業。

岡部真紀 Okabe Maki

1987年東京芸術大学美術学部デザイン科卒業。

3

4

3 ニゼル ラフュージョン **Hair Care Products**
cl.ミルボン Milbon
4 ディーセス アウフェ **Hair Care Products**
cl.ミルボン Milbon

牧野正樹 Makino Masaki

1990年日本大学芸術学部美術学科卒業。

金子修也 Kaneko Shuya

1960年東京芸術大学美術学部工芸科図案計画専攻卒業。平成12年度通商産業大臣表彰・デザイン功労者表彰受賞。2000 JPDA Package Design Person of the Year受賞。

5

6

5 | ザ・ヒュー Supplement
cl.太平洋 Amorepacific
6 | アミールシリーズ Nutritive Drink
cl.カルピス Calpis

7

8

7 | **杏露酒 Liqueur**
cl.キリンビール Kirin Brewery

8 | **ザ・ビネガーズ Gift**
cl.カルピス Calpis

9 ウェルチ セレクト ホワイトグレープブレンド
Fruit Drink
cl.カルピス Calpis

10 カフェ・ラ・モード エスプレッソ・ローストブレンド
Coffee
cl.カルピス Calpis

11 カフェ・ラ・モード デミタス Coffee
cl.カルピス Calpis

12 カフェ・ラ・モード 深味 Coffee
cl.カルピス Calpis

9

10

11

12

13 特選丸大豆減塩しょうゆ Soy Sauce
cl.キッコーマン Kikkoman
14 ユーコープ グローサリー Food
cl.ユーコープ事業連合
Consumer Co-operative Federation
15 クック・ドゥー Seasoning
cl.味の素 Ajinomoto
16 袋入りふりかけシリーズ Seasoning
cl.田中食品 Tanaka Foods

13

14

15

16

Sio Design

シオデザイン

〒150-0001 東京都渋谷区神宮前5-13-10
グランドメゾン神宮前106
tel.03-5774-0645　fax.03-5774-0646
e-mail: sio-design@mtg.biglobe.ne.jp

塩沢喜徳　Shiozawa Yoshinori

1960年4月2日生まれ。"スマートにデザイニング"。私が、16年前独立時に掲げたキャッチフレーズです。時流に流され、忘れていた物、見失っていた物を初心に返り見直そうと思う昨今です。ジャパンパッケージングコンペティション、通商産業大臣賞、PDC（パッケージングコンペティション）ゴールドアウォード、日本パッケージデザイン大賞・奨励賞、ロンドン国際広告賞パッケージ部門グランプリ、受賞。

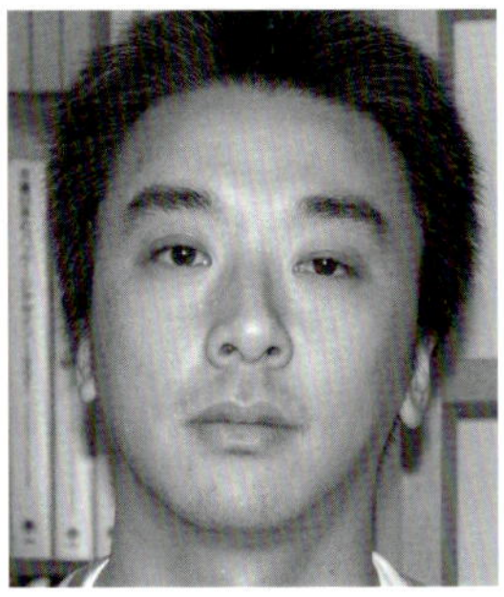

十倉論敦　Tokura London

1975年2月19日生まれ。2002年ロンドン国際広告賞パッケージ部門ノンアルコール部門ウィナー受賞。

1 爽健美茶　Tea
cd.日本コカ・コーラマーケティング本部
chief ad.青木 徹
ad.白石砂絵
d.十倉論敦
cl.日本コカ・コーラ　Coca-Cola (Japan)

2 深み香ばし 爽健美茶　Tea
cd.日本コカ・コーラマーケティング本部
chief ad.青木 徹
ad.白石砂絵
d.十倉論敦
cl.日本コカ・コーラ　Coca-Cola (Japan)

3 PASSO PRESSO PREMIUM　Coffee
ad.& d.塩沢喜徳
cl.ファミリーマート　Family Mart

4 PREMIUM　Coffee
ad.塩沢喜徳
d.十倉論敦
cl.UCC上島珈琲　UCC Ueshima Coffee

5 LATTEPRESSO GROSSO　Coffee
ad.& d.塩沢喜徳
cl.UCC上島珈琲　UCC Ueshima Coffee

1

深み香ばし
そう けん び ちゃ
爽健美茶
びわの葉
月見草
チコリー
はぶ茶
どくだみ
なんばんきび
プーアル茶
緑茶
大麦
玄米
はとむぎ
2

PASSO PRESSO
THE COFFEE BEANS
PREMIUM
COLOMBIA
SUPREMO
コロンビア スプレモ
CERTIFIED
FNC Certified
3

UCC
いつものコーヒー
PREMIUM
BLACK
プレミアム ブラック
無糖〈コーヒー〉
UCC
いつものコーヒー
PREMIU
AROMA ROAS
香り立つ焙煎
プレミアム アロマロースト
〈コーヒー〉
4

UCC
ITALIAN TASTE
LATTEPRESSO
GROSSO
[ラテプレッソ グロッソ]
MILK&ESPRESSO
[スタンダードテイスト]
300ml
5

CANADA DRY
Orange Fizz
nger Ale
Golden Rich Colour
無果汁
CANADA DRY
CLASSIC
Ginger Ale
伝統のキレある旨口
CANADA DRY
Club Soda
カナダドライ クラブソーダ
Sparkling Water with Minerals
CANADA DRY
Ginger Ale
カナダドライ ジンジャーエール
Golden Rich Colour
CANADA DRY
Tonic Water
カナダドライ トニックウォーター
Gin and Vodka Mixer

6

Orange Squash
Schweppes
シュウェップス
rapefruit Squash
グレープフルーツスカッシュ
Schweppe
シュウェップス
FRUIT PUNC
フルーツパンチ
PEACH APPLE APRICOT GUAVA AND CHERRY
BLENDED FRUIT FLAVOR

7

Caffè
PASSO PRESSO
THE COFFEE BEANS
黒糖仕立て
カフェラテ
のほろ苦さと深みのある甘み
The Season
カフェモカ
醇なショコラの香り

8

6 CANADA DRY　Soft Drink
cd.日本コカ･コーラマーケティング本部
chief ad.青木 徹
ad.白石砂絵
d.十倉論敦
cl.日本コカ･コーラ　Coca-Cola (Japan)

7 Schweppes　Soft Drink
cd.日本コカ･コーラマーケティング本部
chief ad.青木 徹
ad.白石砂絵
d.十倉論敦
cl.日本コカ･コーラ　Coca-Cola (Japan)

8 PASSO PRESSO　Coffee
ad.& d.塩沢喜徳
cl.ファミリーマート　Family Mart

9 Café do São José　Coffee
ad.& d.塩沢喜徳
cl.UCC上島珈琲　UCC Ueshima Coffee

10 Saveur de LES ANGES　Confectionery
cd.クラタ シー･エム･エス
ad.塩沢喜徳
d.竹内里枝
cl.レ･ザンジュ　Les Anges

6

9

10

Shigeta Motoe
重田元恵
Able Design Planning
エイブルデザイン企画
〒160-0004 東京都新宿区四谷2-14-37 嶋ビル3F
tel.03-3353-2686　fax.03-3358-6513
e-mail: shige-m@abox23.so-net.ne.jp
http://www.able-d.com

JPIグッドパッケージング賞、USA Editor's Choice Award賞、2003年JPI化粧品包装部門賞、同年JPC特別賞など受賞。JAGDA会員、JPDA会員、JPI会員。

1 ルシード メンズスキンケア　Skin Care Products
ad.重田元恵　d.エイブルデザイン企画
cl.マンダム　Mandom
2 ギャツビー ナチュラルブリーチカラー　Hair Color
ad.重田元恵　d.エイブルデザイン企画
cl.マンダム　Mandom
3 ギャツビー ミネラルスパ　Skin Care Products
ad.重田元恵　d.エイブルデザイン企画
cl.マンダム　Mandom
4 ルシード ロングキープソリッド　Hair Care Products
ad.重田元恵　d.エイブルデザイン企画
cl.マンダム　Mandom
5 ギャツビー シャワーフレッシュ　Eau de Cologne
ad.重田元恵　d.エイブルデザイン企画
cl.マンダム　Mandom
6 ブランフィル スキンケアシリーズ　Cosmetics
ad.重田元恵　d.エイブルデザイン企画
cl.マンダム　Mandom
7 アイビー モイスチュア リッチクリーム
Skin Care Products
ad.花村賢二　d.重田元恵
cl.アイビー化粧品　Ivy Cosmetics

1

2

3

LUCIDO
Solid
LONG-KEEP SOLID
mandom corp.
4

GATSBY
SHOWER FRESH
OCEAN CITRUS
GATSBY
SHOWER FRESH
AQUA MUSK
GATSBY
SHOWER FRESH
SUZUZAKURA
GATSBY
SHOWER FRESH
GRAND MARINE
5

Blanfill
FEEL NATURE
MOISTURIZING CREAM
Blanfill
FEEL NATURE
WHITENING UV CREAM
SPF25 PA++
1.35fl.oz./40ml e
6

MOISTURE
Rich Cream
薬用
IVY COSMETICS
MOISTURE
Rich Cream
薬用
IVY COSMETICS
7

Shigemasa Noriko

重政法子

Shigemasa
シゲマサ
〒733-0822 広島県広島市西区庚午中3-3-29-1
tel.082-507-1238　fax.082-507-1239
e-mail: g-shige@nifty.com

京都文教短期大学グラフィックデザイン科卒業。アッシュ、千葉企画を経て現在に至る。

1 しめじのきのこ汁 Instant Soup
ad.渡辺千朝
d.重政法子
cl.旭松食品 Asahimatsu Foods
2 激辛ハバネロスープ Instant Soup
ad.渡辺千朝
d.重政法子
cl.旭松食品 Asahimatsu Foods
3 手延べきしめん、そうめん Noodles
ad.渡辺千朝
d.重政法子
cl.なごやきしめん亭 Nagoya Kishimen Tei
4 ピーリングミトン、フィンガーサック
Body Care Products
d.重政法子
cl.ベス工業 Vess
5 マッハドライ セラミドタオル Towel
d.重政法子
cl.ベス工業 Vess
6 クレンジングクロス、セルライトミトン、
絹の洗顔パフ、ヒールケア、ニキビ予防洗顔クロス
Skin Care Products, Body Care Products
d.重政法子
cl.ベス工業 Vess

1

2

3

VeSS
男の美肌力
PEELING
ピーリング ミトン
FOR MEN
がっちりつかんで使いやすい!
ミトンタイプ
毛髪より細い マイクロファイバー使用
ハードな毎日に酷使された肌。
ピーリングミトンで
古い角質や毛穴の汚れを取り去り、
男の美肌の力を高める!

VeSS
男の美肌力
PEELING
ピーリングクロス
FINGER SACK
FOR MEN

4

VeSS
うるおい成分 セラミド 配合
タオル
速乾!
素早く吸水!!
Mach DRY
ロングサイズ
濡れた髪はダメージの原因です。
約幅30×長さ90cm

5

VeSS
新美顔法
クロスでクレンジング
化粧落とし
Cleansing cloth
クロス
天然繊維だから

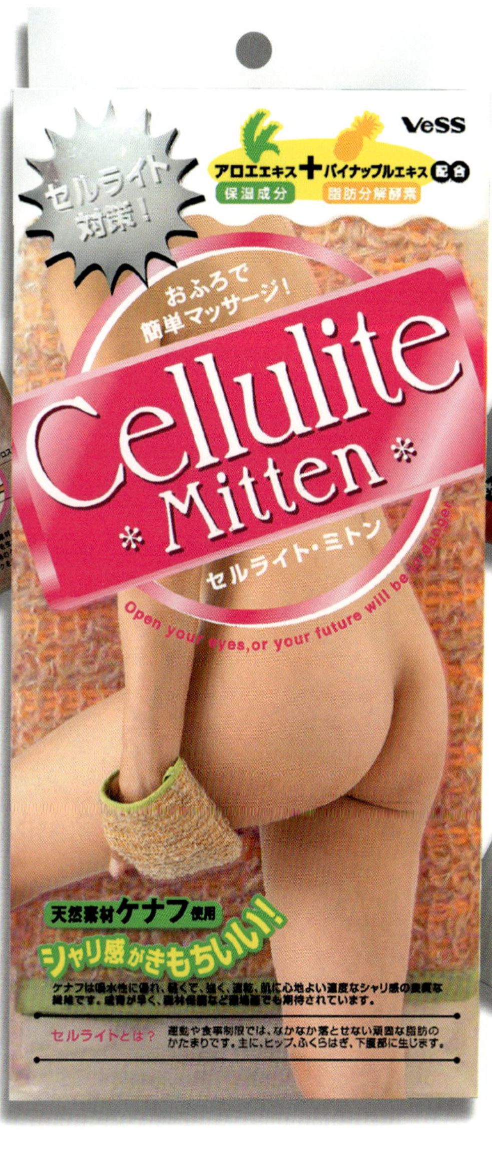
VeSS
セルライト対策!
アロエエキス+パイナップルエキス配合
保湿成分
脂肪分解酵素
おふろで簡単マッサージ!
Cellulite
Mitten
セルライト・ミトン
Open your eyes,or your future will be in danger
天然素材ケナフ使用
シャリ感がきもちいい!
セルライトとは?

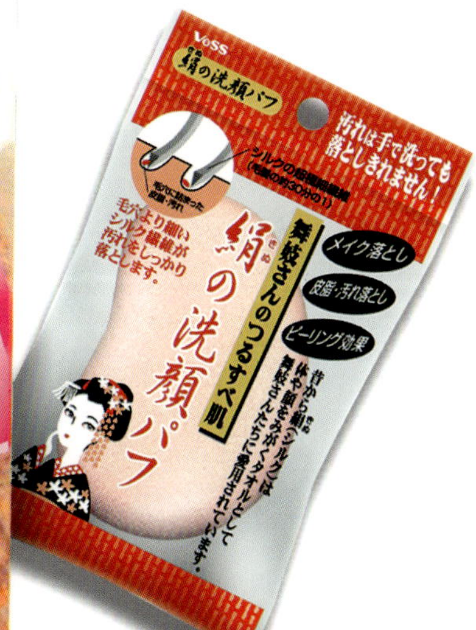
VeSS
絹の洗顔パフ
汚れは手で洗っても落としきれません!
舞妓さんのつるすべ肌
絹の洗顔パフ
メイク落とし
皮脂・汚れ落とし
ピーリング効果

VeSS
Heel Care

6

ACNE
きになる ニキビ 予防に
VeSS
アクネ菌対策
洗顔クロス

Shiseido

資生堂

資生堂宣伝制作部
〒105-8310 東京都港区東新橋1-6-2 汐留タワー
tel.03-6218-6265 fax.03-6218-6329

松本 泉 Matsumoto Izumi

1959年3月30日生まれ。1983年東京芸術大学大学院修了後、資生堂宣伝部入社。現在、資生堂宣伝制作部。

1

1 資生堂 &フェイス Cosmetics
cd.& ad.松本 泉
d.渡辺真佐子、春田登紀雄、駒井麻郎、奈良 藺
cl.資生堂 Shiseido

2 資生堂 BOP Skin Care Products
cd.斗ヶ沢哲雄 ad.& d.平戸絵里子 d.小田華子
cl.資生堂 Shiseido

3 資生堂 BOP Skin Care Products
cd.& ad.平戸絵里子 d.佐賀関等、菊地泰輔
cl.資生堂 Shiseido

4 エフティ資生堂 do&be Deodorant
cd.& ad.陣内昭子 d.& il.セキユリヲ d.大嶽千春
cl.エフティ資生堂 FT Shiseido

5 エフティ資生堂 水分ヘアパック
Hair Care Products
cd.& d.陣内昭子 ad.& d.佐藤 卓
d.大石一志、小泉勝代
cl.エフティ資生堂 FT Shiseido

6 資生堂 ベネフィークセオティ メーキャップキット
Cosmetics
cd.& ad.笹原浩造 d.加藤亜礼
gd.スワロフスキー
cl.資生堂 Shiseido

7 資生堂 ベネフィーク 限定品コンパクト Cosmetics
cd.,ad.& d.笹原浩造 lo.水野卓史
gd.スワロフスキー
cl.資生堂 Shiseido

8 資生堂 クレドポーボーテ・シネルジック
Skin Care Products
cd.池田修一 ad.斗ヶ沢哲雄 ad.& d.三澤恵理子
cl.資生堂 Shiseido

9 資生堂 シノアドア Skin Care Products
cd.廣 哲夫 ad.& d.三澤恵理子
d.池場千世、村田一平
cl.資生堂 Shiseido

10 資生堂 ナビジョン Clinic Cosmetics
cd.,ad & d.山本千絵子
cl.資生堂 Shiseido

11 資生堂 デリエ Skin Care Products
cd.鐘尾 隆 ad.山本千絵子
d.立之端和子 co.芹川直子
cl.資生堂 Shiseido

12 資生堂 マキアージュ Cosmetics
ad.信藤洋二 d.村田一平、秋元葉子
lo.ヘルムート・シュミット
cl.資生堂 Shiseido

13 資生堂 ローズルージュ Parfum
ad.& d.信藤洋二 d.池場千世 il.薄 希英
cl.資生堂 Shiseido

14 資生堂 HAKU Skin Care Products
ad.& d.信藤洋二 d.永田 香
cl.資生堂 Shiseido

15 資生堂 パルファム セルジュ ルタンス Perfume
cd.セルジュ ルタンス ad.& d.平戸絵里子
d.畝野裕司
cl.レ・サロン ド パレロワイヤル シセイドウ
Les Salons Du Palais Royal Shiseido

16 資生堂 サンケア Cosmetics
cd.& ad.足立和彦 d.菊地泰輔
cl.資生堂 Shiseido

17 資生堂 ザ・スキンケア Skin Care Products
cd.杉浦俊作 ad.平戸絵里子 d.菊地泰輔
cl.資生堂 Shiseido

18 資生堂 S&Co. Make-up Products
cd.渋谷克彦 ad.平戸絵里子 d.渡辺真佐子
cl.資生堂 Shiseido

19 資生堂 エナジー・オブ・アユーラ
Skin Care Products
cd.松本 泉 ad.& d.山本千絵子 d.渡辺真佐子
cl.アユーラ ラボラトリーズ Ayura Laboratories

平戸絵里子 Hirato Eriko

1959年11月10日生まれ。1984年東京芸術大学デザイン科卒業後、資生堂宣伝部入社。現在、資生堂宣伝制作部。

2

3

陣内昭子 Jinnai Akiko

1961年12月17日生まれ。1983年女子美術大学卒業。
90年資生堂宣伝部入社。現在、資生堂宣伝制作部。

4

5

笹原浩造　Sasahara Kozo

1960年9月15日生まれ。1986年愛知県立芸術大学卒業（在学中プラッツインスティテュートN.Y.編入）後、資生堂宣伝部入社。現在、資生堂宣伝制作部。

6

7

三澤恵理子 Misawa Eriko

1963年10月18日生まれ。1986年武蔵野美術大学卒業。90年資生堂宣伝部入社。現在、資生堂宣伝制作部。

8

9

山本千絵子　Yamamoto Chieko

1964年9月13日生まれ。1987年女子美術大学卒業後、資生堂宣伝部入社。現在、資生堂宣伝制作部。

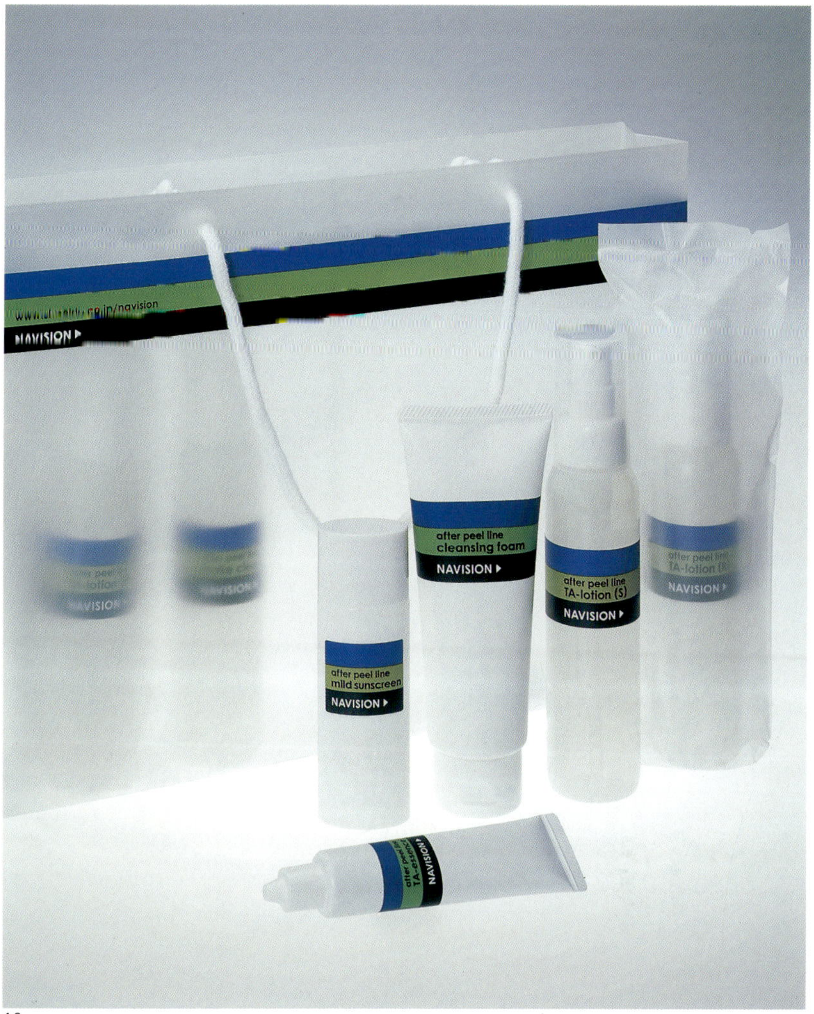

10

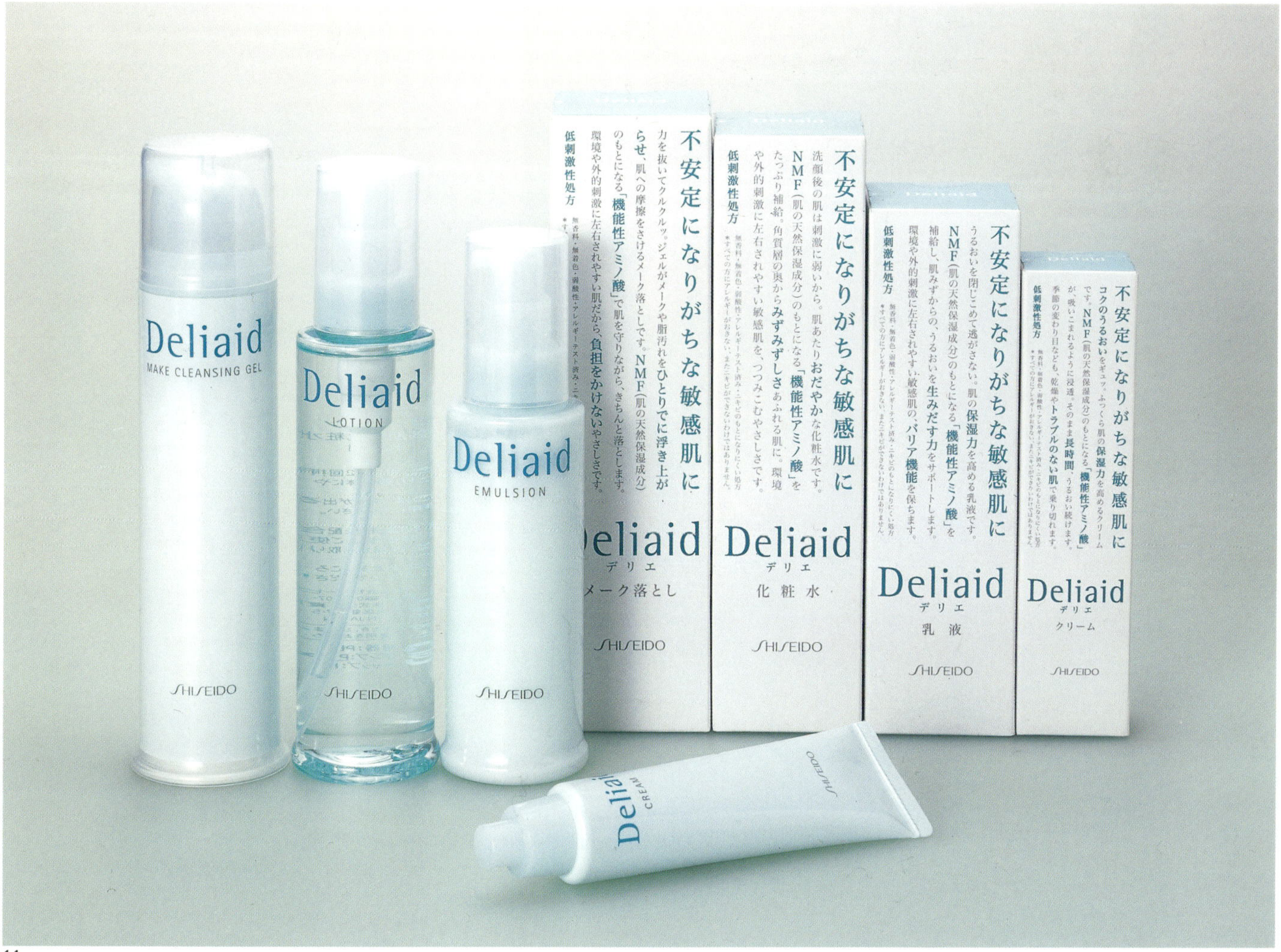

11

信藤洋二 Nobuto Yoji

1966年9月5日生まれ。1992年東京芸術大学大学院修了後、資生堂宣伝部入社。現在、資生堂宣伝制作部。

12

13

14

畝野裕司　Uneno Yuji

1968年7月24日生まれ。1993年金沢美術工芸大学院修了後、資生堂宣伝部入社。現在、資生堂宣伝制作部。

15

菊地泰輔　Kikuchi Taisuke

1967年7月3日生まれ。1995年東京芸術大学大学院修了後、資生堂宣伝部入社。2000～2005年までN.Y.駐在を経て、現在、資生堂宣伝制作部。

16

17

渡辺真佐子　Watanabe Masako

1972年8月1日生まれ。1997年東京芸術大学デザイン科卒業後、資生堂宣伝部入社。現在、資生堂宣伝制作部。

18

19

Shimamura Masako
嶋村眞佐子
Kurata Housou
倉田包装
〒111-0043 東京都台東区駒形1-2-5
tel.03-3845-0026　fax.03-3843-5530
e-mail: shimamura@kurapack.co.jp
http://www.kurapack.co.jp

1978年3月18日生まれ。主に、大好きな和菓子のパッケージをデザインしています。「心こそ大切なれ」を胸にお菓子の「ほっ」とするあたたかさを大事にしたいと思っています。

1 武州の月　Japanese Confectionery
ad.,d.& ca.嶋村眞佐子
cl.梅林堂　Bairindo

2 上州の四季（掛紙）Japanese Confectionery
ad.,d.& ca.嶋村眞佐子
cl.上州菓匠 青柳　Aoyagi

3 節分 鬼は外福は内　Japanese Confectionery
ad.,d.,ca.& il.嶋村眞佐子
cl.梅林堂　Bairindo

4 あんこ玉　Japanese Confectionery
ad.,d.& ca.嶋村眞佐子
cl.舟和　Funawa

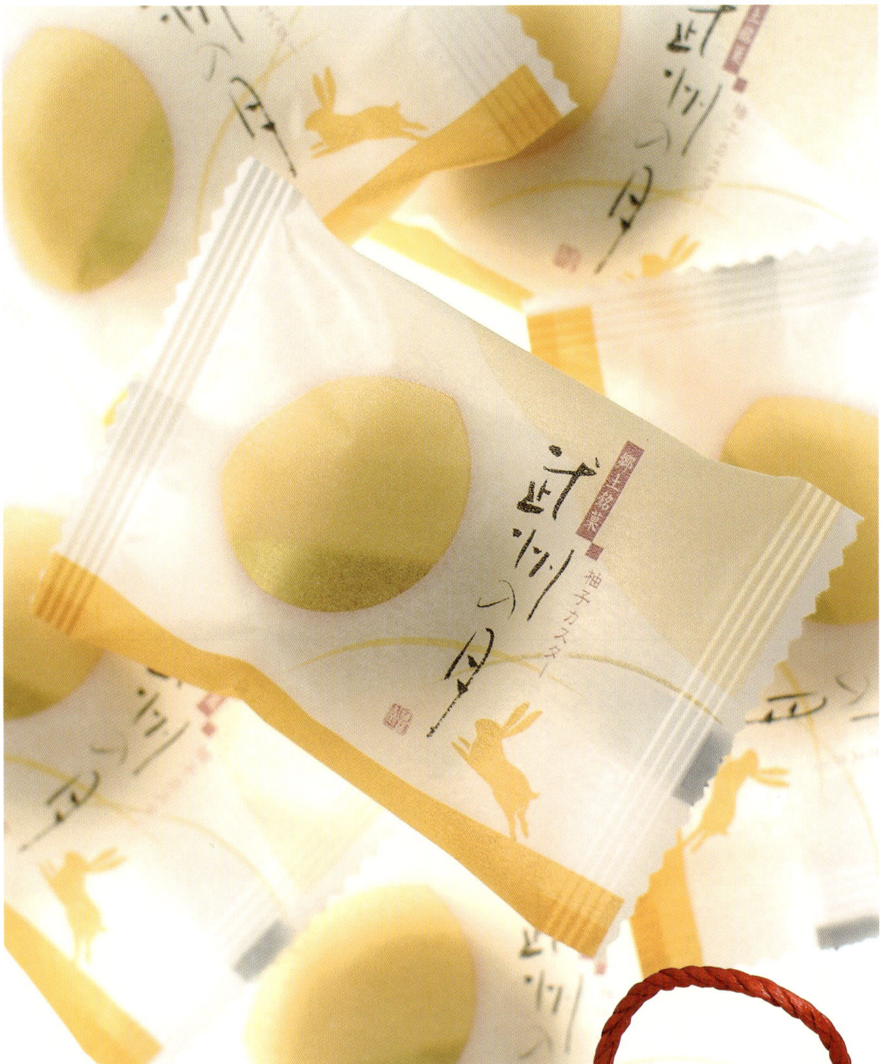

1

2

3

4

Switch
スウィッチ
〒531-0072 大阪府大阪市北区豊崎5-1-15
ローツェ1-401
tel.06-4802-1643　fax.06-4802-1644
e-mail: switch@po.aianet.ne.jp
http://www.aianet.ne.jp/~switch

若野淳巳　Wakano Atsumi
1965年12月21日生まれ。1999年スウィッチ設立。

1

2

3

1 ベビーピンク リップジェリー　Lip Jelly
ad.& d.若野淳巳
cl.バイソン　Bison
2 京都 宇治抹茶コロン　Cookie
ad.& d.若野淳巳
il.木下智樹
cl.江崎グリコ　Ezaki Glico
3 コメッコ 天むす風　Snack
ad.若野淳巳
d.木下智樹
cl.江崎グリコ　Ezaki Glico

Sugano Taizen

菅野大漸

Create Zen
クリエイト・ゼン
〒530-0043 大阪府大阪市北区天満3-5-17
苫瓜ビル201
tel.06-6351-3850　fax.06-6351-3851

1946年2月6日岡山生まれ。デザイナー＋書家としてのオリジナルで心にあたたかいモノを書・画・詩でさらに創り伝え続けたい。

1 麦焼酎・おるぞ　Shochu
ad.& ca.菅野大漸
d.石坂由貴
cl.三光正宗　Sanko Masamune

2 無濾過純米酒 福寿　Sake
ad.& ca.菅野大漸
d.石坂由貴
cl.神戸酒心館　Kobe Syu-shin-kan Breweries

3 無濾過純米酒 福寿　Sake
ad.& ca.菅野大漸
d.石坂由貴
cl.神戸酒心館　Kobe Syu-shin-kan Breweries

1

2

3

Sugiura Shunsaku

杉浦俊作

Sugiura Design
杉浦デザイン

東京オフィス
〒155-0031 東京都世田谷区北沢5-7-9
tel.& fax. 03-3460-3781
e-mail: shun-su@kf6.so-net.ne.jp

NEW YORKオフィス
36 West 56th Street #5A
tel.212-765-0727

1940年10月1日生まれ。千葉大学工学部工業意匠学科卒業、資生堂宣伝部入社。1990～1992年ニューヨーク駐在。「MG5」、「アウスレーゼ」、「タクティクス」、「インウイ」などのロングセラー商品のデザインを制作。「イプサ」、「アユーラ」等の立ち上げプロジェクトをプロデュース。2001年杉浦デザイン設立、現在に至る。JPDA通産大臣賞10回、東京ADC会員賞、東京ADC賞4回、日本パッケージデザイン大賞4回など受賞多数。

1 資生堂サプレックス・αリポ酸 Supplement
cd.足立和彦 ad.& d.杉浦俊作
cl.資生堂 Shiseido
2 Q10 AA MULTI Supplement
cd.足立和彦 ad.& d.杉浦俊作
d.重野真希、久保木明子
cl.資生堂 Shiseido
3 Q10 ESSENCE & Q10 CREAM
Skin Care Products
cd.足立和彦 ad.& d.杉浦俊作
il.重野真希、久保木明子
cl.資生堂 Shiseido
4 Q10 WHITE & Q10 AA Supplement
cd.足立和彦 ad.& d.杉浦俊作
il.重野真希、久保木明子
cl.資生堂 Shiseido

1

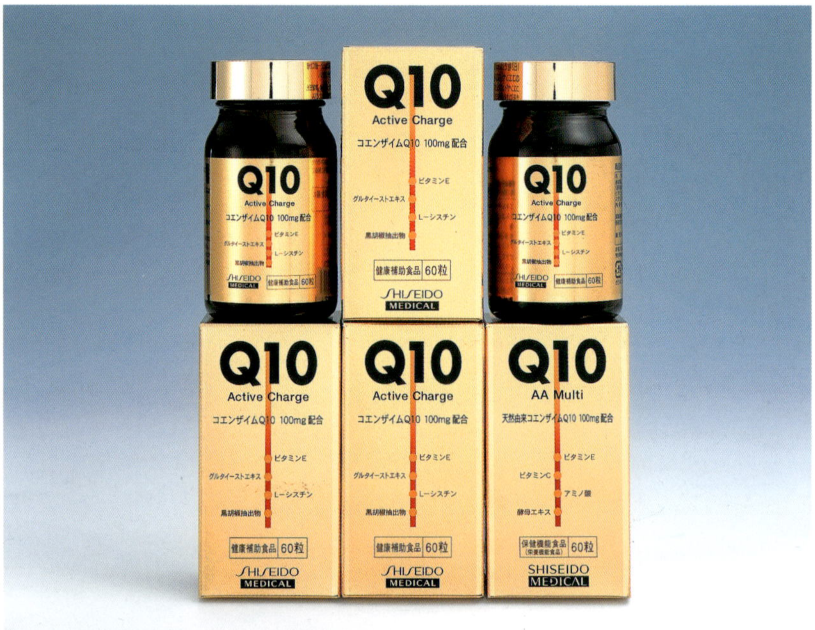

2

3

4

5 | AURA SCIENCE FRAGRANCE Fragrance
cd.杉浦俊作 ad.中井一郎 d.佐賀関等
cl.Aura Science

6 | HG Men's Hair Care Products
cd.,ad.& d.杉浦俊作 lo.デビット・ハッベル
cl.エフティ資生堂 FT Shiseido

7 | ノンオキシー Skin Care Products
cd.,ad.& d.杉浦俊作 lo.重野真希
cl.フェース Face Cosmetics

8 | 雅子妃ご成婚記念香水(非売品) Fragrance
cd.,ad.& d.杉浦俊作
cl.資生堂 Shiseido

6

5

7

8

Sugishima Atsuhito
杉島厚仁
Creative Office Will
クリエイティブ オフィス ウィル
〒659-0052 兵庫県芦屋市伊勢町6-7
tel.0797-31-1722　fax.0797-31-1725
e-mail: will-as@kcc.zag.ne.jp

1952年9月2日生まれ。1977年京都市立芸術大学デザイン科卒業。79年大日本印刷入社。89年クリエイティブ オフィス ウィル設立。現在に至る。

1 ご飯の素　Seasoning
d.杉島厚仁
cl.丹波屋　Tambaya

2 白いソーセイジのポトフ　Soup
d.杉島厚仁
cl.伍魚福　Gogyofuku

3 京あられ　Rice Cracker
d.杉島厚仁
cl.吉川商店　Yoshikawa Shoten

4 竹炭の猫砂　Pet Article
d.杉島厚仁
cl.ボンビアルコン　Bonbi Alcon

1

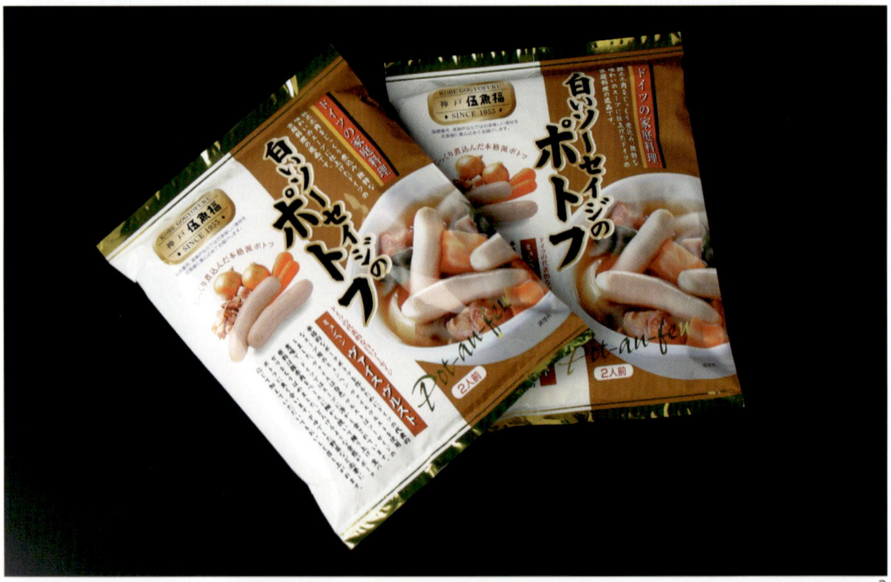

2

3

4

1

Sugimura Toshio

杉村敏男

tel.03-3941-8654　fax.03-3941-5506
mobile: 090-2249-6312
e-mail: sugisan@minos.ocn.ne.jp

1939年9月18日生まれ。1984年AXISにてWOOD PACKAGE展を始めとし、N.Y.、上海、韓国、国内で多くの展覧会を開催。87年『7人のウッドパッケージ』を六耀社より出版、ドイツTASCHEN社でも出版。各パッケージ展に於いて通商大臣賞、工業技術院賞、奨励賞など多数を受賞。現在は和風のパッケージを中心にカリグラフィーも専門分野に入れ、更にロハスにこだわりを持って地球環境に関わる商品企画などを頑張っている。

1 熟練茶師の自信作 Tea Leaves
ad.,d.& ca.杉村敏男
d.中野和彦
cl.伊藤園 Ito En

2 丸山園 Logo Mark
ad.& d.杉村敏男
d.杉村 薫
cl.丸山製茶 Maruyama Tea Products

3 瑞花 Logo Mark
ad.& d.杉村敏男
d.杉村 薫
cl.瑞花 Zuika

4 メディープ リラクサーナチュラーレシャンプー Hair Care Products
ad.& d.杉村敏男
d.杉村 薫
cl.インターナショナル・コスメチックス International Cosmetics

5 お茶紀行 Tea Leaves
ad.& d.杉村敏男
d.杉村 薫
cl.佐藤園 Sato En

Maruyama

2

越後の菓子処
ずいか
瑞花

3

4

5

Studio Mass

スタジオ・マッス

〒107-0052 東京都港区赤坂8-4-7 カームビル6c
tel.03-3401-4928　fax.03-3470-3271
e-mail: mass@mk1.macnet.or.jp

1 素肌力 Skin Care Products
cd.寺澤 勉
ad.河鍋春恵
d.松林慎太郎
cl.ライオン Lion

2 フリー&フリー パーフェクトスタイル Hair Care Products
cd.寺澤 勉
ad.河鍋春恵
d.佐藤 文
cl.ライオン Lion

3 エリエール テーブルティシュー Tissue
cd.友尻聡一
d.& il.河鍋春恵
cl.大王製紙 Daio Paper

4 スコッチ・ブライト ハイブリッド Sponge
cd.丸山順子
ad.& d.谷田部久美子
cl.住友スリーエム Sumitomo 3M

5 オーガニック製菓材料 Confectionery Material
cd.内藤 滋
ad.河鍋春恵
d.佐藤 文
cl.私の台所 Watashino-daidokoro

河鍋春恵 Kawanabe Harue

4月23日生まれ。

谷田部久美子 Yatabe Kumiko

1月18日生まれ。

1

2

松林慎太郎 Matsubayashi Shintaro

3月31日生まれ。

佐藤 文 Sato Bun

3月23日生まれ。

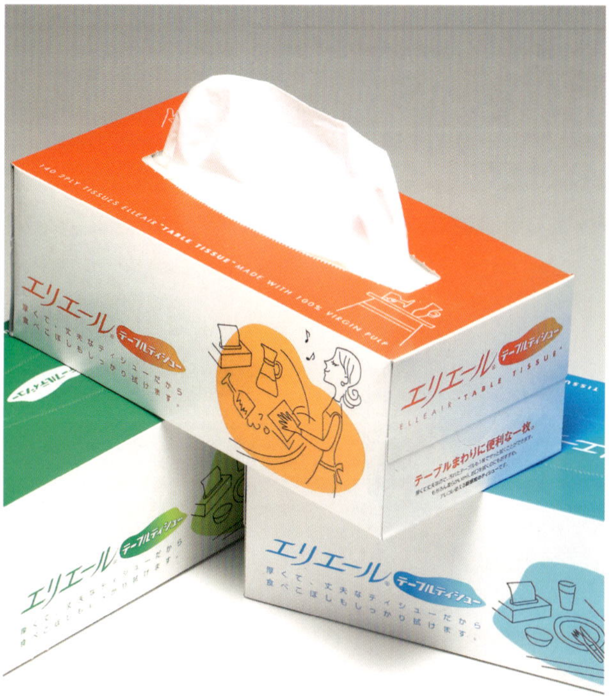

3

4

5

Studio Beam

スタジオ・ビーム

本社
〒541-0056 大阪府大阪市中央区久太郎町1-2-16
三星中央別館6F
tel.06-6264-1145　fax.06-6264-1504
http://www.beam-inc.co.jp/

東京事務所
〒103-0023 東京都中央区日本橋本町3-3-6
ワカ末ビルディング7F
ip phone: 050-5527-5410

神戸事務所
〒650-0031 兵庫県神戸市中央区東町122-2　港都ビル7F
tel.078-393-3502　fax.078-393-3488

前田浩貴　Maeda Hirotaka

1968年7月24日生まれ。

1 MILO　Malt Drink
cl.ネスレ日本　Nestlé Japan
2 ブイトーニ ラザニエセット　Lasagna
cl.ネスレ日本　Nestlé Japan
3 プリングルズ 期間限定品　Snack
cl.プロクター・アンド・ギャンブル　P&G

1

2

3

Spice
スパイス
〒542-0064 大阪府大阪市中央区上汐2-6-13
喜多ビル503
tel.& fax.06-6766-3863
e-mail: spice@ya2.so-net.ne.jp

小野寺 健　Onodera Ken

1961年12月19日生まれ。1985年京都市立芸術大学デザイン科卒業。大日本印刷PAC入社。97年スパイス設立。現在に至る。

1 夏仕立て韓国風もち入りラーメン
Instant Noodles
ad.與田幸一、小森祥子
d.小野寺 健 p.石森 睦 st.小林恭子
cl.エースコック Acecook

2 広島でみつけた濃厚とんこつ醤油ラーメン
Instant Noodles
ad.與田幸一、小森祥子
d.小野寺 健、岸本直子
p.石森 睦 st.小林恭子
cl.エースコック Acecook

3 超大盛りスーパーカップ2.0倍 Instant Noodles
ad.原 雅明、與田幸一、小森祥子
d.小野寺 健 p.原田茂輝 st.小林恭子
cl.エースコック Acecook

4 ファイバーサプリ Supplement
ad.柊谷典生 d.小野寺 健 p.西川 博
cl.ロート製薬 Rohto Pharmaceutical

1

2

3

4

Super Studio

スーパースタジオ

〒106-0032 東京都港区六本木7-7-13
天城六本木マンション2F
tel.03-3408-9439　fax.03-3479-6386
e-mail: info@superstudio.co.jp

齋藤芳弘　Saito Yoshihiro

1966年10月31日生まれ。パッケージそのものが最大のメディアである。という考えで、絶えずコンビニエンスストア、スーパーマーケットなど売りの現場を歩き、生活者が手を伸ばしてくれるパッケージは、いったいどんな顔なのかと考え続けています。つまりパッケージデザインとは、人に好かれる顔づくりに他なりません。CM無しでも売れるパッケージを目指し、シュリンクに熱いドライヤーの風を吹きかけている毎日です。

1

2

1 普洱茶、涼茶、発芽玄米茶、梅クエン酸ウォーター、ダイエット的スリム烏龍　Soft Drink
ad.齋藤芳弘
d.石川百合子、丸山由香、駒澤健太
cl.サッポロ飲料　Sapporo Beverage

2 JACKキリマンジャロエステートセレクト、JACKエクセレントブレンド、JACK炭焼珈琲、JACKブラックモカブレンド、JACKエクストラマンデリンブレンド　Coffee
ad.齋藤芳弘
d.小堀純子、宮間清美、石川百合子、波多野貴仁
cl.サッポロ飲料　Sapporo Beverage

3 フォションアイスクリーム　Ice Cream
ad.齋藤芳弘
d.石川百合子
il.斎藤雅緒
cl.森永乳業　Morinaga Milk Industry

4 医食同源 ザクロ、日本茶、ブルーベリー、カモミール、カリン　Liqueur
ad.齋藤芳弘
d.丸山由香
il.斎藤雅緒
cl.合同酒精　Godo Shusei

3

4

5

5 | JACKモカ・ラッテ、JACKカフェ・ラッテ、JACKキャラメル・ラッテ Coffee
ad.齋藤芳弘
d.石川百合子
il.白浜美千代
cl.サッポロ飲料 Sapporo Beverage

6 | ワイルドショットコーヒー リッチ&ビター、サッポロプレミアム ブルーマウンテンブレンド微糖、サッポロプレミアム ゴールドマウンテンブレンド Coffee
ad.齋藤芳弘
d.林田全弘、駒澤健太
cl.サッポロ飲料 Sapporo Beverage

7 | ブロイ 本選り、ドラフティースペシャル Beer
ad.& d.齋藤芳弘
cl.サッポロビール Sapporo Breweries

8 | グランブルー Spirit
ad.& d.齋藤芳弘
cl.合同酒精 Godo Shusei

6

7

8

Selloid

セルロイド

〒107-0062 東京都港区南青山5-4-26-901
tel.03-3400-9918 fax.03-3400-9948
e-mail: webmaster@selloid.com
http://www.selloid.com

1 極上のひとくちシリーズ
Chocolate、Cake、Cookie
cd.電通
ad.& d.セルロイド
cl.セブン-イレブン・ジャパン Seven-Eleven Japan

2 マロンクッキー、アップルクッキー、メープルクッキー
Cookie
cd.森永製菓デザイン室
ad.& d.セルロイド
cl.森永製菓 Morinaga

3 Fortia Film
cd.富士写真フイルム
ad.& d.セルロイド
cl.富士写真フイルム Fuji Photo Film

4 恵比寿ラーメン Noodles
cd.シマダヤ
ad.& d.セルロイド
cl.シマダヤ Shimadaya

5 でかすぎバー Ice Cream
cd.明治乳業
ad.& d.セルロイド
cl.明治乳業 Meiji Dairies

6 飲むりんご酢&カルピス、
飲むぶどう酢&カルピス Soft Drink
cd.カルピス
ad.& d.セルロイド
cl.カルピス Calpis

7 チルド乳飲料シリーズ
Lactic Acid Beverage
cd.カルピス
ad.& d.セルロイド
cl.カルピス Calpis

1

2

3

シマダヤ
おいしい笑顔をお届けします
東京
恵比寿ラーメン
すっきりしお味
細打ち麺
2食入
生 要冷蔵
あっさりしょうゆ味
スープ・調味油・スパイス付
冷凍保存OK

4

MEIJI
明治
でかすぎバー
りんご味
要冷凍
種類別 氷菓

5

CALPIS
国産純りんご酢使用
おいしく、続ける
飲むりんご酢
&
カルピス
5倍希釈用
濃縮タイプ
Apple Vinegar & "Calpis"
500ml 無果汁
ビタミンC入り
カロリーオフ・5倍希釈時
国産純ぶどう酢使用
飲むぶどう酢
Grapes Vinegar & "Calpis"
500ml 果汁1%
ポリフェノール入り
500ml

6

CALPIS
白色健美
白くうるおう乳酸菌
LBH
脂肪分ゼロ
果汁1%
大豆ペプチド乳酸菌
大豆ペプチド1000mg
種類別 乳製品乳酸菌飲料
10種の野菜を乳酸菌でおいしく!
ラクトベジーナ
乳製品乳酸菌飲料 野菜汁20%

7

Sony Digital Design

ソニーデジタルデザイン

〒108-0074 東京都港区高輪3-13-1 高輪コート2F
tel.03-5789-6708　fax.03-5789-6720

1 ウォークマン Digital Music Player
d.河合真木子、横山隆夫、市村武士
cl.ソニー Sony

2 ステレオヘッドホン Stereo Headphones
d.横山隆夫、市村武士、佐藤有紀
cl.ソニー Sony

1

2

3

4

5

3 | **NESCAFÉ GOLDBLEND Coffee**
d.鵜沢葉子、和泉秀明
cl.ネスレ日本 Nestlé Japan

4 | **W800/W900 Mobile Phone**
d.佐野哲郎
cl.ソニー・エリクソン・モバイルコミュニケーションズ
Sony Ericsson Mobile Communications

5 | **ホームAVシステム Home AV System**
d.舟越一郎
cl.ソニー Sony

Sekiguchi Jun

関口 順

Spaceman Studio
スペースマンスタジオ
〒150-0031 東京都渋谷区桜丘町29-17
さくらマンション201
tel.03-3770-5252　fax.03-3770-5251
e-mail: secky@abox22.so-net.ne.jp

1972年6月14日生まれ。1997年多摩美術大学絵画科卒業。2002年スペースマンスタジオ入社、現在に至る。

1 脂質カットシリーズ Frozen Food
ad.村田省一、中川民夫
d.関口 順
p.川口 保
cl.日本水産 Nippon Suisan Kaisha

2 活ちくわ Boiled Fish Paste
ad.中川民夫
d.関口 順
cl.日本水産 Nippon Suisan Kaisha

3 初代濃旨屋 Instant Noodles
ad.青柳 均（大日本印刷）
d.関口 順
cl.明星食品 Myojo Foods

1

2

3

1

2

3

Takao Design
タカオデザイン事務所
〒564-0053 大阪府吹田市江の木町8-3-1201
tel.06-6378-7200　fax.06-6378-7205
e-mail: takao-design@ee.em-net.jp

高尾 進　Takao Susumu
高尾保須子　Takao Yasuko

1 ホームメイドクッキー　Cookie
d.タカオデザイン事務所
cl.エヌエス・インターナショナル　NS Corporation
2 ベターサンド　Biscuit
d.タカオデザイン事務所
cl.エヌエス・インターナショナル　NS Corporation
3 香味珈琲　Coffee
d.タカオデザイン事務所
cl.神味　Shinmi

Dai Nippon Printing

大日本印刷

〒162-8001 東京都新宿区市谷加賀町1-1-1
tel.03-5225-5867　fax.03-5225-5955
e-mail: Mitsuishi-H@mail.dnp.co.jp

1 宵の灯 Shochu
cd.田代勝彦
ad.,bd.& ld.三石 博
ld.上田譲三男
ca.寺西桃代
n.杉本 忍
cl.薩摩酒造 Satsuma Shuzo

2 さつま白波 黒麹仕込み300ml Shochu
cd.前田祝成
ad.原 雅明
bd.& d.高野俊朗
d.白石知安希
cl.薩摩酒造 Satsuma Shuzo

3 さつま白波300ml Shochu
cd.前田祝成
ad.原 雅明
bd.& d.高野俊朗
d.白石知安希
cl.薩摩酒造 Satsuma Shuzo

4 SAZAN Shochu
ad.任田進一
d.曽根原悦夫
cl.アサヒビール Asahi Breweries

5 賀茂鶴 天凜 Sake
ad.籠谷 隆
d.上田譲三男
ca.寺西桃代
copy.杉本 忍
cl.賀茂鶴酒造 Kamotsuru Shuzo

6 ピアットシリーズ Rice
ad.松岡史郎
d.和風 戸倉正則(ワークショップ)
cl.エスビー食品 S&B Foods

7 博多でみつけた背脂とんこつラーメン Instant Noodles
cd.和田知也
ad.原 雅明、小森祥子
d.神谷利男(神谷利男デザイン)
p.石森 睦
st.小林恭子
cl.エースコック Acecook

8 黒豆珈琲 Coffee
ad.松岡史郎
d.神谷利男
cl.タマノイ酢 Tamanoi Vinegar

9 花ひふみ Rice Cracker
ad.松岡史郎
d.戸倉正則(ワークショップ)
ca.甲田 淳
cl.大阪浜美屋ホールディングス Osaka Hamamiya Holdings

10 Fresh Mist Gum
cd.ロッテ商品開発部
ad.任田進一
d.吉村 忠
cl.ロッテ Lotte

11 ガーナソフトクッキー、チョココビスケット、クランキービスケット Confectionery
cd.ロッテ商品開発部
ad.任田進一
d.曽根原悦夫
cl.ロッテ Lotte

12 ロート アルガード、ロート アルガード クールEX Medicine
ad.柊谷典生
d.福本晃一
il.東浦優雄
cl.ロート製薬 Rohto Pharmaceutical

13 オバジC20 Skin Care Products
ad.& bd.柊谷典生
const.曽根高正明
cl.ロート製薬 Rohto Pharmaceutical

14 ハッピーペット Pet Article
ad.小池順司
d.神谷利男
bd.川口 潔、川口育子
il.牧野孝文
cl.アース・バイオケミカル Earth Biochemical

三石 博 Mitsuishi Hiroshi

1954年11月30日生まれ。1981年多摩美術大学大学院修了、大日本印刷入社、現在に至る。

松岡史郎 Matsuoka Shiro

1954年2月3日生まれ。1978年京都市立芸術大学卒業、大日本印刷入社、現在に至る。

1

柊谷典生 Hiragidani Norio

1959年8月8日生まれ。1984年京都市立芸術大学卒業、大日本印刷入社、現在に至る。

小池順司 Koike Junji

1964年4月9日生まれ。1987年東京造形大学卒業、大日本印刷入社、現在に至る。

籠谷 隆 Kagotani Takashi

1967年12月5日生まれ。1991年京都市立芸術大学卒業、大日本印刷入社、現在に至る。

2

3

4

原 雅明 Hara Masaaki

1961年8月8日生まれ。1987年愛知県立芸術大学卒業。ポッカコーポレーションPAD企画を経て、91年大日本印刷入社、現在に至る。

任田進一 Toda Shin'ichi

1971年10月9日生まれ。1995年武蔵野美術大学卒業、大日本印刷入社、現在に至る。

5

6

エースコック
ねぎ盛り
博多でみつけた
背脂
とんこつ
ラーメン
ノンフライめん
熱湯2分で
食べる極細の
かためんが旨い
7

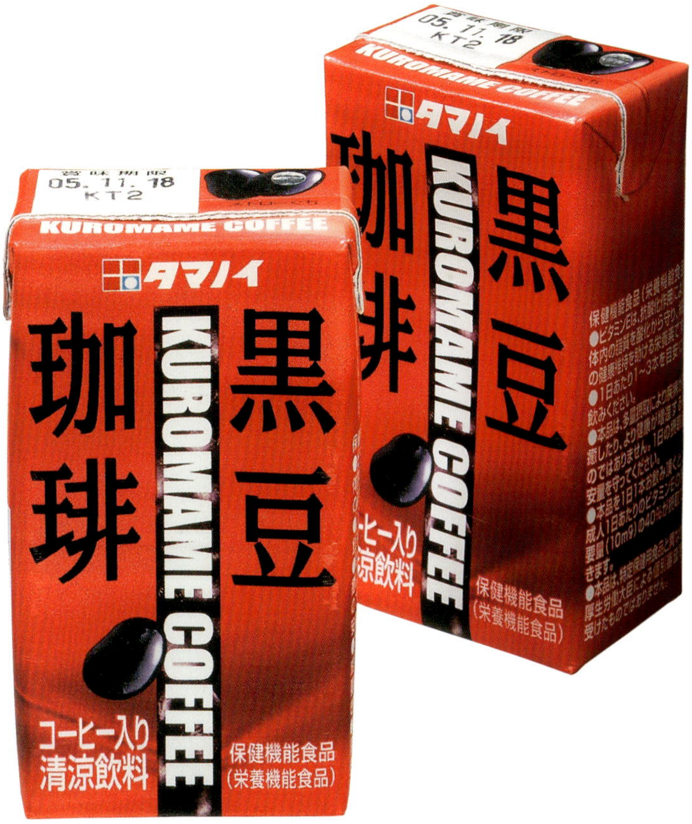
05.11.18
KT2
KUROMAME COFFEE
タマノイ
黒豆
珈琲
KUROMAME COFFEE
コーヒー入り
清涼飲料
保健機能食品
(栄養機能食品)
8

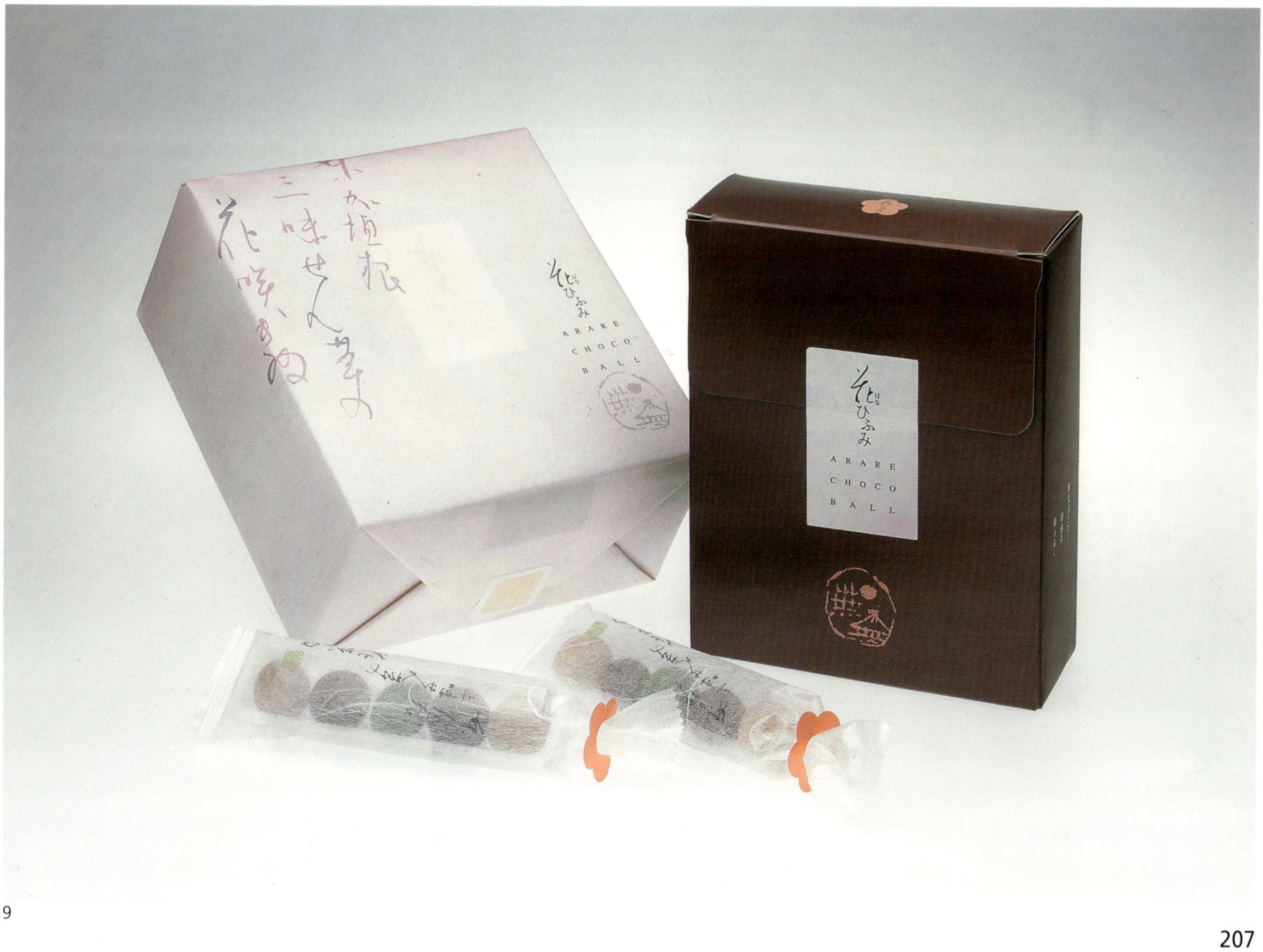
ARARE
CHOCO
BALL
9

LOTTE ガム
フレッシュミスト
Fresh Mist
アロマライチ
爽やかミントでゆったり気分
キシリトール配合 SUGARLESS
OPEN
LOTTE ガム
フレッシュミスト
Fresh Mist
グリーン シトラス
爽やかミントでゆったり気分
キシリトール配合 SUGARLESS
〈テアニン配合〉
OPEN
Fresh Mist GREEN-CITRUS

10

LOTTE
Ghana
ENJOY THE CACAO
ガーナ ソフトクッキー
LOTTE
Chococo
ENJOY THE CACAO
チョココ ビスケット
LOTTE
CRUNKY
ENJOY THE CACAO
クランキー ビスケット
LOTTE
CRUNKY
ENJOY THE CACAO
クランキー ビスケット
LOTTE
CRUNKY
ENJOY THE CACAO
ホワイトチョコがおいしい
アルペンザルツ岩塩使用
JAPANESE OLYMPIC COMMITTEE
クランキー ビスケット
9 pieces

11

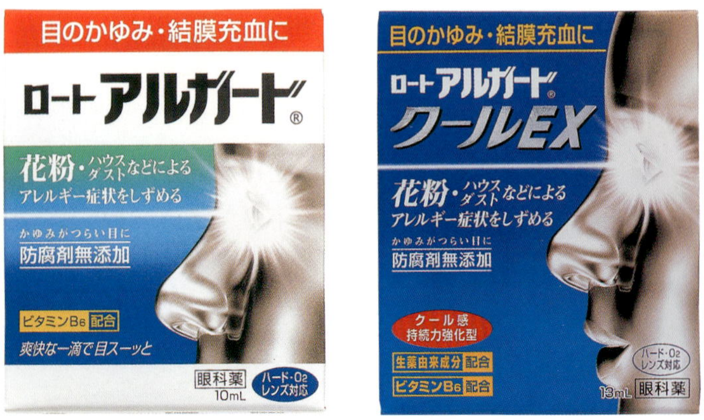
目のかゆみ・結膜充血に
ロートアルガード®
花粉・ハウスダストなどによるアレルギー症状をしずめる
かゆみがつらい目に
防腐剤無添加
ビタミンB6配合
爽快な一滴で目スーッと
眼科薬
10mL
ハード・O2 レンズ対応
目のかゆみ・結膜充血に
ロートアルガード®
クールEX
花粉・ハウスダストなどによるアレルギー症状をしずめる
かゆみがつらい目に
防腐剤無添加
クール感 持続力強化型
生薬由来成分配合
ビタミンB6配合
ハード・O2 レンズ対応
13mL 眼科薬

12

Obagi JAPAN LINE
Skin Health Restoration
Obagi
C20
High Potency
Vitamin C Serum
Topical Solution
Brightening Essence
with Original Stand
0.43 FL OZ (13mL)

Skin Health Restoration
Obagi
C20
Brightening Essence
Skin Health Restoration
Obagi

13

チワワ用
やさしくまとまる
ハッピペット
FOR CHIHUAHUA
Happy Pet
パピー用
皮ふすこやか
ハッピペット
シー・ズー用
なめらかな仕上り
ハッピペット
FOR SHIH TZU
Happy Pet
アダルト用
皮ふいきいき
ハッピペット
日本犬用
スッキリ爽快
ハッピペット
FOR JAPANESE DOG
Happy Pet
シニア用
皮ふいたわる
ハッピペット
FOR SENIOR
ダックスフント用
シルクの輝き
ハッピペット
FOR DACHSHUND
Happy Pet

14

Takakura Shojiro
髙倉正二郎
Design Studio Noah
デザインスタジオ・ノア
〒164-0001 東京都中野区中野2-29-15
サンハイツ中野401
tel.03-3382-1641　fax.03-3382-1640

1951年8月23日生まれ。1989年パティックスAにてジャパンパッケージングコンペティション薬品部門賞受賞、89年日本パッケージデザイン大賞(ダイエーギフト・ナッツセレクション)入選、91年日本のパッケージデザイン大賞(マインクネッケ)入選、97年日本のパッケージデザイン大賞(ポルテ、バソキヤ)入選。

1 美ごこち Ice Cream
ad.髙倉正二郎 d.広瀬知子、宮 学
cl.ロッテスノー Lotte Snow
2 なめらかプリン Pudding
cd.バド企画 ad.髙倉正二郎 d.斉藤愛子、広瀬知子
cl.ポッカ コーポレーション Pokka Corporation
3 コーヒーオ・レ、フルーツオ・レ Soft Drink
cd.バド企画 ad.髙倉正二郎 d.宮 学、伊藤優香里
cl.ポッカ コーポレーション Pokka Corporation
4 ちゃんぽん、チャーシュー麺 Instant Noodles
ad.髙倉正二郎 d.広瀬知子、伊藤優香里
cl.日清食品 Nissin Food Products
5 4種のチーズ Cheese
cd.松木一太 ad.髙倉正二郎 d.斉藤愛子
cl.雪印乳業 Snow Brand Milk Products

1

2

3

美ごこち
HB Healthy & Beauty
HEALTHY & BEAUTY
写真はイメージです
コエンザイムQ10
+ビタミンE
栄養機能食品（ビタミンE）
●オレンジ 4本
●グレープフルーツ 4本
8本入
〈種類別〉氷菓
オレンジ
グレープフルーツ
美ごこち
HB Healthy & Beauty
HEALTHY & BEAUTY
写真はイメージです
海洋性コラーゲン
+ビタミンC
栄養機能食品（ビタミンC）
●ストロベリー 4本
●グレープ 4本
8本入
〈種類別〉氷菓
ストロベリー
グレープ

1

NISSIN
ちゃんぽん
チャーシュー麺
自日慢清

4

雪印
写真は
調理例です
とろける
4種のチーズ
チェダー 17%
マイルドで軽い
酸味のチェダー
マースダム 17%
後引くうまみのマースダム
原料チーズの
イメージです
糸引きの食感の
モッツァレラ
芳醇な
味わいのゴーダ
モッツァレラ 33%
ゴーダ 33%
〈要冷蔵〉
10℃以下
内容量130g

5

Takeda Yoshio

竹田良雄

Bamboo Design & Planning
バンブーデザイン企画室
〒170-0005 東京都豊島区南池袋3-9-2
tel.03-5955-7730　fax.03-5955-7731
e-mail: take@bamboo-d.co.jp
http://www.bamboo-d.co.jp

1952年2月29日東京生まれ。1974年日本大学芸術学部映画学科卒業。YAOデザイン研究所を経て、87年バンブーデザイン企画室設立。パッケージ・グラフィックデザインを中心に出発し、現在は総合的体制を整え、企業密着型のスタイルをとっております。埼玉県技術アドバイザー、SADECO会員。

1 GR,Caplio R3 Digital Camera
cd.リコー
ad.& d.竹田良雄
d.曽我昌子
cl.リコー Ricoh

2 レモンティー、アップルティー、ミルクティー Tea
cd.伊藤園
ad.竹田良雄
d.曽我昌子
p.青木岳志
cl.伊藤園 Ito En

3 キャッチングサポート、エルボーサポート Supporter
cd.アイスポーツ
ad.& p.竹田良雄
d.竹田壮一朗
cl.アイスポーツ I Sports

1

2

3

Tachibana Katsuko

立花かつこ

Design Office Arts
デザインオフィス・アーツ
〒770-0861 徳島県徳島市住吉1-10-1
tel.088-653-0339　fax.088-653-0348
e-mail: seiren@smile.ocn.ne.jp

1

2

3

1 珈琲焙煎人仕込 Jelly
ad.& d.立花かつこ
cl.オハラ Ohara

2 藍の色 Cloth
ad.& d.立花かつこ
cl.結 Yui

3 入魂 Thin Wheat Noodles
ad.,d.& ca.立花かつこ
cl.半田手延べそうめん協同組合
Handa Somen Cooperative

Tazumi Shiro

田積司朗

Par Art
パルアート
〒602-8031 京都府京都市上京区西洞院通丸太町一筋上る
tel.075-231-5479　fax.075-221-7896
e-mail: info@par-art.co.jp
http://www.par-art.co.jp

1938年1月6日京都生まれ。1978、81年ニューヨークADC主催「日本グラフィックデザイン展」にて金賞、日本パッケージデザインニューヨーク展銀賞、SDA賞、89年PDC国際パッケージデザイン展金賞他、日本パッケージ展にて受賞多数。日本の古典パッケージ「包の心」を大切に制作。93年ポスナニ美術館（ポーランド）ポスター寄贈コレクション。95年ICOGRADA国際グラフィック展（パリ）ポスター出展。2003年世界水フォーラム国際会議Welcomeサインデザイン、毎年版画展も開催。ジャンルにとらわれないマルチな活動。

1 お香セット　Gift Package
ad.田積司朗　d.竹内幸生
cl.清水三年坂美術館
Kiyomizu Sannenzaka Museum

2 ポストカードセット　Post Cards
ad.田積司朗　d.竹内幸生
cl.清水三年坂美術館
Kiyomizu Sannenzaka Museum

3 ぜんざいシリーズ　Japanese Confectionery
ad.田積司朗　d.パルアート　pr.サイキョー化成商事
cl.左から岡三英堂　Okasan'eido、友井堂　Tomoido、みなとや商店　Minatoya、
千壽庵吉宗奈良本店　Senjuanyoshimune

1

2

3

Chiba Koichi

千葉公一

Design Office Nautilus
デザインオフィス ノーチラス
〒194-0203 東京都町田市図師町3476-8
tel.& fax. 042-789-0223

1957年5月17日生まれ。1981年京都市立芸術大学デザイン科卒業。大日本印刷、MC&Pを経て94年に独立。2003年に活動の拠点を大阪から東京に移しました。

1 | **健美緑華 Nutritive Drink**
ad.& d.千葉公一
cl.ウィードオブハート Weed of Heart

2 | **エステニアC&B Dental Materials**
ad.& d.千葉公一
cl.クラレメディカル Kuraray Medical

3 | **DCコアオートミックス Dental Materials**
ad.& d.千葉公一
cl.クラレメディカル Kuraray Medical

4 | **八漢健茶 Tea**
ad.& d.千葉公一
cl.ダイゼン Daizen

1

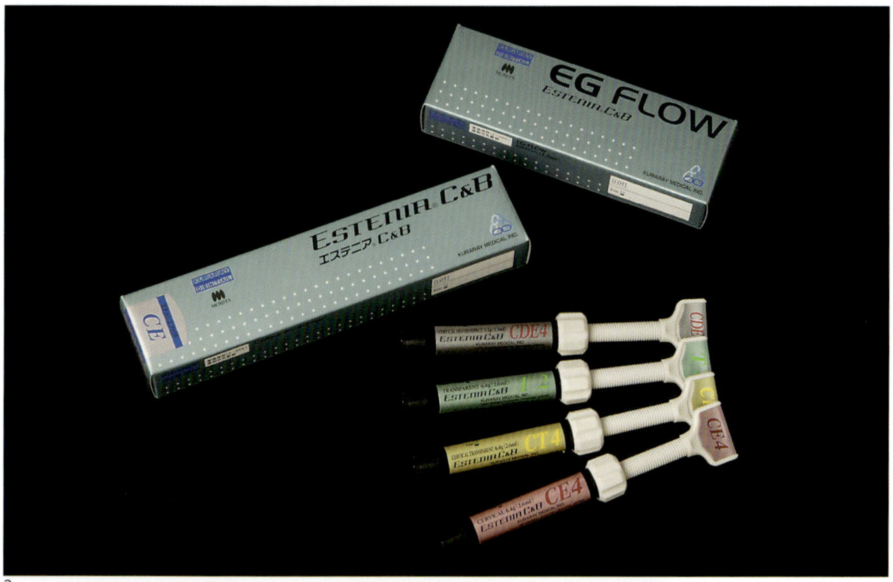

2

3

4

Tanaka Haruo

田中春雄

Staff B・C
スタッフ ビー・シー
〒107-0062 東京都港区南青山4-15-4
パークヒルズ南青山107
tel.03-3479-8070　fax.03-3479-8074
e-mail: staff-bc@pg8.so-net.ne.jp

1949年3月19日生まれ。

1 水のチカラ Mineral Water
cd.藤岡幸恵 ad.田中春雄 d.神山みか
cl.日本コカ・コーラ Coca-Cola (Japan)
2 青の洞窟 シェフズコレクション
Frozen Food, Pasta Sauce
ad.福井健二 d.田中春雄 cl.日清フーズ Nisshin Foods
3 青の洞窟 Pasta Sauce
ad.田中春雄 d.築地哲平 cl.日清フーズ Nisshin Foods
4 きな子とごま太郎 Candy
ad.森岡芳正 d.田中春雄 cl.不二家 Fujiya
5 フルーツモーニング Juice
ad.森岡芳正 d.田中春雄 cl.カゴメ Kagome
6 素材めぐり Snack
ad.田中春雄 d.築地哲平 cl.カルビー Calbee

1

2

3

FUJIYA
やさしい きな子と
元気な ごま太郎
とろける旨さのソフトキャンディ
後引き用心
お口に広がる香ばしさ、体にやさしい自然の恵み

4

KAGOME
Fruit Morning
Blend Juice
こだわり果実を絶妙ミックス!
ライプネス
バナナ
Blend
100%
濃縮還元
果汁100%
ライプネスバナナブレンド

5

Calbee
素材めぐり
期間限定
旬菜ごぼう
まろやか
しょうゆ味
油分31%カット
(一般のポテトチップス比)
食物繊維入り
期間限定
オニオンリング
あじわい塩味
油分34%カット

6

Tanaka Yasuo

田中康夫

Package Land
パッケージランド
〒558-0053 大阪府大阪市住吉区帝塚山中1-3-2
帝塚山タワープラザ201
tel.06-6675-0138 fax.06-6675-6466
e-mail: yasuo@package-land.com
http://www.package-land.com

九州産業大学芸術学部デザイン科卒業。王子製紙デザインセンターを経て、パッケージランド設立。日本パッケージデザイン協会展会員賞、奨励賞、日本パッケージデザイン大賞展特別賞、N.Y. IBPA展グランプリ、金賞、N.Y. ADC展、N.Y. PDCゴールドアワード展、JPI 展アジアスター、ジャパンスター賞、JPC展日本百貨店協会賞、日本印刷産業連合会長賞、各部門賞、東京ADC展、デザインフォーラム展、等受賞入選。N.Y. Graphis Magazine343個人特集、N.Y. Graphis Design,Package、Russia Identity誌、Germany TASCHEN誌、Spain Linea Editorial誌、LOFT誌、等特集作品掲載。西武池袋店、ダブルクロックギャラリー等個展開催。ニューヨークアートディレクターズクラブ会員。

1 ナイキティシュペーパー Tissue
ad.,gd.& const.田中康夫
cl.パッケージランド Package Land
2 グラフィスデザインプロモーション2 Book Design
ad.B Martin Pedersen gd.& p.田中康夫
cl.ニューヨークグラフィス N.Y. Graphis
3 トラディショナルジャパン Gift Box
ad.,gd.& const.田中康夫
cl.パッケージランド Package Land
4 エクセル石鹸ギフト Soap Gift
ad.カネボウホームプロダクツ gd.& const.田中康夫
cl.カネボウホームプロダクツ Kanebo Home Products
5 ナイキティシュペーパー Tissue
ad.& gd.田中康夫 cl.パッケージランド Package Land

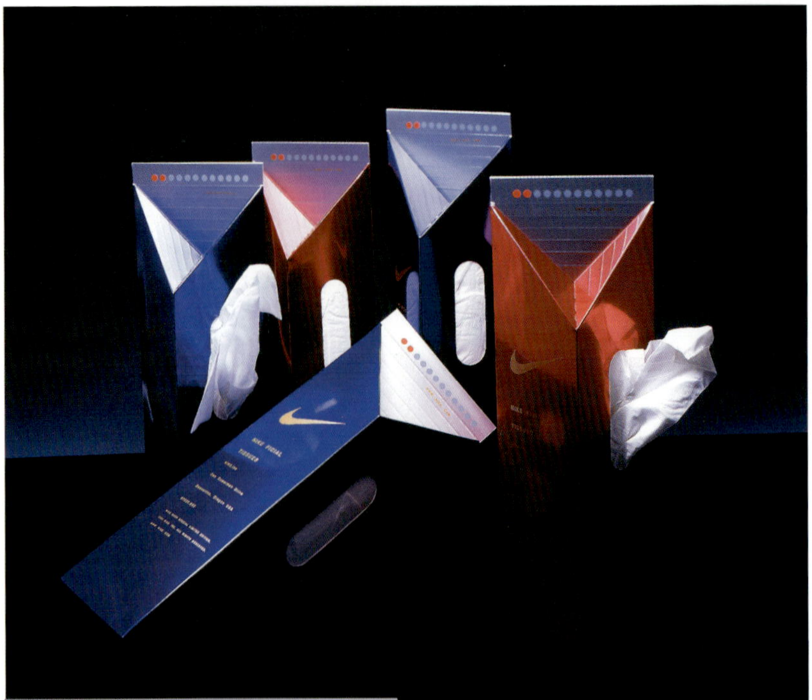

1

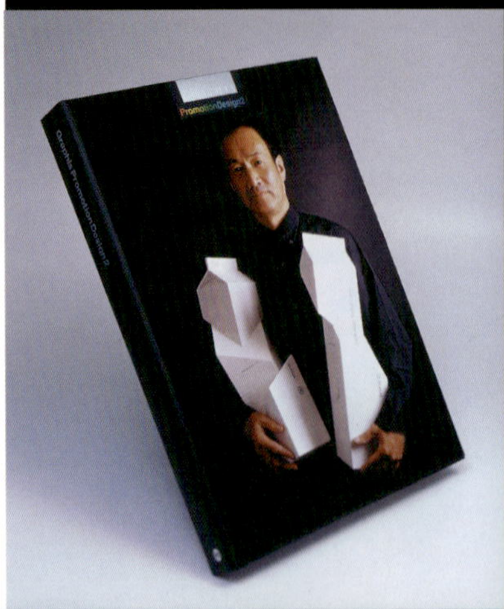

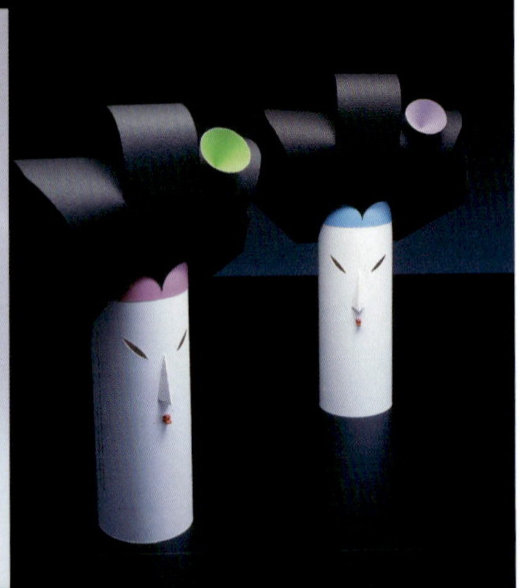

2
3

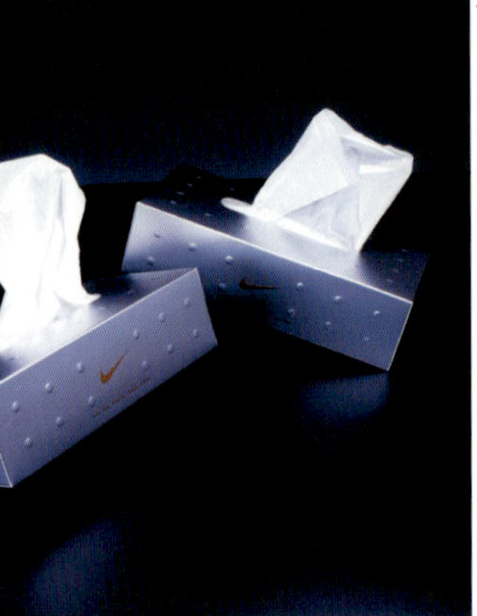

5

4

6 ナテュラルソープギフト Soap Gift
ad.カネボウホームプロダクツ
gd.田中康夫
cl.カネボウホームプロダクツ
Kanebo Home Products

7 ホワイトフローラルギフト Soap Gift
ad.カネボウホームプロダクツ
gd.田中康夫
cl.カネボウホームプロダクツ
Kanebo Home Products

8 旅の宿ギフト Bath Products
ad.カネボウホームプロダクツ
gd.田中輝美 Art.木田安彦
const.田中康夫
cl.カネボウホームプロダクツ
Kanebo Home Products

9 ホワイトフローラルギフト Soap Gift
ad.カネボウホームプロダクツ
gd.田中康夫
cl.カネボウホームプロダクツ
Kanebo Home Puroducts

10 東京巣鴨ホテルプロジェクト
Hotel Exterior Design
ad.早稲田大学理工学部建築学科
入江正之研究室
Exterior d.田中康夫
cl.早稲田大学理工学部建築学科
入江正之研究室、美鈴
Waseda University, Misuzu

6

7

8

9

10

Tamura Design Studio

田村デザインスタジオ

〒168-0063 東京都杉並区和泉3-59-9 B棟
tel.03-5355-3881
e-mail: info@tamura-d.com

田村孝治 Tamura Koji

1968年8月26日生まれ。ニューヨークのプラット・インスティテュート大学コミュニケーションデザイン学科卒業。現地インターンシップを経て帰国。帰国後、広告制作会社を経て、飲料メーカーのハウスエージェンシーにてアートディレクターを務める。2003年4月、事務所設立。現在に至る。

1

2

3

1 かぼすとみかん Soft Drink
d.田村デザインスタジオ
cl.伊藤園 Ito En
2 アロエフルーツ Soft Drink
d.田村デザインスタジオ
cl.伊藤園 Ito En
3 ライチミックス Soft Drink
d.田村デザインスタジオ
cl.伊藤園 Ito En
4 アットレー スタンディングファイバー
Hair Care Products
d.田村デザインスタジオ
cl.柳屋本店 Yanagiya Honten
5 レディーストップシェード スプレーウィッグ
Hair Color Products
d.田村デザインスタジオ
cl.柳屋本店 Yanagiya Honten
6 カフェ・ラテ、いちご・ラテ Soft Drink
d.田村デザインスタジオ
cl.タカナシ乳業 Takanashi Milk Products

4

5

6

Tsubakihara Yoshiharu
椿原ヨシハル
Haru Graphics
ハル・グラフィックス
〒531-0072 大阪府大阪市北区豊崎3-15-4
ローツェⅡ604
tel.06-6375-0788　fax.06-6375-0755
e-mail: info@haru-graphics.com

1968年4月29日大阪府生まれ。創造社デザイン専門学校コミュニケーションデザイン科卒業。同年アッシュ入社。97年フリー。98年ハル・グラフィックス設立。

1 Zaito へらハリス　Fishing Line
cd.藤田知行
ad.& d.椿原ヨシハル
cl.オーナー　Owner

2 ぷっちょ ロルロル　Candy
ad.UHA味覚糖開発セクション
d.椿原ヨシハル
cl.UHA味覚糖　UHA Mikakuto

3 ん!　Candy
ad.UHA味覚糖開発セクション
d.椿原ヨシハル
cl.UHA味覚糖　UHA Mikakuto

4 透き通ったミントのおいしいのど飴　Candy
ad.UHA味覚糖開発セクション
d.椿原ヨシハル
cl.UHA味覚糖　UHA Mikakuto

1

2

3

4

1

2

3

4

Tsuboya Kazutoshi

坪谷一利

Plum Nuts
プラムナッツ
〒150-0001 東京都渋谷区神宮前4-3-21
アプリール表参道301
tel.03-3479-7827　fax.03-3479-7920
e-mail: plumnuts@dream.com

1956年5月26日生まれ。1977年中央デザインセンターを経て、80年プラムナッツ設立。90年VIS開発を基軸とするエピス設立、2005年Hawaiian Art Galleryに参画、現在に至る。80年第48回毎日デザイン賞受賞。93、95、97、01、05年日本パッケージデザイン大賞入選。99年ジャパンパッケージコンペティション奨励賞受賞。

1 ベイカーズ Nutritive Food
ad.& d.坪谷一利
cl.アサヒ フード アンド ヘルスケア
Asahi Food & Healthcare

2 キュン Confectionery
ad.& d.坪谷一利
cl.明治製菓 Meiji Seika Kaisha

3 モコロ Candy
ad.& d.坪谷一利
cl.カンロ Kanro

4 クッパシリーズ Soup
ad.& d.坪谷一利
cl.モランボン Morang Bong

T.M.Design Works

T.M.デザインワークス

〒555-0001 大阪府大阪市西淀川区佃2-15-6-1408
tel.& fax.06-6475-5873
e-mail: tmdw-takahashi@pop06.odn.ne.jp

高橋智之 Takahashi Tomoyuki

1958年9月12日生まれ。
2003年T.M.デザインワークス設立。

1 都こんぶ Confectionery
d.高橋智之
cl.中野物産 Nakano Bussan

2 Otsumami Cafe Snack
d.高橋智之
cl.マルエス Maruesu

3 Cura-Heat Medicine
d.高橋智之
cl.小林製薬ヘルスケア ヨーロッパ
Kobayashi Healthcare Europe

1

2

3

Design Force

デザイン フォース

〒541-0044 大阪府大阪市中央区伏見町2-6-4
吉田一関ビル6F
tel.06-6231-1800　fax.06-6231-1808
e-mail: info@group-force.com
http://www.group-force.com

ターゲットや市場の分析から陳列時までを考察し、訴求力の高いパッケージを制作。デザインはもちろん、形状から材質まで提案します。

1 瞳元気、肌元気、サプルン　Soft Drink
cd.森 孝幹
d.竹中朋子、森田桃代
cl.宝酒造　Takara Shuzo

2 ユニフィール シリーズ　Stationery
cd.森 孝幹
d.森田桃代
cl.コクヨS&T　Kokuyo S&T

3 ズッコベッド イージータッチ シリーズ　Baby Carrier
cd.森 孝幹
ad.& d.竹中朋子
cl.アップリカ葛西　Aprica

4 パインアメ、どんぐりガム　Candy
cd.森 孝幹
d.竹中朋子、船本文子
cl.パイン　Pine

1

2

3

4

Designing Board

デザイニングボード

〒107-0062 東京都港区南青山4-1-5-505
tel.03-3401-0586　fax.03-3401-6540
e-mail: dbi@mnet.ne.jp
http://www.mnet.ne.jp/~dbi

デザイニングボード

添田幸史　Soeda Koshi

木全時彦　Kimata Tokihiko

1 エスキモー ショコラブティックスタンダードビター
Ice Cream
d.デザイニングボード
cl.森永乳業 Morinaga Milk Industry

2 エスキモー ショコラブティック Ice Cream
d.デザイニングボード
cl.森永乳業 Morinaga Milk Industry

1

2

3 サンキスト シトラス・ミニフルーツ
Popscle
d.デザイニングボード
cl.森永乳業 Morinaga Milk Industry

4 ライオン ホワイトアンドホワイト
Tooth Paste
d.デザイニングボード
cl.ライオン Lion

5 クリスタルダイアナ
Skin Care Products
d.デザイニングボード
cl.分子生理化学研究所 Molecular Physiological Chemistry Laboratory

6 シャット 流せるトイレブラシ
Toilet Brush
d.デザイニングボード
cl.ジョンソン Johnson

7 カビキラー Mold Remover
d.デザイニングボード
cl.ジョンソン Johnson

8 シャット パワーアップジェル
Toilet Cleaner
d.デザイニングボード
cl.ジョンソン Johnson

9 ジャバ Bath Cleaner
d.デザイニングボード
cl.ジョンソン Johnson

10 ビタミネン アクティブ Medicine
d.デザイニングボード
cl.佐藤製薬 Sato Pharmaceutical

11 カフェラッテ コーヒーミックス
Coffee
d.デザイニングボード
cl.森永乳業 Morinaga Milk Industry

12 エリエール シャワートイレ用
Toilet Paper
d.デザイニングボード
cl.大王製紙 Daio Paper

13 クラフト ニューヨークチーズケーキ
Cake
d.デザイニングボード
cl.森永乳業 Morinaga Milk Industry

14 犬形お菓子 Confectionery
d.デザイニングボード
cl.東京ムツゴロウ動物王国
Tokyo Mutsugoro Animal Kingdom

3

4

5

洗ってブラシを流すだけ
いつもスッキリ清潔!!
シャット
流せるトイレブラシ
ふち裏にしっかりフィット
ブラシはワンタッチでポイ
あとは、ジャーと流すだけ
専用ホルダー付き
ハンドル1本
洗剤付きブラシ4個
除菌
SC Johnson
A Family Company

6

まぜるな危険
塩素系
石鹸カスバリア
をはがしカビに浸透
カビキラー
5分で根に効く
除菌
SC Johnson
A Family Company

7

おそうじカンタン
トイレつやつや!
シャット
パワーアップジェル
ジェルが浸透
しつこい汚れを分解!
ブルーアクア
ハーブミント
除菌
SC Johnson
A Family Company

8

フロ釜洗い
2つ穴用
ジャバ
雑菌まみれの汚れを
除菌・洗浄
フロ釜洗い
1つ穴用
ジャバ
瞬間発泡で
強力除菌
SC Johnson
A Family Company

9

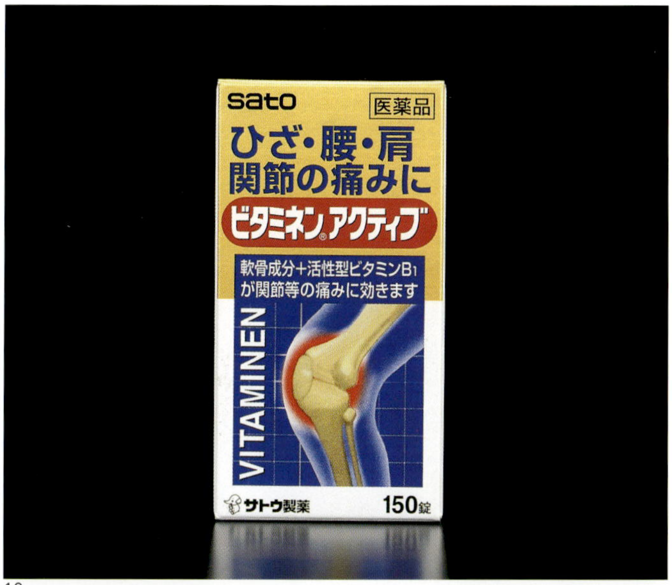
sato
医薬品
ひざ・腰・肩
関節の痛みに
ビタミネン アクティブ
軟骨成分＋活性型ビタミンB1
が関節等の痛みに効きます
VITAMINEN
サトウ製薬
150錠

10

Caffè Latte
Caffè Latte

11

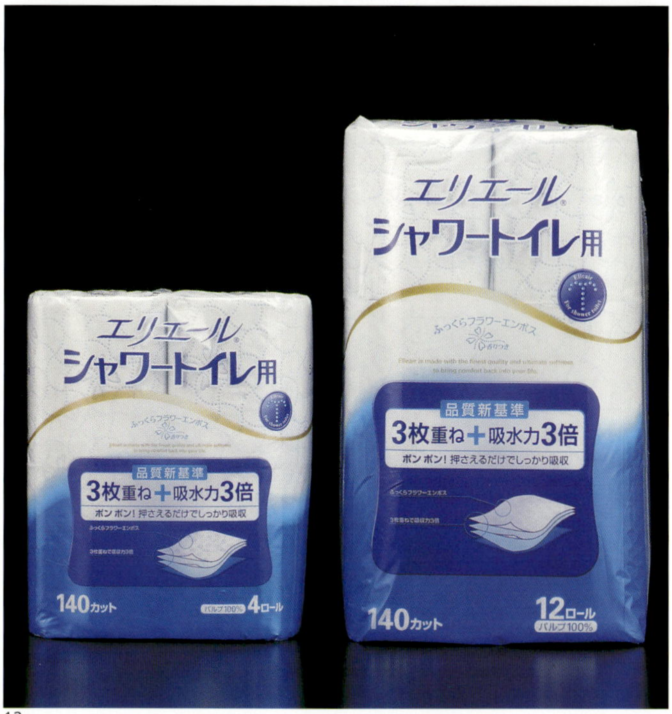
エリエール
シャワートイレ用
品質新基準
3枚重ね＋吸水力3倍
ボンボン！押さえるだけでしっかり吸収
140カット
4ロール
エリエール
シャワートイレ用
品質新基準
3枚重ね＋吸水力3倍
ボンボン！押さえるだけでしっかり吸収
140カット
12ロール
パルプ100%

12

KRAFT
New York
CHEESE DESSERT
ニューヨークチーズケーキ
クリームチーズ50%使用
クリームチーズと
生クリームのコクが楽しめる
しっとりなめらかな
チーズケーキです。
CHEESE DESSERT
KRAFT

13

福
福
福

14

Designbus
デザインバス
〒101-0051 東京都千代田区神田神保町1-48-1
興生堂ビル4F
tel.03-5282-2720　fax.03-5282-0112

1 スープの達人 Instant Noodles
ad.& d.古賀龍平
cl.日清食品 Nissin Food Products
2 N's cafe Instant Soup
ad.古賀龍平
d.内山伊織
cl.ニチロ Nichiro
3 素彩咲々 Snack
ad.古賀龍平
d.大橋奈保子
cl.ハウス食品 House Foods
4 炊き込み御膳 Seasoning
cd.関谷直之
ad.& d.古賀龍平
d.内山伊織
p.佐藤洋一、家中あい
cl.江崎グリコ Ezaki Glico
5 具っと充実 Miso Soup
ad.古賀龍平
d.小野 恵
cl.ハナマルキ Hanamaruki
6 Mexican Chili Pork Instant Noodles
ad.& d.芝 伸子
cl.日清食品 Nissin Food Products
7 横濱フレンチカレー Curry
cd.関谷直之
ad.古賀龍平
d.芝 伸子
cl.江崎グリコ Ezaki Glico
8 Sweeta Jelly
ad.古賀龍平
d.新山陽子
cl.エバラ食品工業 Ebara Foods Industry
9 野菜とフルーツスープ Instant Soup
ad.古賀龍平
d.大橋奈保子
cl.二幸 Niko
10 STICK CLUB Coffee, Tea
cd.久保田マリア
ad.古賀龍平
d.新山陽子
cl.片岡物産 Kataoka
11 Couque D'asses Cookie
ad.古賀龍平
d.内山伊織
cl.三立製菓 Sanritsu Confectionery
12 Milky Candy
ad.古賀龍平
d.小野 恵
cl.不二家 Fujiya
13 ニューヨーク・ブラウニー Ice Cream
ad.古賀龍平
d.新山陽子
cl.森永製菓 Morinaga

1

古賀龍平 Koga Ryuhei

1964年9月6日生まれ。1987年多摩美術大学立体デザイン科卒業。

芝 伸子 Shiba Shinko

1971年5月6日生まれ。1993年桑沢デザイン研究所リビングデザイン研究科パッケージング専攻卒業。

浅野サト子 Asano Satoko

1967年1月9日生まれ。1988年桑沢デザイン研究所リビングデザイン研究科パッケージング専攻卒業。

2

3

おいしさと健康
Glico
炊き込み御膳
五目ごはん
化学調味料無添加
具が十種類
だし別袋入
3合用
3〜4人前
調理イメージ
2合、4合用レシピつき
山菜きのこ
松茸ごはん
松茸が大きい
鶏ごぼう
香りしょうが仕立て
栗ごはん
昆布だし仕立て

4

ハナマルキ
具っと充実
生の具タイプ
あさり
磯の香りがたっぷりのあさり入り
40 kcal
なめこ
香り豊かな山の幸なめこ入り
39 kcal
とん汁
128 kcal
赤だししじみ
39 kcal
しじみ
33 kcal

5

NISSIN
MEXICAN
CHILI PORK
こってり感のあるスタミナスープ
ガーリックチリポーク

6

横濱カレーミュージアム
Produced by Yokohama Curry Museum.
横濱カレーミュージアムがフレンチシェフとともにソースのコクにこだわって作ったフレンチカレー。
横濱フレンチカレー
辛口
中辛
BEEF CURRY
調理イメージ
パセリは入っていません。
1人前

7

ふう――っと一息いかがですか?
Sweeta
プチ蒟蒻 in マンゴーゼリー
食物繊維 6g配合
エネルギー 120kcal
盛り付け例
果汁00%
マンゴーピューレにプチ蒟蒻を散りばめた、
ぷちぷち新食感のゼリーです。
ふう――っと一息いかがですか?
Sweeta
プチ蒟蒻 in ブラッドオレンジ&グレープフルーツ
ビタミンC 500mg配合
コラーゲン 1000mg配合
エネルギー 100kcal
盛り付け例
果汁00%
ブラッドオレンジ&グレープフルーツ果汁に
プチ蒟蒻を散りばめた、新食感のゼリーです。

8

Niko
野菜とフルーツスープ
黒ごまとパイナップル
kurogoma & pineapple
80kcal
トマトといちご
tomato & strawberry
58kcal
枝豆とキウイ
edamame & kiwi
53kcal
カボチャとマンゴー
kabocha & mango
49kcal
紫イモとブルーベリー
murasakiimo & blueberry
71kcal

9

STICK CLUB
ココアリッチ
VAN HOUTEN
チャイ
TWININGS
カフェ・モカ
ココア風味
ASTORIA
カフェ・ラテ
ASTORIA
レモンティー
はちみつ入り
TWININGS
濃抹茶ラテ
辻利久
2本入
[スティックタイプ]

10

Sanritsu
Couque D'asses
【クックダッセ】langue de chat cookies & chocolate
チョコレート
口溶けのよいラングドシャに
ミルクチョコをサンドしました
サンドクッキー15枚入(個包装)
Sanritsu
Couque D'asses
ホワイトチョコ
口溶けのよいラングドシャに
ホワイトチョコをサンドしました
サンドクッキー15枚入(個包装)
Cigarettes Langue
【シガレットラング】
ラングドシャ
口溶けのよいラングドシャを
シガレット形に巻き上げました
16本入(8本×2パック)

11

ココア milky
もも milky
カフェオレ milky
いちご milky

12

N.Y Brownie
写真はイメージです
N.Y Brownie is a chocolate bar with milk ice cream and walnut-brownie.
種類別 アイスミルク
ニューヨーク・ブラウニー
MORINAGA

13

Design Mac

デザインマック

〒162-0052 東京都新宿区戸山1-8-5
tel.03-3204-0951　fax.03-3204-0965
e-mail: mainpost@design-mac.co.jp
http://www.design-mac.co.jp

1971年設立。クリオアウォーズクリオ賞。日本パッケージデザイン大賞、銀賞、奨励賞、特別賞。ジャパンパッケージングコンペティション通商産業省大臣賞、生活産業局長賞、工業技術院長賞、日本印刷産業連合会会長賞、各種部門賞、奨励賞。日経BPデザイン賞銀賞など多数受賞。

村 禎介　Mura Teisuke

2月13日生まれ。1963年金沢美術工芸大学卒業。71年プラットインスティテュート（ニューヨーク市）大学院修士課程卒業。マスターオブサイエンス学位取得。多摩美術大学講師。

村 武史　Mura Takeshi

3月11日生まれ。1966年金沢美術工芸大学卒業。71年デザインマック設立に参加。

1 トップ Detergent
cl.ライオン Lion
2 ミルクココア Cocoa
cl.明治製菓 Meiji Seika Kaisha

1

鈴木良彦　Suzuki Yoshihiko

11月24日生まれ。1976年東京芸術大学工芸科ヴィジュアルデザイン卒業。

伊東 保　Ito Tamotsu

5月22日生まれ。1977年日本大学芸術学部美術学科デザイン専攻卒業。日本大学芸術学部講師。

加藤貴穂　Kato Mizuho

11月7日生まれ。1978年日本大学芸術学部美術学科デザイン専攻卒業。

小玉章文　Kodama Akifumi

11月1日生まれ。1980年東京デザイナー学院卒業。

2

ヤクルト
300V
L.カゼイ・シロタ株
ビタミンEは、抗酸化作用により、体内の脂質を酸化から守り、細胞の健康維持を助ける栄養素です。
保健機能食品（栄養機能食品）
甘さひかえめ
乳製品乳酸菌飲料
ヤクルト
300V
ビタミンE
甘さひかえめ
L.カゼイ・シロタ株
保健機能食品（栄養機能食品）
乳製品乳酸菌飲料

3

白
HAKUSUI
はな酵母
名水百選 阿蘇白川水源
朝採り湧水使用
水
米
304071
名水焼酎
白
HAKUSUI
くら酵母
名水百選 阿蘇白川水源
朝採り湧水使用
水
麦
304073
名水焼酎

4

3 ヤクルト 300V Lactic Acid Beverage
cl.ヤクルト本社 Yakult Honsha
4 白水 Shochu
cl.メルシャン Mercian
5 ウコンの力、ニンニクの力 Soft Drink
cl.ハウス食品 House Foods
6 Riup Hair Care Products
cl.大正製薬 Taisho Pharmaceutical

5

6

Design Mate
デザインメイト
〒110-0015 東京都台東区東上野2-13-8
アルカディア上野5F
tel.03-3834-7771　fax.03-3834-7779
e-mail: product@designmate.co.jp
http://www.designmate.co.jp

目指すものはCreation of Valu。商品の外側をデザインするだけでなく製品やブランドの世界観、企業のメッセージなどを的確に伝え、価値を高めるクリエイティブワーク。Design Mateは、商品パッケージを中心とした質の高いトータルデザインで「新しい価値」を創造します。JPCにて、74年POP広告協会賞、75、88、90、94、98、99年洋菓子部門賞、96年一般食品部門賞。2003年日本パッケージデザイン大賞入選。05年日本パッケージデザイン大賞入選。

菅原裕介　Sugawara Yusuke

1 RICH Fran　Chocolate
ad.菅原裕介
d.矢口 洋
cl.明治製菓　Meiji Seika Kaisha
2 RICH Fran　Chocolate
ad.菅原裕介
d.矢口 洋
cl.明治製菓　Meiji Seika Kaisha
3 ぷぷるん　Confectionery
ad.山本素久
d.矢口 洋
cl.明治製菓　Meiji Seika Kaisha
4 Marble Horn　Chocolate
ad.菅原裕介
d.矢口 洋
cl.明治製菓　Meiji Seika Kaisha
5 DELICIOUS PARTY　Snack
ad.山本素久
d.高濱 崇
cl.なとり　Natori
6 ショコラ ポッシュ　Chocolate
ad.菅原裕介
d.矢口 洋
cl.明治製菓　Meiji Seika Kaisha
7 ハイレモン ドリンクシリーズ　Soft Drink
ad.山本素久
d.高濱 崇
cl.明治製菓　Meiji Seika Kaisha
8 ダイジェスティブミニビスケット　Confectionery
ad.菅原裕介
d.矢口 洋
cl.明治製菓　Meiji Seika Kaisha
9 うるおう苺のど飴　Candy
ad.山本素久
d.高濱 崇
cl.明治製菓　Meiji Seika Kaisha

1

2

Meiji
果汁グミ
ぷぷるん
ぷるぷるダブル食感
噛むコラーゲン
マスカット味
ピーチ味
ぷるW食感&Wテイスト
グレープフルーツ&オレンジ味
3

Pocket Sweets
Marble
Horn
CHOCOLATE
マーブルホルン
ホイップミルクチョコをマーブルクッキーでつつみました。
8STICKS
4

DELICIOUS PARTY
デリシャスパーティー
ジャッキーカルパス
チーズかまぼこ
厚切りビーフジャーキー
ブラックペッパーチーズ鱈
5

Meiji
ショコラポッシュ
ミルクの焼き菓子&チョコ
ココアの焼き菓子&ホワイト
6

Meiji
ホット&アイス
1杯でビタミンC1000mg
ハイレモン
ドリンク
10袋
1杯でコラーゲン1000mg
コラーゲンC
ドリンク
8袋
7

McVITIE'S
Mini LEMON TEA
DIGESTIVE BISCUITS
Mini GREEN TEA
DIGESTIVE BISCUITS
宇治抹茶
Mini VANILLA CREAM
DIGESTIVE BISCUITS
Mini MILK CHOCOLATE
DIGESTIVE BISCUITS
8

Meiji
うるおう苺のど飴
キシリトール
ビタミンC
クエン酸
9

Terao Chieko
寺尾千恵子
Studio Zip
スタジオ・ジップ
〒550-0013 大阪府大阪市西区新町3-5-8
エーペック西長堀801
tel.06-6543-4197　fax.06-6543-4198
e-mail: zip@jade.dti.ne.jp

10月16日生まれ。1973年京都市立芸術大学卒業。JPC日本印刷工業会長賞、衣料品部門賞、PDC入選2回、第3回デザインコンペIN鹿児島特賞、グッドデザイン賞、第11回北の生活産業デザインコンペ銅賞受賞。
色は匂えど……
浅き夢見し……。
あたりまえの事が、あたりまえで無くなってきた昨今。
あたりまえの様に、あたりまえでありたいものです。

1 慶祝 Sake
ad.,d.& il.寺尾千恵子
lo.松本 一
cl.大関 Ozeki

2 Memory Time Gum, Compact Disc
ad.& d.寺尾千恵子
cl.カバヤ食品 Kabaya Foods

3 小さな梅ワイン Wine
ad.& d.寺尾千恵子
il.谷口一子
cl.大関 Ozeki

1

2

3

Toi-Do

桃衣堂

〒600-8481 京都府京都市下京区四条堀川町264-5
ハイネス堀川701
tel.075-352-9142　fax.075-352-9143
e-mail: araico@mac.com

新井 好　Arai Konomi

1967年7月25日生まれ。

1 R2O アール・ツー・オー　Skin Care Products
d.新井 好
cl.大関　Ozeki

2 スキンメンテナンスジェル　Skin Care Products
ad.& d.新井 好
cl.ティーエヌアール　TNR

3 ボディタルト　Body Cream
ad.加藤玲子（システムハバ）
d.新井 好
cl.クオレ　Cuore

1

2

3

Toin

トーイン

〒136-0071 東京都江東区亀戸1-4-2
tel.03-5627-9145　fax.03-3638-1133
e-mail: design@toin.co.jp
http://www.toin.co.jp

紙器形態からグラフィック、印刷加工まで、トータルにパッケージデザインをしています。その他、紙製ディスプレイなどの販促ツールも手がけています。

1 RIMソープ　Skin Care Products
ad.川田美和
d.関 泰樹
cl.構造機能科学研究所
Research Institute of Biological Materials

2 カラーフロー　Air Freshener
ad.& d.雨宮一朗
d.関 泰樹
bd.クライアント
cl.長瀬産業　Nagase

3 リコリス錠ゼンヤク　Medicine
ad.川田美和
d.石原由紀子
cl.全薬工業　Zenyaku Kogyo

4 スコッティ トイレットティシュー　Toilet Paper
d.石原由紀子
cl.クレシア　Crecia

1

2

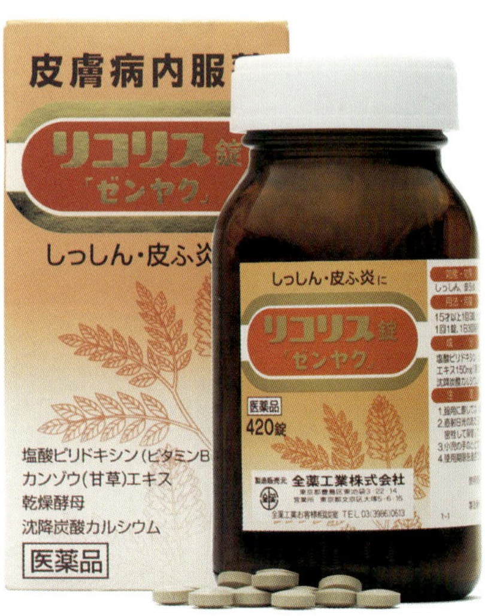

3

4

Tobiyama Kyoko

飛山京子

Tobio Plan
トビオプラン
〒113-0034 東京都文京区湯島2-31-15
和光湯島ビル9F
tel.03-3811-6279　fax.03-3811-6489
e-mail: tobio@air.linkclub.or.jp

1957年2月26日生まれ。桑沢デザイン研究所卒業。王子製紙デザイン部を経て、1993年にトビオプラン設立。新しく、やさしい、よりベストなコミュニケーションをデザインしていきたいと思っています。

1

2

3

4

1 シアトルスタイルブレンド スペシャルブレンド
Coffee
ad.東京アライドコーヒーロースターズ
d.飛山京子
cl.東京アライドコーヒーロースターズ
Tokyo Allied Coffee Roasters

2 冷凍野菜 Frozen Food
ad.ニチロ
d.飛山裕幸、飛山京子
cl.ニチロ Nichiro

3 くだものまんま Baby Food
ad.和光堂
d.飛山裕幸、飛山京子
cl.和光堂 Wakodo

4 インスタックスミニ Instant Film
ad.富士写真フイルムデザインセンター
d.飛山京子
cl.富士写真フイルム Fuji Photo Film

Toyo Seikan
東洋製罐
〒100-8522 東京都千代田区内幸町1-3-1 幸ビル
tel.03-3508-0139　fax.03-3508-2076
http://www.toyo-seikan.co.jp

私たち東洋製罐マーケティング部デザイングループでは、当社独自のマーケティングに基づいた商品提案を含め、幅広いパッケージに関わるデザインを容器フォルムからグラフィックまで、トータルにご提案しております。

1 マルコメ 京懐石 Miso
pr.斉藤憲治
ad.野村 岳
cl.マルコメ Marukome
2 Roots タンザニアンブルー Coffee
pr.黒澤功治
ad.& gd.野村 岳
pd.上原貴史
cl.日本たばこ産業 Japan Tobacco
3 スティング Liquor
cd.グラビティー
pd.内田 篤
cl.メルシャン Mercian
4 ブロックスシリーズ Car Care Products
pr.萩原智之
ad.& d.大谷ヨシヒロ
cl.ウイルソン Willson
5 グラデーションボトル Bottle
pd.大林幸代
gd.竹井紗矢香
cl.東洋製罐 Toyo Seikan
6 オキシガードカップ Soup
pd.平野 睦
gd.野村 岳
cl.東洋製罐 Toyo Seikan
7 ディスペンサーパウチ DIPO Hand Soap
pd.平野 睦
gd.吉川美紀
cl.東洋製罐 Toyo Seikan
8 サプリメント用アルミ缶 Supplement
pd.高橋英介
gd.大谷ヨシヒロ
cl.東洋製罐 Toyo Seikan

1

2

3

4

5

Ready
SOUP
TOMATO&Vege.
トマトと野菜のミネストロネ

6

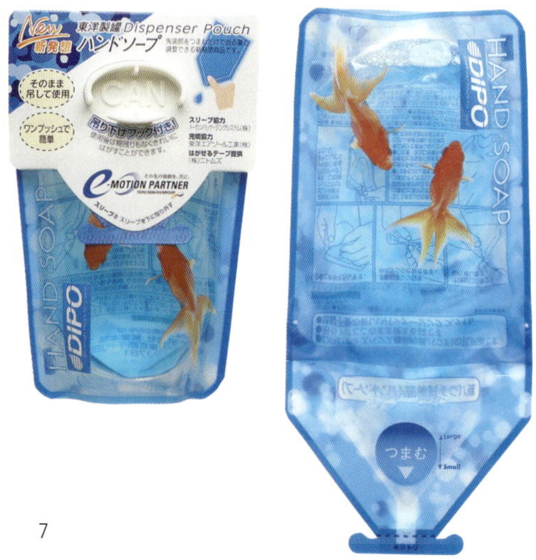

東洋製罐 Dispenser Pouch
ハンドソープ
E-MOTION PARTNER
HAND SOAP
DiPO
つまむ

7

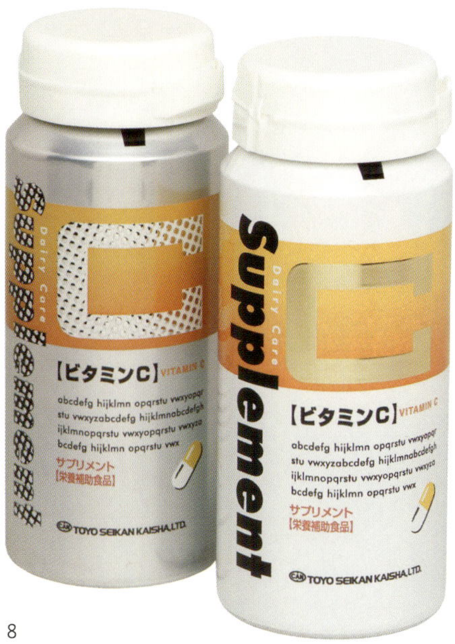

Supplement
Daily Care
【ビタミンC】
VITAMIN C
サプリメント
【栄養補助食品】
TOYO SEIKAN KAISHA, LTD.

8

Toss Creative

トス・クリエイティブ

〒102-0082 東京都千代田区一番町6-3-105
tel.03-3265-2051　fax.03-3265-2053
e-mail: info@tosscreative.co.jp
http://www.tosscreative.co.jp

田中秀二 Tanaka Hideji

1950年3月30日生まれ。
グラフィックデザインやパッケージデザインにとどまらず、印刷管理・撮影・商品企画までを含むトータルなサービスを提供しています。

1 PAPALAGI Milk Dessert
とろとろプリン、はちみつヨーグルト
Pudding, Yogurt
cd.田中秀二
d.山﨑美由紀
cl.パパラギ Papalagi

2 手造りもなか池田小町 通信販売用パッケージ
Japanese Confectionery
cd.田中秀二
d.吉田益実
cl.イーストウエスト East West

3 北海道オホーツク おこっぺ牛乳プリン、ブルーベリーレアチーズ、おこっぺヨーグルトハードタイプ
Dessert
cd.田中秀二
d.山﨑美由紀
cl.ノースプレインファーム North Plain Farm

1

2

北海道オホーツク
Yogurt
おこっぺヨーグルト[ハードタイプ]
North Plain Farm
北海道オホーツク
Pudding
おこっぺ牛乳プリン
North Plain Farm
90ml
北海道オホーツク
Cheesecake
ブルーベリーレアチーズ
North Plain Farm
90ml
北海道オホーツク
Yogurt
おこっぺヨーグルト[ハードタイプ]
North Plain Farm
90ml

3

Toppan Printing

凸版印刷

〒110-8560 東京都台東区台東1-5-1
tel.03-3835-6518　fax.03-3835-7628

凸版印刷

1

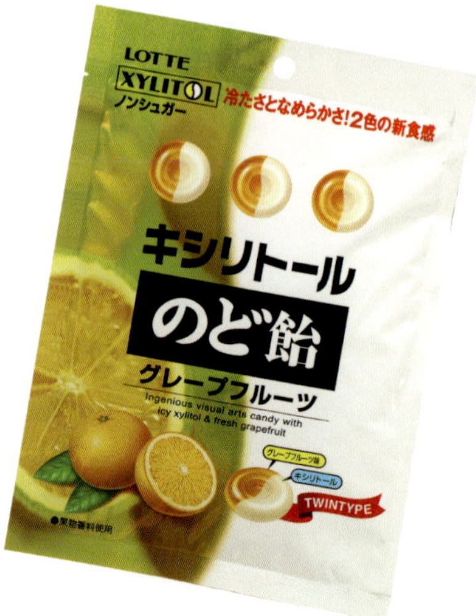

1

2

3

4

5

1 アーモンド・マカダミアチョコレートシリーズ Chocolate
ad.竹内清高 d.ハナオカデザイン il.宮北敏秀
cl.ロッテ Lotte

2 キシリトールのど飴 Candy
ad.竹内清高 d.プロポーションC2
cl.ロッテ Lotte

3 カップヌードル欧風チーズカレー Instant Noodles
ad.南部圭一 d.正躰 博
cl.日清食品 Nissin Food Products

4 気まぐれシェフのおすすめチップス Snack
ad.凸版印刷 d.グラフィクス アンド デザイニング
p.ウッドハウス
cl.カルビー Calbee

5 ナチュラルスタイル Nutritive Food
ad.凸版印刷 d.ラジアン p.ウッドハウス
cl.カルビー Calbee

6 新本社ビル完成記念ギフトパッケージ
Gift Package
ad.福井政弘
const.大河内恵美子
d.ミックデザインワークス
cl.カルピス Calpis

7 通販用米菓パッケージ Rice Cracker
ad.渡辺政憲
d.バウス
cl.新潟味のれん本舗 Niigata Ajinoren Hompo

8 即席カップ麺 Instant Noodles
ad.福井政弘
d.ミックデザインワークス(極み食感)、井上抱月(だしの香)、YAOデザインインターナショナル(からめ担々麺)、広瀬知子(魚介とんこつ醤油のワンタン麺)
p.スタジオ カワグチ
cl.明星食品 Myojo Foods

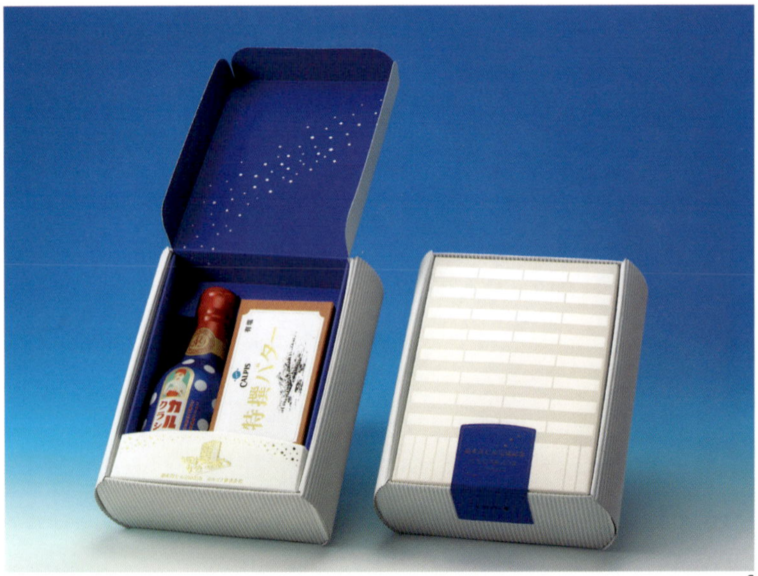

6

7

8

Tomiyoshi Kohji

富吉晃嗣

〒665-0045 兵庫県宝塚市光明町21-5
tel.& fax. 0797-77-7713
e-mail: tis_d@ybb.ne.jp

私は常々、商業デザイナーは、マーケティングに関するコンサルタントでなければならないと考えています。当り前の事なのでしょうけど、現実は、なかなか理解してもらえない場合があります。パッケージングはマーケティングの一部にすぎません。「本質」の部分にプロとしての意見が反映される時、「作り手」から「買手」へのパイプラインが初めて結がるものと信じています。現在、パッケージデザインからプロダクツ、店舗設計などで活動中。

1

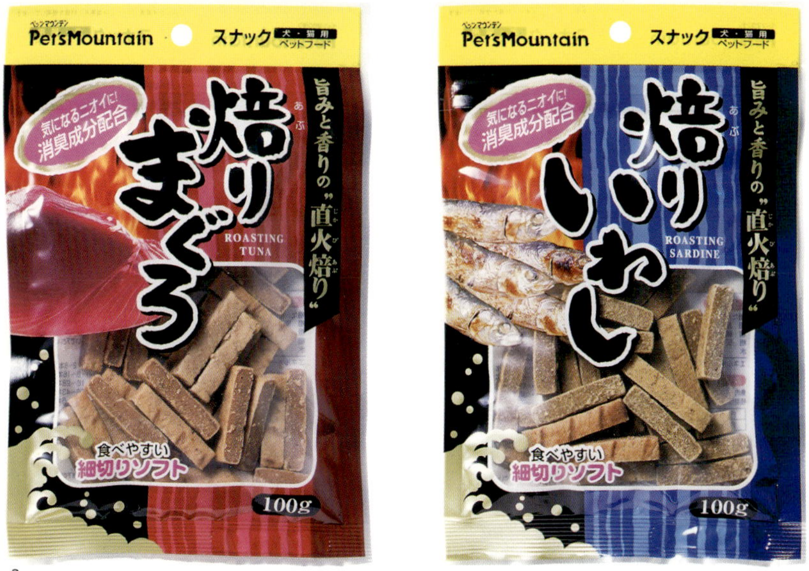

2

3

1 | アルプスの少女ハイジ 乳製品シリーズ
Lactic Acid Beverage, Yogurt
ad.& d.富吉晃嗣
d.鷲見麻衣
cl.日本ルナ Nippon Luna

2 | 焙りまぐろ、焙りいわし
Pet Food
ad.& d.富吉晃嗣
d.橋本幸子
cl.ペッツマウンテン Pets Mountain

3 | 乳酸菌飲料 果物実感シリーズ
Lactic Acid Beverage
ad.& d.富吉晃嗣
d.橋本幸子
cl.日本ルナ Nippon Luna

Nagashima Manabu
永島 学
Manabu Nagashima Design
永島学デザイン室
大阪オフィス
〒543-0011 大阪府大阪市天王寺区清水谷町19-1-303
tel.06-6768-0520　fax.06-6768-0523
e-mail: ngsmd@sa3.so-net.ne.jp

東京オフィス
〒104-0061 東京都中央区銀座3-11-19-1101
tel.03-3541-6370　fax.03-3541-6371

1961年3月17日生まれ。商品のブランディングを中心に、パッケージ、グラフィック、ディスプレイと活動は多岐にわたる。2003年、2005年日本パッケージデザイン大賞銀賞、連続受賞。他入賞入選多数。

1 有機スパイスシリーズ Seasoning
cd.& bd.岡崎賢爾　ad.& d.永島 学
cl.エスビー食品　S&B Foods
2 サットンイーストチョコレート Chocolate
cd.ゴンチャロフ製菓企画部
ad.& d.永島 学　d.高山マキコ
cl.ゴンチャロフ製菓　Goncharoff Confectionery
3 イーゲルコット Cookie
cd.ゴンチャロフ製菓企画部　ad.& d.永島 学
cl.ゴンチャロフ製菓　Goncharoff Confectionery
4 マカロフG. Chocolate
cd.ゴンチャロフ製菓企画部
ad.& d.永島 学　d.& P.高山マキコ
cl.ゴンチャロフ製菓　Goncharoff Confectionery
5 インスタントティー Tea
ad.& d.永島 学　p.北野 均
cl.共栄製茶　Kyoeiseicha

1

2

IGELKOTT
THE JOY OF GIVING
Goncharoff
IGELKOTT

3

Valeur de chocolat
Makaroff G

4

Chai
シナモンチャイ
Instant Milk
Original
5袋入
森半
抹茶あざやか
泡立つおいしさ
泡立つ
抹茶オーレ
Maccha Au Lait
Original
アイスもおいしい
6袋入
写真はイメージです。
Let's enjoy the relaxing time!
Chai
チャイ
Original

5

Nakatsuka Daisuke

中塚大輔

Nakatsuka Daisuke Inc.
中塚大輔広告事務所
〒103-0013 東京都中央区日本橋人形町2-33-8
tel.03-3663-5608　fax.03-3663-5622
e-mail: info@nakatsuka-inc.com

1943年12月16日東京生まれ。成蹊大学卒業。ウールマーク、日産自動車、松下電器など、コピーライターとして数々のヒット広告を生みだす。作風は徐々にアート性をつよめ、近年は、コピーとデザインの両面からパワフルなアプローチを試みている。朝日広告賞、日経広告賞、東京ADC賞などグランプリ受賞。JPDA日本のパッケージデザイン金賞、銀賞、JPC日本パッケージデザイン協会賞ほか受賞。作品は内外の美術館、大学等に永久保存されている。作品集に、中塚大輔『広告の魂』(現代企画室)ほかがある。

1 シュウ ウエムラ ハイパフォーマンス バランシング クレンジング オイル　Skin Care Products
cd.中塚大輔
ad.& d.松田澄子
d.北爪文代、佐々木さつき、福井隆介
cl.シュウ ウエムラ化粧品　Shu Uemura Cosmetics

2 シュウ ウエムラ ホワイト リカバリー
Skin Care Products
cd.中塚大輔
ad.& d.松田澄子
d.福井隆介
cl.シュウ ウエムラ化粧品　Shu Uemura Cosmetics

3 シュウ ウエムラ ディプシーT MR
Skin Care Products
cd.中塚大輔
ad.& d.松田澄子
cl.シュウ ウエムラ化粧品　Shu Uemura Cosmetics

4 シュウ ウエムラ スキン ピュリファイヤー
Skin Care Products
cd.中塚大輔
ad.& d.松田澄子
d.福井隆介、杉山綾子、佐久間祐子
cl.シュウ ウエムラ化粧品　Shu Uemura Cosmetics

5 マービー ダイエットスタイル　Jam
cd.& ad.中塚大輔
d.前島理榮子、中塚純子
il.宮澤知里
cl.H+B ライフサイエンス　H+B Life Science

6 マービー ダイエットスタイル　Sweetner
cd.& ad.中塚大輔
d.前島理榮子、阪野久美子、中塚純子
p.中村彰三
cl.H+B ライフサイエンス　H+B Life Science

7 フノラミン ドリンク　Nutritive Drink
cd.中塚大輔
ad.松田澄子
d.福井隆介
d.& il.阪野久美子
cl.イムダインジャパン　Immudyne Japan

8 フノラミン カプセル　Supplement
cd.中塚大輔
ad.松田澄子
d.福井隆介
d.& il.阪野久美子
cl.イムダインジャパン　Immudyne Japan

1

2

SHU UEMURA DEPSEA THERAPY
MOISTURE RECOVERY NANOWATER
MOISTURE RECOVERY EQUIWATER
MOISTURE RECOVERY EMULSION

3

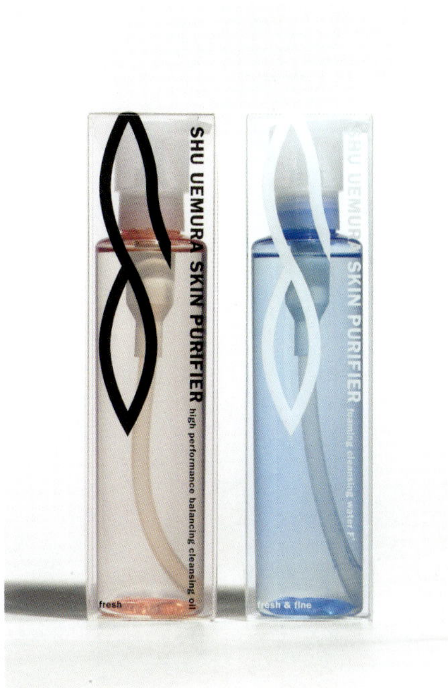
SHU UEMURA SKIN PURIFIER high performance balancing cleansing oil
fresh
SKIN PURIFIER
fresh & fine

4

DIETSTYLE
DIETSTYLE
DIETSTYLE
DIETSTYLE
DIETSTYLE

5

DIETSTYLE
マービー®
ダイエット甘味料1/7
DIETSTYLE

6

Funoramin

7

Funoramin
Funoramin
Funoramin
Funoramin

8

Nabatame Design

那波多目デザイン事務所

〒102-0084 東京都千代田区二番町8-7
二番町パークフォレスト1104
tel.03-5215-3381　fax.03-5215-3386
e-mail: info@nabatame-d.co.jp
http://www.nabatame-d.co.jp

パッケージデザインは広告と異なる販売戦略の大きな要素、店頭で消費者に直接語りかけ、対話するメディアと考えています。パッケージデザイン開発を基幹とし、CI、BI、ネーミング開発及びその他デザインコンサルテーションを行っています。長期にわたりクライアントと一体となりブランド創りに力を入れています。トップシェアブランド商品の事例多数。受賞歴多数。

那波多目康子　Nabatame Kouko

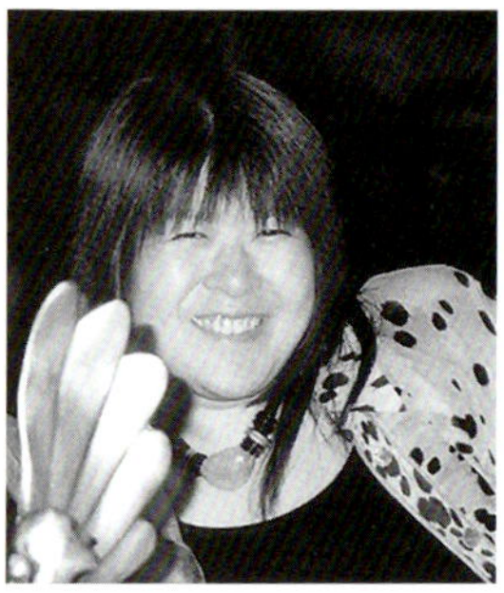

那波多目雅也　Nabatame Kaya

1

1 吟の花かご Gift Box
d.那波多目デザイン事務所
cl.丸山海苔店 Maruyamanoriten
2 牧場の朝 のむヨーグルト Yogurt
d.那波多目デザイン事務所
cl.日本ミルクコミュニティ
Nippon Milk Community
3 追いがつお つゆ Seasoning
d.那波多目デザイン事務所
cl.ミツカン Mizkan

2

3

4 鉄ラクトフェリンスキム Skim Milk
d.那波多目デザイン事務所
cl.雪印乳業 Snow Brand Milk Products

5 モーニングソフト Fat-spread
d.那波多目デザイン事務所
cl.雪印乳業 Snow Brand Milk Products

6 激辛ハバネロピラフ Frozen Food
d.那波多目デザイン事務所
cl.アクリフーズ Aqlifoods

7 松蔵茶菓 Cake
d.那波多目デザイン事務所
cl.ドンク Donq

8 抹茶フィナンシェ Cake
d.那波多目デザイン事務所
cl.丸山海苔店 Maruyamanoriten

4

5

6

MATSUZO
KOGANE
YAMABUKI
SHION
AMAIRO
黄金
山吹
萌黄
亜麻
松蔵

7

Financier
Financier

8

Naris Cosmetics
ナリス化粧品
〒553-0001 大阪府大阪市福島区海老江1-11-17
tel.06-6346-6573　fax.06-6346-6578
e-mail: naris.yokotani@bridge.ocn.ne.jp
http://www.naris.co.jp

横谷泰美　Yokotani Yasumi

1971年8月4日生まれ。第2回九州デザインコンペティション、グラフィック・パッケージ部門賞受賞。平成9年度通産省グッドデザイン賞選定。1998年デザインコンペ大阪入賞。99年日本パッケージデザイン大賞入選。第39回JPC健康食品部門賞入選。

1 ぐーぴたっ　Nutritive Food
cd.横谷泰美　ad.& d.米虫寿実
cl.ナリスアップコスメティックス
Naris Up Cosmetics

2 コー　Make-up Products
cd.横谷泰美　d.岡田益美
cl.ナリス化粧品　Naris Cosmetics

3 キーオ スキンケア　Skin Care Products
cd.横谷泰美　d.岡田益美
cl.ナリス化粧品　Naris Cosmetics

4 ラサラ　Cosmetics
cd.& ad.横谷泰美　ad.竹澤さつき
d.米虫寿実、藤井博之
cl.ナリスアップコスメティックス
Naris Up Cosmetics

5 マジェスタ　Skin Care Products
cd.& d.横谷泰美　d.井上明子　lo.TCD
cl.ナリス化粧品　Naris Cosmetics

1

2

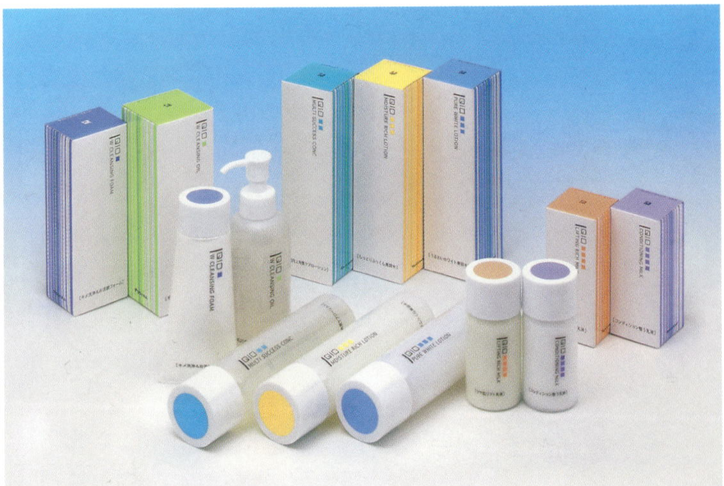

3

6 アクメディカ Cosmetics
cd.横谷泰美 ad.山﨑 聡 d.石田久恵
cl.ナリスアップコスメティックス
Naris Up Cosmetics
7 ウィンクアップ Make-up Products
cd.横谷泰美 d.井上明子
cl.ナリスアップコスメティックス
Naris Up Cosmetics
8 ブロウズアップ Make-up Products
cd.横谷泰美 d.水越麻子
cl.ナリスアップコスメティックス
Naris Up Cosmetics

4

5

6

7

8

Nakayama Eiko

中山英子

Nakayama Design Room
中山デザイン室
〒153-0062 東京都目黒区三田2-10-9-107
tel.& fax.03-3719-6634
e-mail: nkym2@tiara.ocn.ne.jp

1944年4月2日生まれ。1970年東京芸術大学大学院美術学部工芸科ビジュアルデザインコース修了。GKインダストリアルデザイン研究所、GKグラフィックスを経て、2004年にフリーランスに。「パッケージデザイン」は、グラフィックデザインの力でメーカーの研究や、企画の都合でできたもの=「生品」を市場での交換価値をさらに持ったもの=「商品」に変える作業であると考えている。

1 国宝倶楽部コレクション Printed Matter
cd.エフクリエーション
ad.& d.中山英子
lo.澁江建男、中山禮吉
cl.同朋舎 Dohosha

2 国宝倶楽部コレクション Book
cd.エフクリエーション
ad.& d.中山英子
cl.同朋舎 Dohosha

3 アルポルトコーヒー Coffee
cd.エフクリエーション
ad.& d.中山英子
cl.アルポルト Al Porto

4 老舗結び Seasoning
cd.創食
ad.& d.中山英子
const.王子パッケージング
cl.老舗百撰 Shinise Hyakusen

1

2

3

4

Nishijima Sachiko

西島幸子

Color Works
カラーワークス
〒152-0035 東京都目黒区自由が丘1-21-7
ガーデンビュウ自由が丘105
tel.03-3724-4100　fax.03-3724-4127
e-mail: cw-sachi@a02.itscom.net

化粧品メーカー制作部などを経て、1995年デザイン&カラープランニングスタジオカラーワークス設立。日本色彩学会会員、日本流行色協会会員。

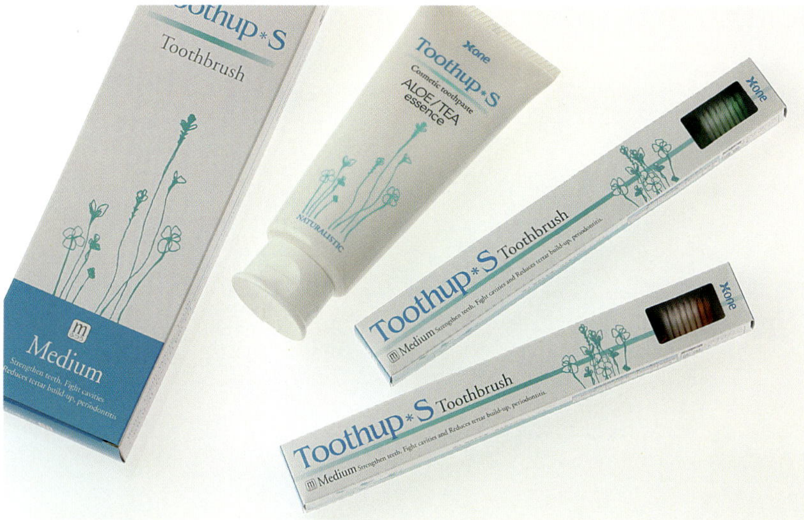

1

2

3

1 | トゥーサップ エス
Dental Tooth Paste, Mouth Wash
ad.,d.& il.西島幸子
d.塩川 幸
cl.エックスワン　X-one

2 | 花贈りのパッケージ　Gift Box
ad.& d.西島幸子
cl.誠文堂新光社「フローリスト」
Seibundo Shinkosha "Florist"

3 | フィネティア ハピネスキット　Cosmetics
ad.& d.西島幸子
p.梅田正明
cl.エックスワン　X-one

Nishimura Masanobu

西村雅信

Kyoto Institute of Technology
国立大学法人 京都工芸繊維大学
〒606-8585 京都府京都市左京区松ヶ崎橋上町
tel.075-724-7614 fax.075-724-7250
e-mail: west-v@kit.jp
http://www.kit.ac.jp

1961年5月1日生まれ。パッケージデザインはコミュニケーションデザインであり、「生活をつくるデザイン」です。この21世紀、世界へ「未来」を問いかけるデザインを発信すべく日々実践、そして研究中です。

1 ラ･キューブ Cocoa
d.西村雅信
cl.森永製菓 Morinaga

2 カフェ･ノ･バール アイスコーヒー Coffee
d.西村雅信
cl.三笠フーヅ Mikasa Foods

3 汎用箱デザイン Box
d.西村雅信
cl.富士通 Fujitsu

4 カレ･ド･ショコラ Chocolate
d.西村雅信
cl.森永製菓 Morinaga

1

2

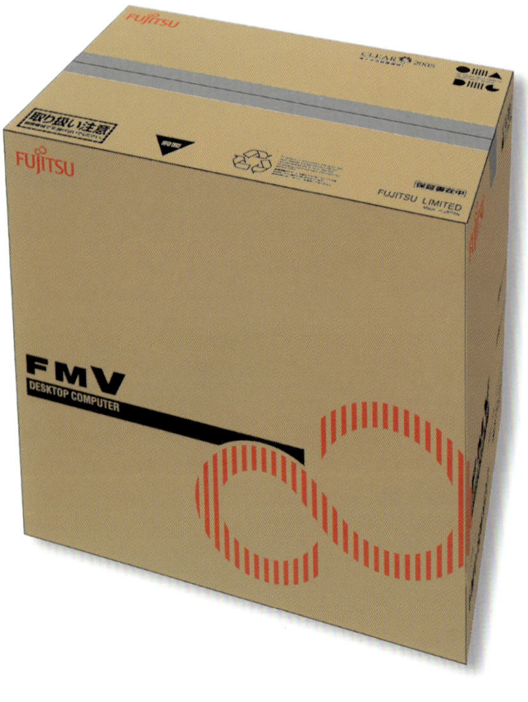

3

4

Niwa Tetsuo

丹羽哲男

Niwa Design Office
丹羽デザイン事務所
〒461-0005 愛知県名古屋市東区東桜1-4-32
ダイアパレス栄公園205
tel.052-961-0136　fax.052-961-0430
e-mail: niwa-design@violin.ocn.ne.jp

1960年7月6日生まれ。

1 | さざ波 Rice Cracker
ad.& d.丹羽哲男
cl.かなん堂 Kanando

2 | 観月 Rice Cracker
ad.& d.丹羽哲男
cl.かなん堂 Kanando

1

2

Nishimura Design Office

西村デザインオフィス

西村デザインオフィス

〒162-0824 東京都新宿区揚場町2-12-501
tel.03-5228-3935　fax.03-3269-5351
e-mail: nishimura@ndo.co.jp
http://www.ndo.co.jp/

ボトルシェイプ、コンストラクション、グラフィックのすべてを。

西村英明 Nishimura Hideaki

代表取締役アートディレクター。1970年桑沢デザイン研究所L3PK卒業。アルビオン化粧品、フリー、プロダクションなどを経て92年オフィス設立。桑沢デザイン研究所講師。

原田みのり Harada Minori

1966年6月20日生まれ。東京都足立区出身。1986年桑沢デザイン研究所卒業。

1

安富律之 Yasutomi Noriyuki

1973年1月3日生まれ。1994年桑沢デザイン研究所パッケージデザイン研究科卒業。

渡邊 大 Watanabe Dai

1979年5月3日生まれ。2001年桑沢デザイン研究所卒業。

1 ファンケル スキンケア Skin Care Products
d.大竹夕子、安富律之
cl.ファンケル Fancl

2 ニベア リップケア Lip Cream
d.原田みのり、渡邊 大
cl.ニベア花王 Nivea-Kao

2

西村デザインオフィス

3 プレミアムエステ **Diet Food**
d.大竹夕子
cl.アポ・メディカル・ジャパン Appo Medical Japan
4 グレースキー **Skin Care Products**
d.安富律之
cl.セブンツーセブン Seven Two Seven
5 エクスヴェール **Make-up Products**
d.遠藤久美子
cl.セブンツーセブン Seven Two Seven
6 プレティオ **Lactic Acid Beverage**
d.安富律之、廣西洋介
cl.ヤクルト本社 Yakult Honsha
7 ベルエムビ **Medicine**
d.原田みのり
cl.カネボウ薬品 Kanebo

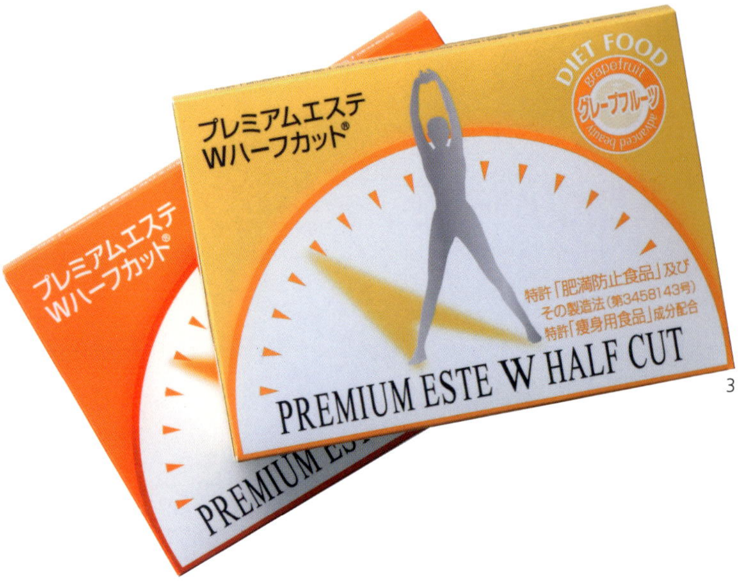

3

4

5

厚生省許可
特定保健用食品
血圧が高めの方に
ヤクルト
プレティオ
GABA
(γ-アミノ酪酸)
乳製品乳酸菌飲料
保健機能食品
(特定保健用食品)

6

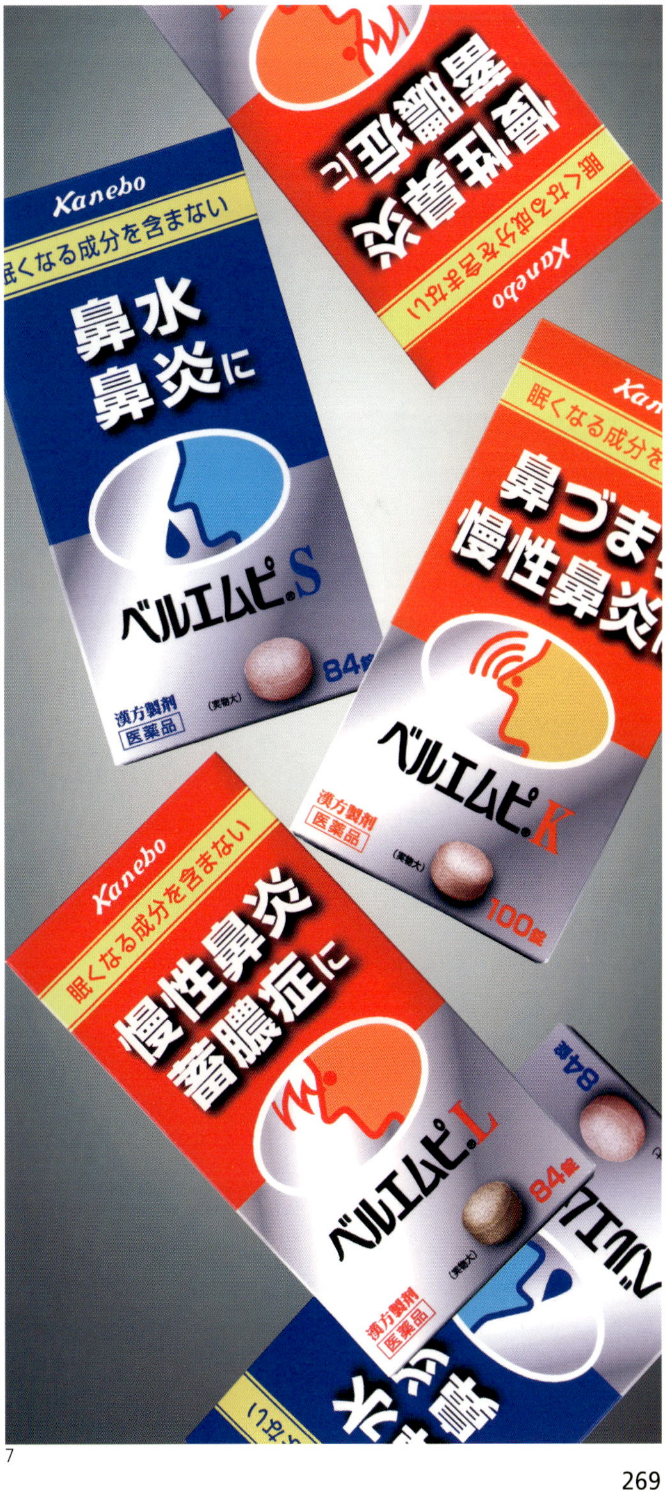
Kanebo
眠くなる成分を含まない
鼻水
鼻炎に
ベルエムピ.S
84錠
(実物大)
漢方製剤
医薬品
ベルエムピ.K
100錠
Kanebo
眠くなる成分を含まない
慢性鼻炎
蓄膿症に
ベルエムピ.L
84錠

7

8 **トイレの消臭ポット Deodorant**
d.大竹夕子
il.竹田祐子
cl.エステー化学 S.T.Chemical
9 **トイレの消臭ポット Deodorant**
d.西村英明、野村みどり
il.武田祐子
cl.エステー化学 S.T.Chemical
10 **キャンディ Candy**
d.渡邊 大、山田留美
cl.カンロ Kanro

8

9

KANRO
吸収性にすぐれた
コラーゲンペプチド
ソフトキャンディ
コラーゲンペプチド 1500mg
Sweets Supply
スイーツサプリ
KANRO
はちみつ入りヨーグルト味
腸まで届く
生きた乳酸菌
ヨーグルト
ソフトキャンディ
オリゴ糖配合
乳酸菌パウダーコーティング
甘酸っぱい苺パウダー入り!
カルピス
CALPIS
豆乳とココア
サラリと毎日、
豆乳ココア
ソフトキャンディ
ピーチソフト
CANDY
保健機能食品
(栄養機能食品
レモンソーダ
カルピ
キャンディ
10

New Think
ニュー・シンク
〒160-0011 東京都新宿区若葉1-10 若葉110ビル2F
tel.03-3353-1831　fax.03-3353-1892
e-mail: info@newthink.co.jp

1

窪田仁志　Kubota Hitoshi

1959年1月2日生まれ。

1 キットカット 宇治抹茶　Chocolate
ad.& d.窪田仁志
il.仲村 滋
cl.ネスレコンフェクショナリー
Nestlé Confectionery

2 キットカット タカギオリジナル　Chocolate
ad.& d.窪田仁志
cl.ネスレコンフェクショナリー
Nestlé Confectionery

3 キットカット ショコラティエ　Chocolate
ad.& d.窪田仁志
il.伊藤 孝
p.梅津好宏
cl.ネスレコンフェクショナリー
Nestlé Confectionery

2

3

4 和風きのこ焼そば Instant Noodles
ad.& d.窪田仁志
p.飛知和正淳(hue)
cl.東洋水産 Toyo Suisan

5 マルちゃんのラーメンシリーズ Instant Noodles
ad.& d.窪田仁志
p.大手仁志(hue)
cl.東洋水産 Toyo Suisan

6 ドール フルーツジュース Juice
ad.& d.窪田仁志
cl.日本ミルクコミュニティ
Nippon Milk Community

4

5

6

Nire

ニレ

〒939-2721 富山県富山市婦中町板倉777-1
tel.076-466-5011　fax.076-466-5035
e-mail: imai104@quartz.ocn.ne.jp

今井敏之 Imai Toshiyuki

1954年10月14日生まれ。JPC和菓子部門賞・特別賞・ギフト部門賞受賞。日本人が包むということに人一倍気をつかってきた心を大切に、これからもパッケージデザインに携って行きたいと思っています。

1 マックスヘアークリエーター Paper Bag
ad.& d.今井敏之
cl.マックスクリエーター Max Creator
2 Kirea Water Nutritive Drink
ad.& d.今井敏之
cl.五洲薬品 Goshu Yakuhin

1

厚生労働省許可
保健機能食品
(特定保健用食品)
kírea
water
ビフィズス菌を増やして
腸内環境を改善し
お通じを良好にします。
キレアウォーター
2000ml
[硬度250]
厚生労働省許可
保健機能食品
(特定保健用食品)
kírea
water
ビフィズス菌を増やして
腸内環境を改善し
お通じを良好にします。
キレアウォーター

2

Nomura Midori

野村みどり

Green room

〒244-0802 神奈川県横浜市戸塚区平戸3-13-18
mobile: 090-4075-0598　fax.045-823-7209

1957年5月15日東京生まれ。桑沢デザイン研究所パッケージデザイン研究科卒業。2000年「北の生活産業デザインコンペティション」大賞受賞。パッケージデザインは何年続けても面白くて難しい! 売り場にあっては商品をわかりやすく魅力的にアピールし、手元にあっては購入した方に愛される、夢のある楽しい雰囲気を演出するデザインを心掛けていきたいと思います。

1 勅題菓 2005･2006 Japanese Confectionery
ad.& d.野村みどり
cl.柳月 Ryugetsu

2 きなチョコ黒大豆 Chocolate
ad.松原久雄
ad.& d.野村みどり
cl.柳月 Ryugetsu

3 北の珈琲館（外箱） Jelly
ad.松原久雄
ad.& d.野村みどり
cl.柳月 Ryugetsu

1

2

3

Pacco

パコ

〒150-0002 東京都渋谷区渋谷1-3-18
ビラ･モデルナC-706
tel.03-5485-0858　fax.03-5485-0857
e-mail: pacco@ce.mbn.or.jp

城出栄子　Shirode Eiko

社名Pacco（パコ）は、イタリア語で「包む」こと。商品を包むパッケージ制作専門ですが、商品の特性は包み隠さず、売れる「包み」を目指してガンバッています。

1 焼きもろこし　Snack
ad.城出栄子
d.山崎章子、立川 茜
cl.カルビー　Calbee Foods

2 ほんじゃが　Snack
ad.城出栄子
d.山崎章子、立川 茜
cl.カルビー　Calbee Foods

3 さつまりこ　Snack
ad.城出栄子
d.山崎章子、立川 茜
cl.カルビー　Calbee Foods

1

2

3

Nogami Shuichi

野上周一

Nogami Design Office
野上デザイン事務所
〒532-0011 大阪府大阪市淀川区西中島5-7-14-103
大京ビル1F
tel.06-6300-1009 fax.06-6300-1041
e-mail: ndo@kf6.so-net.ne.jp
http://www013.upp.so-net.ne.jp/Nogami-Design/

1954年6月13日生まれ。1995年野上デザイン事務所設立。89年ノイエ・ザムルング・ミュンヘンにポスター・コレクション。91年ニューヨークTDCポスター部門JUDGE'S CHOICE受賞。95年年鑑日本のパッケージデザイン大賞銀賞受賞。2002年日本産業広告総合展カレンダー部門銀賞受賞。N.Y.ADC、N.Y.TDC、GRAPHIS、Digital Type等に入賞及び作品収録。JPDA会員。JTA会員。JAGDA会員。東京TDC会員。N.Y.ADC会員。N.Y.TDC会員。

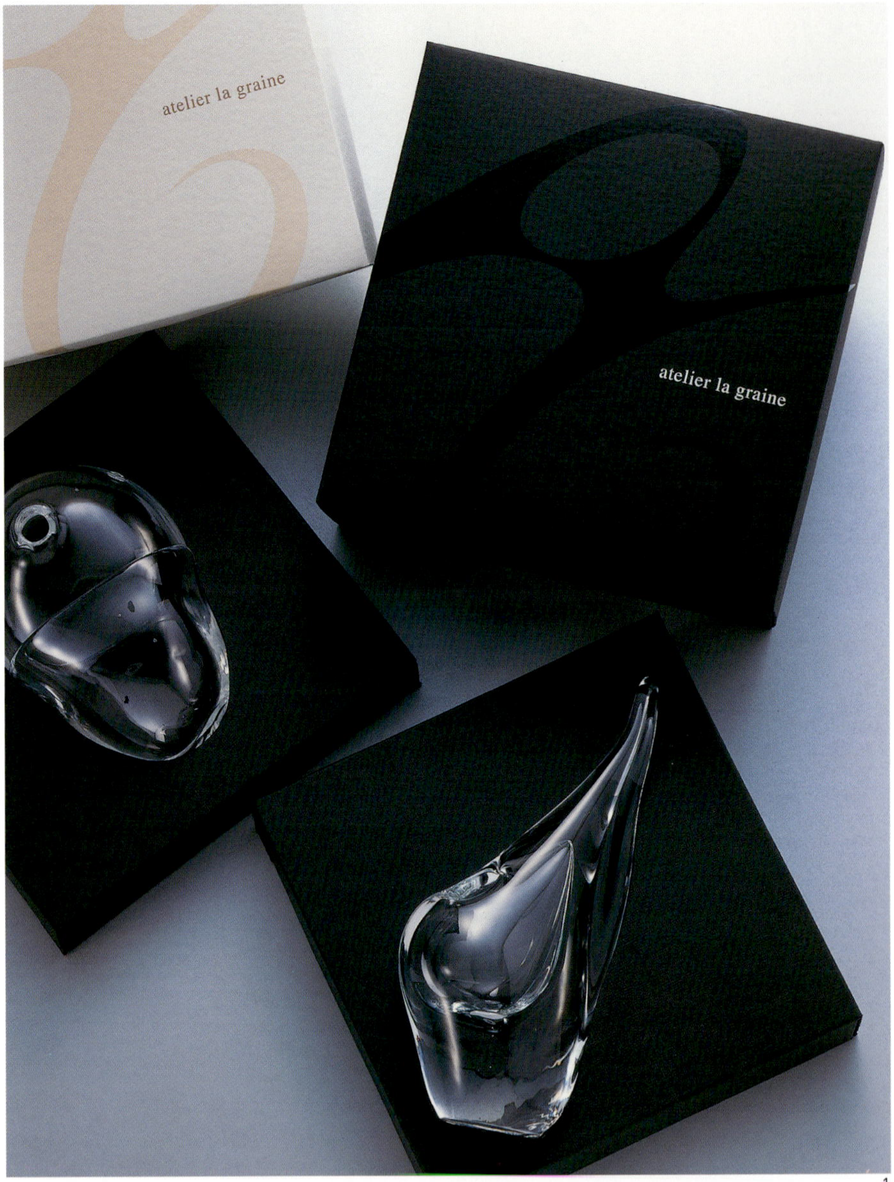

1

2

3

1 Atelier La Graine 花器パッケージ Flower Vase
ad.,d.& lo.野上周一
cl.アトリエ·ラ·グレン Atelier La Graine
2 Atelier La Graine ペーパーバッグ Paper Bag
ad.,d.& lo.野上周一
cl.アトリエ·ラ·グレン Atelier La Graine
3 PAPAJI, LIBARE 洋菓子パッケージ Confectionery
ad.,d.& lo.野上周一
cl.ダイニング·クエスト Dining Quest
4 CDギフトパッケージ Compact Disc
d.野上周一
Exhibition Work
5 ナンパオ 源気DX Medicine
cd.佐々木順治
ad.土橋俊介
d.野上周一
cl.田辺製薬 Tanabe Seiyaku
6 ナンパオ 源気ゴールド Medicine
cd.佐々木順治
ad.土橋俊介
d.野上周一
cl.田辺製薬 Tanabe Seiyaku
7 PAPER OWL ペーパーバッグ Paper Bag
ad.,d.& lo.野上周一
cl.ハグルマ封筒 Haguruma Envelope

4

5

6

7

Baus

バウス

〒162-0824 東京都新宿区揚場町2-12
セントラルコーポラス310
tel.03-3235-0446 fax.03-3235-0447
e-mail: b-a-u-s@zc4.so-net.ne.jp
http://www.baus.jp

平間仁志 Hirama Hitoshi

1942年8月1日生まれ。

井上 直 Inoue Tadashi

1967年10月15日生まれ。

1 字 Calligraphy
ca.平間仁志
パリ展(個展) Exhibition in Paris

2 真吾の一本 Sake
ad.凸版印刷 d.& ca.平間仁志
cl.白瀧酒造 Shirataki Shuzo

3 ソースシリーズ Sauce
ad.& d.井上 直
cl.理研ビタミン Riken Vitamin

4 炎の味 炒飯たれ Seasoning
ad.福井政弘(凸版印刷)
d.& ca.井上 直
cl.永谷園 Nagatanien

5 札幌スープカリー らーめん Instant Noodles
ad.凸版印刷
d.加藤良枝
cl.東洋水産 Toyo Suisan Kaisha

6 おりこうちゃん Dog Food
ad.,d.& il.加藤良枝
cl.いなば食品 Inaba Foods

7 中華茶づけ Seasoning
ad.福井政弘(凸版印刷)
d.井上 直
cl.永谷園 Nagatanien

8 生原酒 Sake
ad.凸版印刷
d.& ca.井上 直
cl.白瀧酒造 Shirataki Shuzo

9 里のお取り寄せ Miso Soup
ad.凸版印刷
d.加藤良枝
ca.井上 直
cl.アマノフーズ Amano Foods

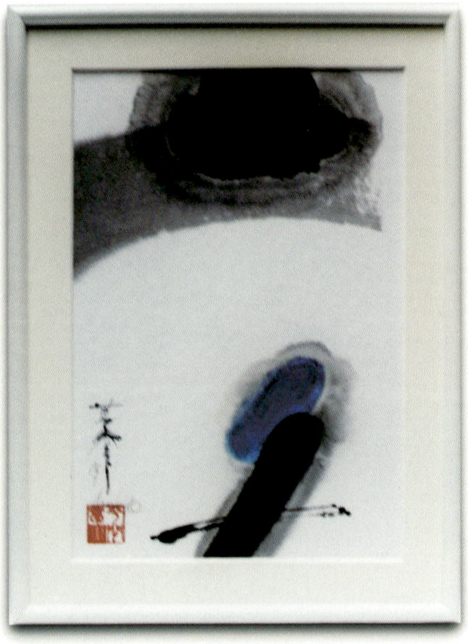

1

2

加藤良枝 Kato Yoshie

1971年1月21日生まれ。

3

4

5

INABA
LOW FAT PET FOOD
おりこうちゃん
おやつに「もぐもぐ」、ごほうびに「もぐもぐ」
手に持ってもべとつきません
やわらか～い
ささみ
チーズ
人参
じゃがいも
チーズ
高温（115℃以上）で殺菌しているので、保存料は無添加です。
緑茶消臭成分配合
10個×4袋
犬用スナック

6

味ひとすじ
永谷園
かに団子とザーサイの
中華茶づけ
海鮮スープ
2袋入
盛り付け例
ほぐし鶏ときくらげの
中華茶づけ
鶏スープ
2袋入

7

生原酒
白瀧酒造株式会社

8

AMANO FOODS
里のお取り寄せ
北海道味噌
かに汁
お椀にひろがる
北海道の香りと旨み
フリーズドライのアマノフーズ
じゅんさい汁
お椀にひろがる
杜の都の香りと旨み

9

Hasegawa Hideo

長谷川日出夫

ATP
エーティーピー
〒151-0064 東京都渋谷区上原2-38-11
ヴィラ代々木上原1F
tel.03-3468-0055　FAX.03-3468-2277
http://www.atp-ltd.co.jp

1950年12月5日生まれ。エーティーピーはパッケージデザイン、商品開発、グラフィックデザイン、CI計画、インダストリアル、フード撮影等、幅広いデザインワークをしております。売れる商品づくりを目指して明快なデザイン提案をいたします。ジャパンパッケージコンペティション食品部門賞、洋菓子部門賞、日本印刷工業会長賞、一般雑貨部門賞、贈答部門賞受賞。

1 ネスティー　Tea
cd.長谷川日出夫
ad.& d.須田清次
cl.ネスレ日本　Nestlé Japan

2 鍋の素　Seasoning
ad.長谷川日出夫
d.村松由貴、伊藤貴子
pr.A to B
pl.エバラ食品工業商品開発部
cl.エバラ食品工業　Ebara Foods Industry

3 アルファオレ　Nutritive Drink
ad.長谷川日出夫
d.吉澤麻由、須田清次
cl.ネスレ日本　Nestlé Japan

4 デラックスピッツァ　Pizza
ad.長谷川日出夫
d.村松由貴
pl.伊藤ハム商品政策DIV
cl.伊藤ハム　Ito Ham

1

2

3

4

Hasegawa Showichi

長谷川晶一

Hasegawa Showichi Design Studio
長谷川晶一デザイン事務所
〒541-0046 大阪府大阪市中央区平野町4-6-12
tel.& fax. 06-6231-6372

2005年 JPDA「NEWホワイトデー」会場にて

1 **両洗粋(洗髪料) Hair Care Products**
透明なボトルのレンズ作用を生かしたデザイン
d.長谷川晶一
cl.2005年 アイコウル Eikor

2 **BA・BU・CO フィギュア Figure**
ビールの泡がカップからあふれバブ子が誕生する
日常生活の何でもない風景に至福な悦びのあること
を気付かせてくれるだろう！
「ああ、今夜はバブ子との出会い
ビールをあふらせてみよう・・・」。
d.長谷川晶一 Figurative Arts

1

2

Hada Tomoko

秦 智子

Viento Fotografia
ビエント フォトグラフィア
〒542-0012 大阪府大阪市中央区谷町8-1-60
ニチエイビル1F
tel.06-6764-9533　fax.06-6764-9534
e-mail: hada@viento.net
http://www.viento.net

1960年7月8日生まれ。和菓子、洋菓子のギフトパッケージを主に食品全般の仕事をしています。

1 鍾韻相和銘菓種種 Japanese Confectionery
ad.& d.秦 智子
cl.釣鐘屋本舗 Tsuriganeya Hompo
2 釣鐘もなか Japanese Confectionery
ad.& d.秦 智子
cl.釣鐘屋本舗 Tsuriganeya Hompo
3 釣鐘まんじゅう Japanese Confectionery
ad.& d.秦 智子
d.嶋本ひろゑ
cl.釣鐘屋本舗 Tsuriganeya Hompo
4 一口かすてら Japanese Confectionery
ad.& d.秦 智子
cl.釣鐘屋本舗 Tsuriganeya Hompo

1

2

3

4

Hachiuma Mihoko

はちうまみほこ

Office,m
オフィス・エム
〒781-0114 高知県高知市十津5-25-6-1
tel.088-847-7515　fax.088-847-7510
e-mail: creer@mocha.ocn.ne.jp

武蔵野美術大学造形学部油絵学科卒業。ミックブレインセンターを経てフリーに。1998年ジャパンパッケージコンペティション和菓子部門賞、99年日本パッケージデザイン大賞特別賞受賞。

1 芋屋金次郎 芋けんぴ箱
Japanese Confectionery
pl.,ad.& d.はちうまみほこ
cl.渋谷食品　Shibuya Foods

2 芋屋金次郎 ショッピングバッグ　Paper Bag
pl.,ad.& d.はちうまみほこ
cl.渋谷食品　Shibuya Foods

3 芋屋金次郎 芋けんぴギフト箱
Japanese Confectionery
pl.,ad.& d.はちうまみほこ
cl.渋谷食品　Shibuya Foods

1

2

3

Yosuke Hara Design Room

原洋介デザイン室

〒110-0001 東京都台東区谷中3-24-4 Kハウス306
tel.& fax.03-5814-5256
e-mail: hararoom@air.linkclub.or.jp

原 洋介 Hara Yosuke

1960年9月16日生まれ。1995年よりフリーランス。

1 アラレリッシュ Snack
ad.& d.原 洋介
cl.東あられ Azuma Arare

2 新茶 Green Tea
ad.& d.原 洋介
cl.吉村紙業 Yoshimura Packaging

3 温恭 Green Tea
ad.& d.原 洋介
cl.橋本園 Hashimotoen

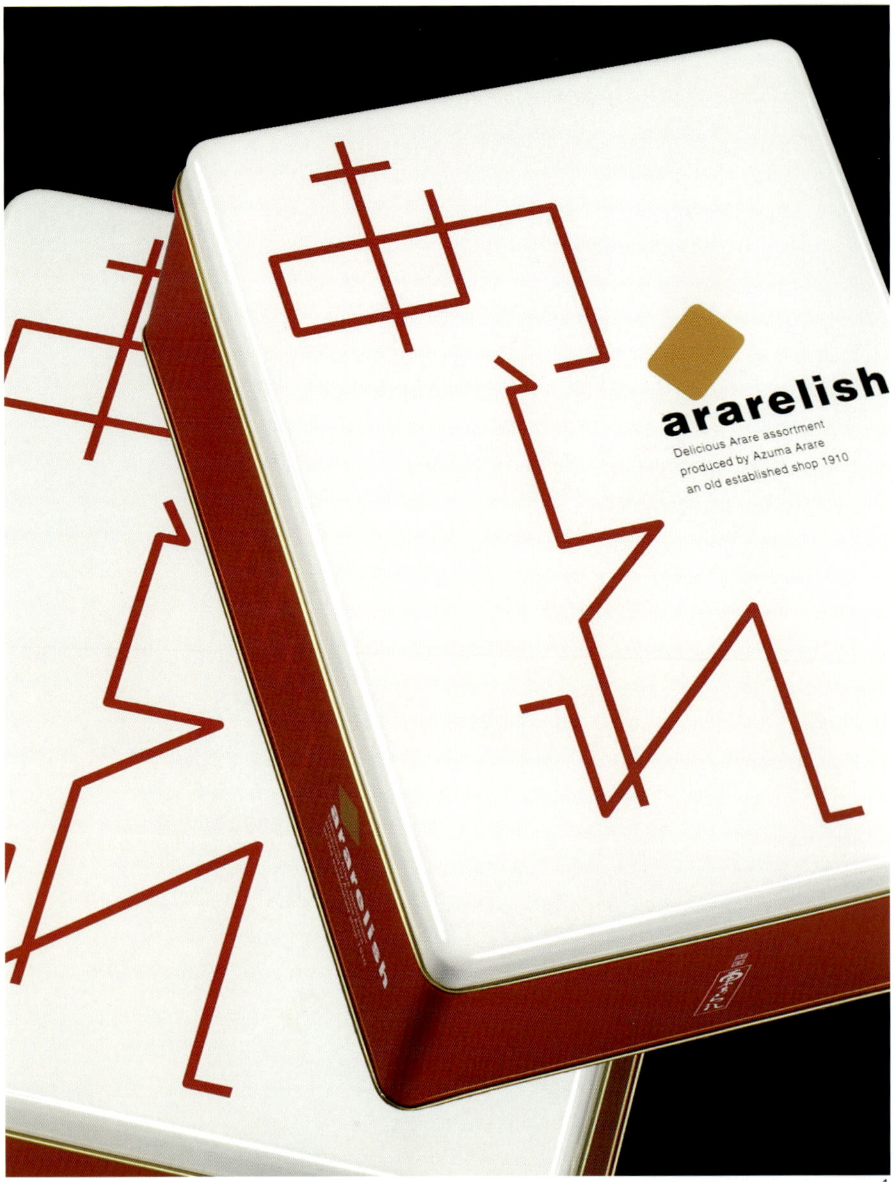

1

2

3

Hal Design

ハルデザイン

〒158-0094 東京都世田谷区玉川2-14-7
ツインシティー・S2F
tel.03-5491-2912　fax.03-5491-2913
e-mail: info@hal.co.jp
http://www.hal.co.jp

田中秀樹　Tanaka Hideki

1957年10月31日生まれ。多摩美術大学デザイン科プロダクトデザイン卒業。GKインダストリアルデザイン研究所を経て、1988年ハルデザインを設立。

1

1 カネボウ レヴュー　Cosmetics
cd.上田直子（カネボウ）
ad.前田 尚（フロムコミュニケーションズ）
d.田中秀樹、黒岩智恵子、小澤由紀
cl.カネボウ　Kanebo
2 カルビー ギザギザポテト　Snack
cd.竹中 淨（電通）d.黒岩智恵子　cl.カルビー　Calbee
3 ベルン バレンタインパッケージ　Confectionery
cd.塩沢圭子（スタジオミント）ad.田中秀樹
d.黒岩智恵子、秋山茂子　cl.ベルン　Berne
4 FUJIFILM DVD　Digital Versatile Disc
cd.富士写真フイルムデザインセンター
ad.田中秀樹　d.益田宏樹
cl.富士写真フイルム　Fujifilm

2

3

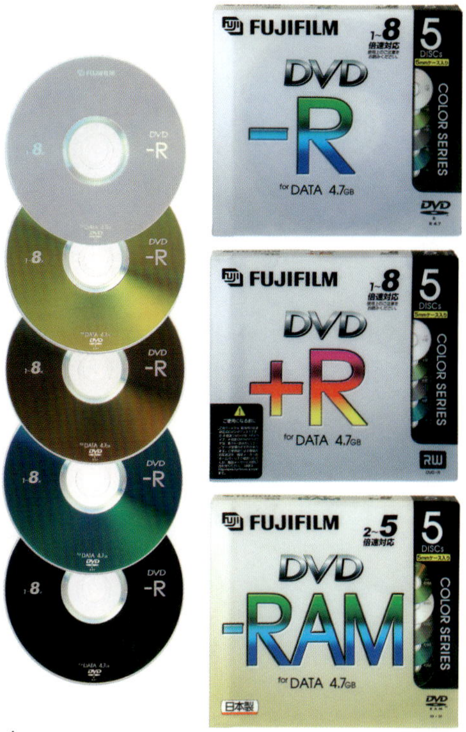

4

Padrum Creative

パドラムクリエイティブ

〒106-0031 東京都港区西麻布3-2-40
麻布タウンハウス402
tel.03-3470-6884　fax.03-3470-6093

1985年パッケージング展洋菓子部門賞、86年パッケージング展一般飲料部門賞、89年パッケージング展菓子部門賞、受賞。91年日本のパッケージデザイン入賞。99年パッケージング展洋菓子部門賞、2003年パッケージング展洋菓子部門賞、05年パッケージング展日本印刷産業連合会長賞、受賞。

1 アルテ　Chocolate
ad.中村直行　d.パドラムクリエイティブ
cl.ロッテ　Lotte
2 ロンバウツ ドリップ・カフェ　Coffee
ad.中村直行　d.米林有美子
cl.エム・シー・ビバレッジ・フーズ
MC Beverage Foods
3 刻印石　Cake
ad.中村直行　d.パドラムクリエイティブ
ca.平間夢鏡
cl.石舟庵　Sekishuan
4 ガーナクリスプスティック　Chocolate
ad.中村直行　d.進藤明日香
cl.ロッテ　Lotte
5 コルチェ　Chocolate
ad.中村直行　d.米林有美子
cl.ロッテ　Lotte
6 デリッツ　Snack
ad.中村直行　d.進藤明日香
cl.ロッテ　Lotte
7 パス　Chocolate
ad.中村直行　d.米林有美子
cl.ロッテ　Lotte

中村直行　Nakamura Naoyuki

1951年1月9日生まれ。1973年多摩美術大学グラフィックデザイン科卒業。

米林有美子　Yonebayashi Yumiko

1976年4月4日生まれ。1997年武蔵野美術大学短期大学部デザイン科卒業。99年桑沢デザイン研究所パッケージ研究科卒業。同年パドラムクリエイティブ入社。

1

2

3

LOTTE
バニラクリーム
MILK CHOCOLATE
Ghana
Crisp stick
チョコレート菓子
ジャンドゥーヤクリーム
MILK CHOCOLATE
Ghana
Crisp stick
チョコレート菓子

4

Colce
Choco & nuts in cookie
ココアクッキー
Cocoa Cookies
LOTTE コルチェ

Colce
Choco & nuts in cookie
オリジナルクッキー
Original Cookies
LOTTE
Colce
Choco & nuts in cookie

5

LOTTE
サクッとひとくち!
DELITZ
デリッツ
Bite size snack
みんなが食べたい味 第1位
タンドリーチキン味
DELITZ
デリッツ
Bite size snack
トマト&チーズ味
サクッとひとくち!
DELITZ
デリッツ

6

Pass
WAFERS CHOCOLATE
サクッとPass<パス>!!
7本入
LOTTE
Pass
WAFERS CHOCOLATE
ロイヤルミルクティ
LOTTE
Pass
WAFERS CHOCOLATE
咲くッとPass<パス>!!
香サクいちご

7

Hanaoka Design
ハナオカデザイン
〒160-0004 東京都新宿区四谷1-20-2 佳作ビル6F
tel.03-3356-4770　fax.03-3356-4773
e-mail: hana@hanaokadesign.com
http://www.hanaokadesign.com/

1 エスプレッソコーヒー　Coffee
ad.花岡 学
d.ハナオカデザイン
cl.UCC上島珈琲　UCC Ueshima Coffee
2 ブラックショット　Soft Drink
ad.花岡 学
d.ハナオカデザイン
cl.UCC上島珈琲　UCC Ueshima Coffee
3 爽　Ice Cream
ad.凸版印刷
d.ハナオカデザイン
cl.ロッテ　Lotte
4 マカダミアチョコレート　Chocolate
ad.凸版印刷
d.ハナオカデザイン
cl.ロッテ　Lotte
5 フラボノ　Gum
ad.凸版印刷
d.ハナオカデザイン
cl.ロッテ　Lotte
6 キムチUFO　Instant Noodles
ad.凸版印刷
d.ハナオカデザイン
cl.日清食品　Nissin Food Products

1

2

3

花岡 学 Hanaoka Manabu

1958年5月20日生まれ。1985年サンフランシスコ美術大学大学院卒業。91年ハナオカデザイン設立。

町田 泰 Machida Yasushi

1969年11月5日生まれ。1994年多摩美術大学グラフィックデザイン科卒業。98年ハナオカデザイン入社。

河村和歌子 Kawamura Wakako

1974年1月3日生まれ。1995年桑沢デザイン研究所パッケージ研究科卒業。2001年ハナオカデザイン入社。

4

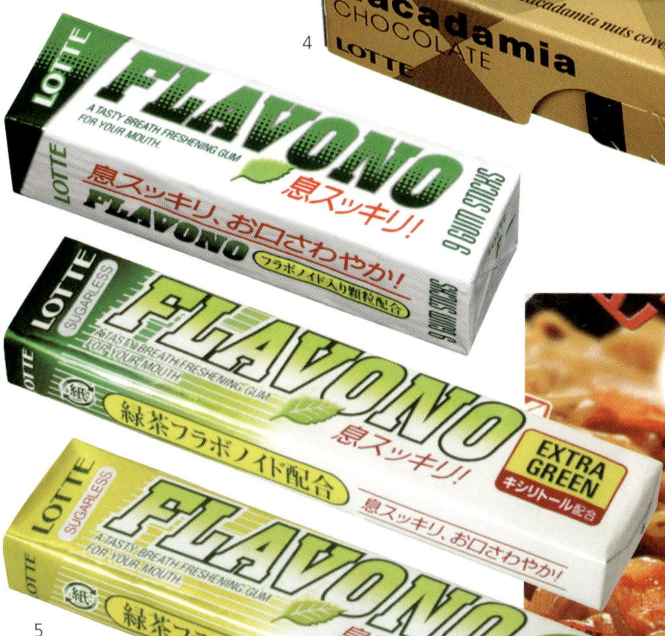

5

6

Public Design Works
パブリックデザインワークス
〒451-0045 愛知県名古屋市西区名駅2-23-14 VIA141
tel.052-561-5577　fax.052-561-6677
e-mail: design@pdw.co.jp

三浦正紀　Miura Masanori

林 たかし　Hayashi Takashi

1

1 フルーツサワー Alcoholic Beverage
cd.,ad.& d.三浦正紀
cl.ヤマモリ Yamamori
2 備長炭線香 Joss Stick
cd.藤沢光弘
ad.三浦正紀
d.林 たかし
cl.カメヤマ Kameyama
3 あまさけ Sake
pl.山田幹夫
ad.三浦正紀
d.林 たかし、佐野享子
cl.甘強酒造 Kankyo Shuzo
4 長誉 Sake
cd.,ad.& d.三浦正紀
cl.丸石醸造 Maruishi Jyozo
5 大豆撰 Tofu
cd.& ad.三浦正紀
d.林 たかし
cl.辻兼食品工業 Tsujikane Shokuhin Kogyo

2

3

4

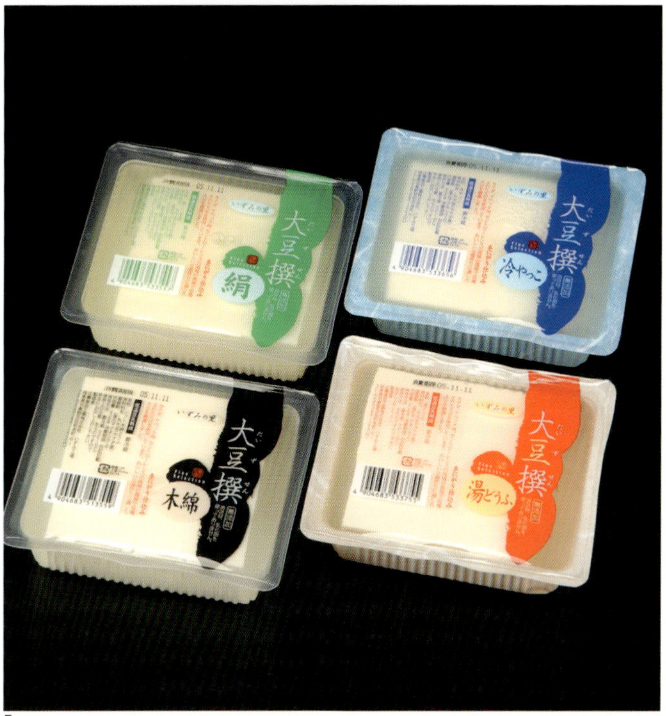

5

Handa Hiroki

半田広喜

Handa Design Office
半田デザイン事務所
〒107-0062 東京都港区南青山5-12-28
メゾン南青山502
tel.03-5464-6363　fax.03-5464-6364
e-mail: handa@handa-do.com

1955年8月31日生まれ。

1 | チャイルド&ファミリー　Child Care Products
cl.サンスター Sunstar
2 | 黒豆ココアのクリームパイ　Pie
cl.不二家 Fujiya
3 | ポテトチップス　Snack
cd.竹中 淨
cl.カルビー Calbee

1

2

3

1

Bando Isao

阪東 勲

Bandox Box
〒542-0081 大阪府大阪市中央区南船場4-10-20
グランドメゾン西心斎橋710
tel.& fax.06-6251-0518
e-mail: bandox@abox4.so-net.ne.jp
http://www.pokerface-photo.com

1943年6月17日生まれ。パッケージデザイナーには、グラフィックデザインとプロダクトデザインの、両方の知識や能力が求められる。平面と立体の間を行き来する思考過程で、さまざまなおもしろいアイデアも生まれる。実務の傍ら、教育関係に携わって17年。子供と大人が共に楽しめる、ひねりを効かせた楽しい教材を開発中。今後チャイルドとグランマ、グランパのための絵本や玩具に陽が当たることを願いつつ。
JPDA協会展奨励賞、PDCインターナショナルデザインコンペ入賞、デザインけっさく大賞展優秀賞、シンボルキャラクターデザインコンペ(1988年奈良シルクロード博佳作、世界デザイン博佳作、90年大阪花の万博優秀賞)。日産自動車「子供フォト大賞」優秀賞。東急リバブル「フォトエッセイ」入賞。大阪工芸協会シンボルマーク、大丸百貨店のポイントカードのデザイン他。産経新聞の街のポーカーフェイスは連載152回。2006年度、堺市の芸術文化イベント企画コンペ1位入賞。

1 木の葉 箱 Chocolate
ad.Bandox d.& p.阪東 勲
cl.ツマガリ Tsumagari

2 炭酸せんべい Rice Cracker
ad.Bandox d.& ca.阪東 勲
cl.有馬せんべい本舗 Arimasembei Hompo

3 CONNECT BOX Gift Box
ad.Bandox d.& il.阪東 勲
cl.Bandox

2

3

Handfast
ハンドファスト

〒150-0001 東京都渋谷区神宮前1-19-8
原宿ファミリー301,302,303
tel.03-3405-6369　fax.03-3405-6501

1 ホームレシピ 洗顔シリーズ　Skin Care Products
d.ハンドファスト
cl.pdc
2 リサージ セラムEX　Skin Care Products
d.ハンドファスト
cl.リサージ　Lissage
3 リサージ f/f　Base Make Products
d.ハンドファスト
cl.リサージ　Lissage
4 ちふれ スキンケアシリーズ　Skin Care Products
d.ハンドファスト
cl.ちふれ化粧品　Chifure Cosmetics
5 フリープラス　Skin Care Products
d.ハンドファスト
cl.カネボウ化粧品　Kanebo Cosmetics
6 モッズヘア　Hair Care Products
d.ハンドファスト
cl.ユニリーバ・ジャパン　Unilever Japan
7 ラックス　Hair Care Products
d.ハンドファスト
cl.ユニリーバ・ジャパン　Unilever Japan

遠藤紀雄　Endo Norio

1940年10月9日生まれ。東京芸術大学工芸科VD卒業。ポーラ化粧品意匠研究所を経て、1972年ハンドファスト設立、現在に至る。

三輪万寿夫　Miwa Masuo

1963年11月11日生まれ。1987年愛知県立芸術大学美術学部卒業、同年ポーラ化粧品デザイン研究所入社、95年ハンドファスト入社、現在に至る。

1

2

3

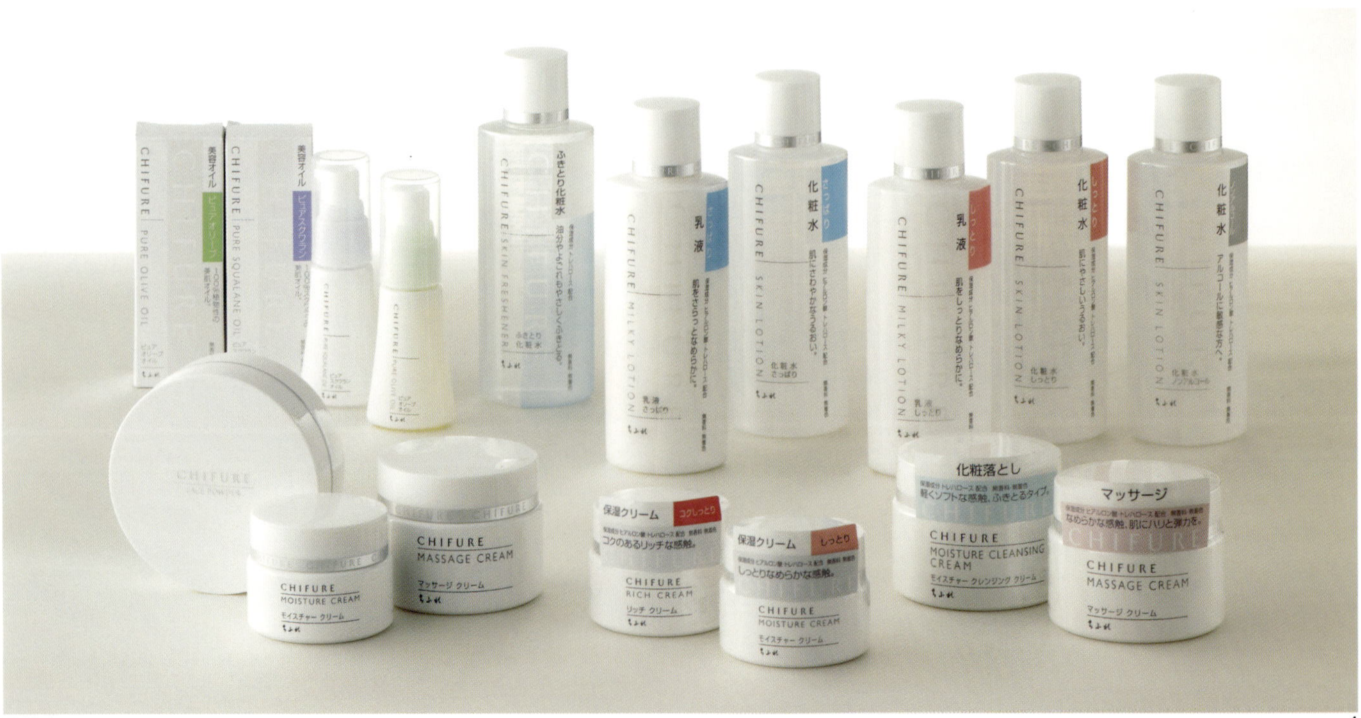

4

freeplus
mild soap
beauty oil cleanser
comfortable lotion 2
comfortable emulsion

5

mod's hair
PARIS
PROFESSIONAL
ファインカラー
シャンプー
コンディショナー
モイストフィニッシュ
スタイリングワックス
ナチュラル
クレイ
マットホールド

6

Lux
SUPER RICH
REPAIR ACTIVE PROGRAM
SUPER STYLING
ホイップフィール
メリハリウェーブ
つやつやトリートメント
スーパーハード&キープ
さらさらストレート
ゆるやかウェーブ
エアムーブウェーブ
リペアアクティブトリートメント
特に傷んだ髪に
集中補修ヘアパック

7

Hiramoto Katsuhiko Design Room
平本勝彦デザイン室
〒173-0004 東京都板橋区板橋1-53-15
メゾン新板橋1103
tel.03-3962-4438　fax.03-3962-4481

平本勝彦 Hiramoto Katsuhiko

1944年10月25日生まれ。日本大学芸術学部美術学科卒業。平本勝彦デザイン室主宰。

石井浩一 Ishii Koichi

1957年10月4日生まれ。明治学院大学卒業。日本デザイナー学院卒業。

1 おまめさんシリーズ Cooked Food
ad.平本勝彦
d.石井浩一
cl.フジッコ Fujicco

2 クオリティーブランドシリーズ Juce
ad.平本勝彦
d.石井浩一、藤本 泰
cl.日本生活協同組合連合会 Co·op

3 クオリティーブランドシリーズ Food
ad.平本勝彦
d.石井浩一、藤本 泰
cl.日本生活協同組合連合会 Co·op

1

藤本 泰 Fujimoto Yasushi

1964年4月15日生まれ。日本デザイナー学院卒業。

2

3

Hirano Yoshio

平野吉雄

Ipce Designs
イプス・デザインズ
〒113-0022 東京都文京区千駄木3-28-7
シトラス1号館205
tel.03-3827-5239　fax.03-3827-5329
e-mail: ipce-net@db3.so-net.ne.jp

1955年11月26日生まれ。1982年PDCゴールドアウォード金賞、86年パッケージング展電気機器部門賞。88年PDCゴールドアウォード和食品部門入選。桑沢デザイン研究所講師。主な作品は、トンボ鉛筆「MONO消しゴム」、ケンウッド「デジタルヘッドホーンEX」、サガミハム「ギフトハムシリーズ」、日清フーズ「讃岐うどんシリーズ」。

1 シモン革手袋 Glove
cd.遠山義一 d.平野吉雄 cl.シモン Simon
2 讃岐うどんシリーズ Noodles
d.平野吉雄 cl.サミット Summit
3 スレイバーG2 Rubber
cd.岡田 満 d.平野吉雄 cl.タマス Tamasu
4 スタンダードトレーニングボール40 Ball
cd.酒井富雄 d.平野吉雄 cl.タマス Tamasu

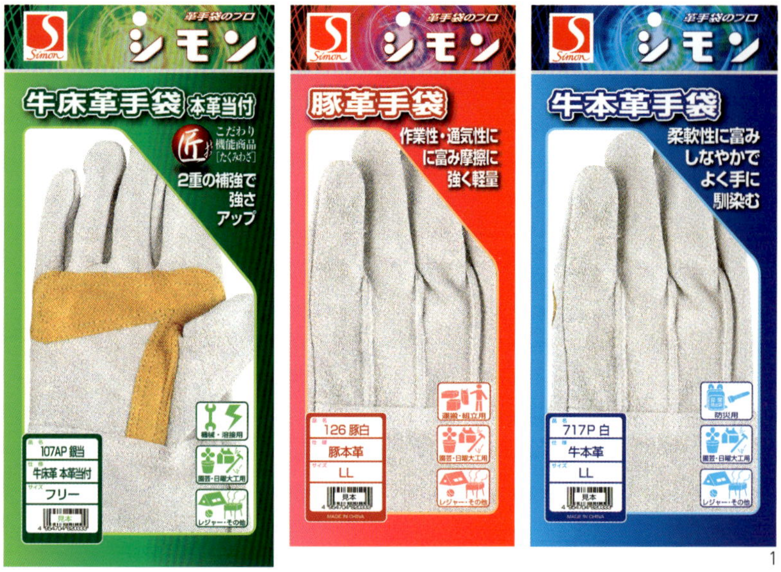

1

2

3

4

1

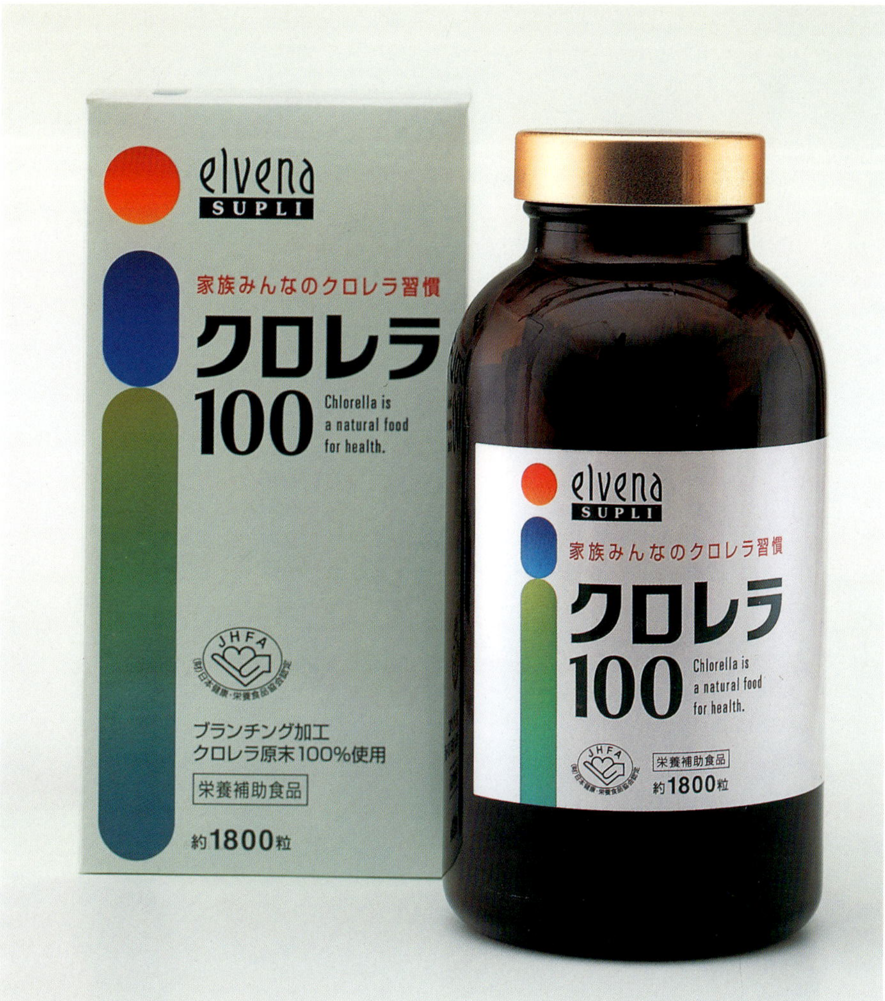

2

Hirotani Ryuji

広谷龍児

Aa Design Office
アァ デザイン事務所
〒550-0014 大阪府大阪市西区北堀江1-1-7-402
tel.06-6538-8911　fax.06-6538-8933
e-mail: aad@gaea.ocn.ne.jp

1964年2月12日生まれ。
1984年大阪デザイナー専門学校卒業。
1986年ユウ·デザイン事務所入社。
2002年アァ デザイン事務所設立。

1 阿武隈だより Hair Care Products
d.広谷龍児
cl.エルベ·プランズ Elve-Plans

2 クロレラ100 Supplement
d.広谷龍児
cl.エルベ·プランズ Elve-Plans

Fundament Design
ファンダメントデザイン

〒101-0021 東京都千代田区外神田5-5-12 高樹ビル3F
tel.03-5807-6881　fax.03-5807-6882
e-mail: fmd@gol.com

一森孔明　Ichimori Komei

1960年10月12日生まれ。パッケージデザイン、VI、ブランドデザイン開発展開、他グラフィックデザイン、ネーミング開発。

1 ノンシュガー キシリCのど飴 Candy
pl.カンロ
ad.一森孔明
d.大木美都子、加納亜希子
cl.カンロ Kanro

2 焼きりんご Confectionery
pl.カンロ
ad.一森孔明
d.加納亜希子
cl.カンロ Kanro

3 ハートピーナッツ チョコレート Chocolate
cd.凸版印刷
ad.一森孔明
d.加納亜希子
cl.不二家 Fujiya

4 鶏ねぎそば Instant Noodles
cd.凸版印刷
ad.一森孔明
d.加納亜希子
cl.明星食品 Myojo Foods

1

2

3

4

1

fujinsha

風人舎

〒607-8084 京都府京都市山科区竹鼻立原町3
磨瑠弥マンション304
tel.075-501-4965　fax.075-502-3918
e-mail: kanokaze@h5.dion.ne.jp

水谷光明　Mizutani Mitsuaki

1943年2月26日生まれ。主に菓子店の総合プロデュースを行う。特に地域の風土から生まれる自然の恵みモノを製菓の基本として発想する。一方、その地域の生活・文化・歴史等からイメージ創造する銘菓づくりのサポート、ネーミングからデザイン、販売される商業店舗の空間設計や特性にもとづく商品構成等も配慮する。食は「安心・安全」「医食同源」の基本から始まること、水から始まり選択される素材が、より健康的でありながら、美味な菓子の追求! その地域と生活文化の誇り高い「語り部」の育成を考える中で風土の違いを超え、世界の食材とのコラボ。そして日本人の根っこの美意識を考えたい。

1 伊賀の手焼き 芭蕉もち
Japanese Confectionery
cd.,ad.,d.,copy.& lo.水谷光明
d.狭間 智
lo.牛丸好一
il.十河勝一
cl.欣榮堂 Kin'eido

2 甲賀の餅ギフト 風と土のおくりもの
Japanese Confectionery
cd.,ad.,pl.& d.水谷光明
il.野村 玲
lo.牛丸好一、西田亜佳理、白玖弘美
d.狭間 智
cl.甲賀もちふる里館 Kouka Mochi Furusatokan

2

Forme Design Office

フォルムデザインオフィス

〒540-0003 大阪府大阪市中央区森ノ宮中央1-14-17
ICB森ノ宮ビル901
tel.06-6945-0580　fax.06-6941-3965
e-mail: HIRAI@forme-design-office.co.jp
http://www.forme-design-office.co.jp/

平井宥子　Hirai Yuko

7月2日生まれ。1976年フォルムデザインオフィス設立。プレステージの高い化粧品から、国内外用セルフ化粧品まで、コスメティックのプロダクツ・グラフィックデザイン開発を中心に行ってきた。面白く、難しく楽しくて、ワクワクするうれしい仕事である。日本パッケージデザイン展化粧品部門賞3回。クリオアウォード クリオ賞、同入賞4回。PDCゴールドアウォード入賞4回。ロンドン国際広告賞入賞、等。

野村るり子　Nomura Ruriko

7月21日生まれ。1980年フォルムデザインオフィス入社。日本パッケージデザイン展化粧品部門賞。クリオアウォード クリオ賞、同入賞。PDCゴールドアウォード入賞。ロンドン国際広告賞入賞、等。

1

藤原数基 Fujiwara Kazuki

8月2日生まれ。1995年フォルムデザインオフィス入社。日本パッケージデザイン展化粧品部門賞。ロンドン国際広告賞入賞。

1 **SK-Ⅱ Skin Care Products**
cd.マックスファクター
d.フォルムデザインオフィス、藤原数基、平井宥子
lo.マックスファクター
cl.プロクター&ギャンブル・ファー・イースト・インク Procter & Gamble Far East Inc.

2 **SK-Ⅱ LxP Skin Care Products**
cd.マックスファクター
d.フォルムデザインオフィス、藤原数基、平井宥子
lo.マックスファクター
cl.プロクター&ギャンブル・ファー・イースト・インク Procter & Gamble Far East Inc.

3 **ピュセル Overseas Cosmetics**
cd.マンダム
d.フォルムデザインオフィス、野村るり子、平井宥子
cl.マンダム Mandom

4 **LUCKY MEN'S Men's Cosmetics**
cd.ラッキーコーポレーション
d.フォルムデザインオフィス、藤原数基、伊丹谷大介、平井宥子
cl.ラッキーコーポレーション Lucky Corporation

5 **illume Skin Care Products**
cd.マックスファクター
d.フォルムデザインオフィス、藤原数基、平井宥子
lo.マックスファクター
cl.プロクター&ギャンブル・ファー・イースト・インク Procter & Gamble Far East Inc.

6 **リレント ブランメール Skin Care Products**
cd.日本リレント化粧品
d.フォルムデザインオフィス、野村るり子、平井宥子
cl.日本リレント化粧品 Nippon Relent Cosmetics

7 **リレント リンデイ Skin Care Products**
cd.日本リレント化粧品
d.フォルムデザインオフィス、野村るり子、藤原数基、平井宥子
cl.日本リレント化粧品 Nippon Relent Cosmetics

8 **リレント 楊貴美原液 Skin Care Products**
cd.日本リレント化粧品
d.フォルムデザインオフィス、野村るり子、吉次智鶴、平井宥子
cl.日本リレント化粧品 Nippon Relent Cosmetics

9 **Jino Skin Care Products**
cd.味の素
d.フォルムデザインオフィス、藤原数基、吉次智鶴、平井宥子
cl.味の素 Ajinomoto

2

Pucelle
Splash Cologne
MUSK
FRUITY
ORIENTAL
FLORAL
CHYPRE
WOODY
Wangi Lebih Tahan Lama
NETTO 75ml
保思麗
Vitamin in Lip Gloss
Peach Pink
Vitamin in Lip
Shiny
SPLASH COLOGNE
Sweet joy
Tea Break
Crushed Fruits
NETTO 65ml
NETTO 125ml
DEODORANT ROLL-ON
Whitening

3

LUCKY MEN'S
男を磨け
顔スッキリ!
洗顔パッド
ベタつき・テカリを絶つ!
やわらかシリコン
頭皮スッキリ!
スカルプシャンプーブラシ
マイナスイオン発生
泡立てスポンジ内蔵

4

illume
WHITAMIN MILK
illume
WHITAMIN WATER
illume
WHITAMIN MILK
illume
COLLAGENING EYE JELLIES
illume
COLLAGENING ESSENCE
illume
MOIST CAPTURE MILK
illume
COOL FORCE JELLY
illume
FACE CLEAN FOAM
illume
MAKE-UP CLEAN OIL
メークアップ クリーン オイル
メーク落とし
5

RELENT
Blancmer
UV protect
SPF20, PA++
RELENT
Blancmer
clear off cleansing
RELENT
Blancmer
refresh veil
RELENT
Blancmer
clear off cleansing
RELENT
Blancmer
milk lotion UV
SPF10, PA+
RELENT
Blancmer
solution C
NIPPON RELENT COSMETICS
washing powder
6

RELENT
LINDEY
M Moist Lotion
RELENT
LINDEY
Moist Cream
RELENT
LINDEY
Skin Freshner
RELENT
LINDEY
Cleansing Cream
C
RELENT
LINDEY
C
Cold Cream
NIPPON RELENT COSMETICS
7

RELENT
YOKIBI
Essence
Cream Foundation
RELENT
YOKIBI
RELENT
YOKIBI
RELENT
YOKIBI
Essence
Gel
RELENT
YOKIBI
8

Jino
AMINO
WASHING FOAM
M
Jino
AMINO
MOIST LOTION
II
Jino
AMINO
MOIST ESSENCE
II
Jino
AMINO
BODY ESSENCE
Jino
Jino
Jino
9

Fukushima Yasuhiro

福島康弘

Kobe Design Center
コウベデザインセンター
〒650-0011 兵庫県神戸市中央区下山手通5-5-16
兵庫県印刷会館3F
tel.078-351-2666　fax.078-351-2667

1968年8月6日生まれ。

1 ミルクでおいしいコーヒー　Coffee
ad.& d.福島康弘
cl.UCC上島珈琲　UCC Ueshima Coffee

2 期間限定 香り炒り豆　Coffee
ad.& d.福島康弘
cl.UCC上島珈琲　UCC Ueshima Coffee

3 ゴールドスペシャルシリーズ　Coffee
ad.上田讃三男
d.福島康弘
cl.UCC上島珈琲　UCC Ueshima Coffee

1

2

3

Fukumoto Koichi

福本晃一

Fukumoto Design Office
福本デザイン事務所

〒530-0041 大阪府大阪市北区天神橋1-9-6
リリーフ502
tel.& fax. 06-6358-3945
e-mail: fukumoto-de@k4.dion.ne.jp

1968年6月3日生まれ。

1 京の都夏風情（純米大吟醸） **Sake**
ad.籠谷 隆
d.福本晃一
il.甲田 淳
ca.寺西桃代
cl.月桂冠 Gekkeikan

2 京三昧 **Sake**
ad.籠谷 隆
d.福本晃一
ca.寺西桃代
n.杉本 忍
cl.月桂冠 Gekkeikan

3 日本の雅 花鳥風月シリーズ **Sake**
ad.籠谷 隆
d.& il.福本晃一
ca.寺西桃代
n.杉本 忍
cl.月桂冠 Gekkeikan

1

2

3

Fuji Kimiyo

藤 きみよ

Fuji Kimiyo Design Office
フジキミヨデザインオフィス
〒152-0002 東京都目黒区目黒本町5-4-10
tel.& fax.03-3710-4107
e-mail: fujidf@kt.rim.or.jp

1958年7月24日生まれ。森永製菓デザイン室を経て、現在フリーランスで商品企画、パッケージデザインを生業としてます。

1 4袋揚げせんシリーズ Rice Cracker
ad.& d.藤 きみよ
il.日高加良子
lo.平山博之
cl.ぼんち Bonchi

2 ガーバーオーガニック ベビーフード Baby Food
cd.和光堂
ad.& d.藤 きみよ
cl.和光堂 Wakodo

1

2

Fujita Makoto

藤田 實

Mactec
マックテック
〒160-0022 東京都新宿区新宿2-2-1
ビューシティ新宿御苑403
tel.03-5269-1466　fax.03-5269-2553

食品を中心に、商品開発から市場導入まで一貫したムダのないプロデュースを行う。デザイナーとマーケッターがチームを組み、市場の受容性が高い、パワフルな商品を設計します。多摩美術大学卒業。

1 1日分の野菜 Juice
pr.内山修二
ad.藤田 實
d.前田崇詞
p.吉原かおり
lo.杉山 功
il.斉藤雅緒
cl.伊藤園 Ito En

1

Fujifilm Presentec
富士フイルム プレゼンテック
〒107-0062 東京都港区南青山7-8-1
小田急南青山ビル6F
tel.03-3406-9677　fax.03-3406-2195
http://fpt.fujifilm.co.jp

野坂麻美　Nozaka Asami

富士フイルムグループの宣伝·広告、広報誌、パッケージ、マニュアルの制作をタスクとする会社です。グループ以外の業務にも積極的に取り組んでいます。

1 Q1 DIGITAL 4.0Ir, nexia Q1 ZOOM
Digital Camera,Compact Camera
ad.荒井拓哉
d.野坂麻美
cl.富士写真フイルム　Fuji Photo Film

2 NATURA S Piano Black, NATURA BLACK F1.9
Compact Camera
ad.荒井拓哉
d.野坂麻美
cl.富士写真フイルム　Fuji Photo Film

3 富士フイルム バッテリー　Battery
ad.荒井拓哉
d.野坂麻美
cl.富士写真フイルム　Fuji Photo Film

1

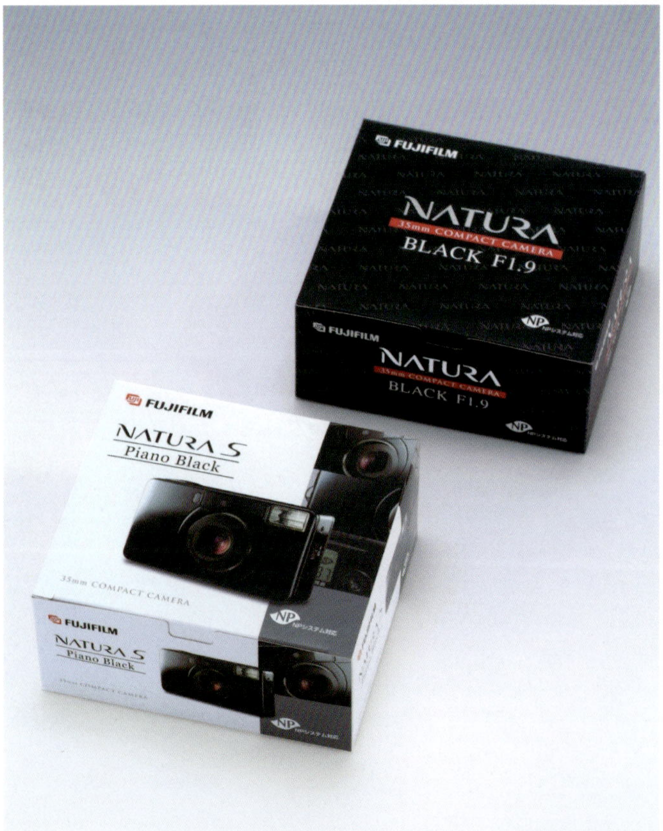

2

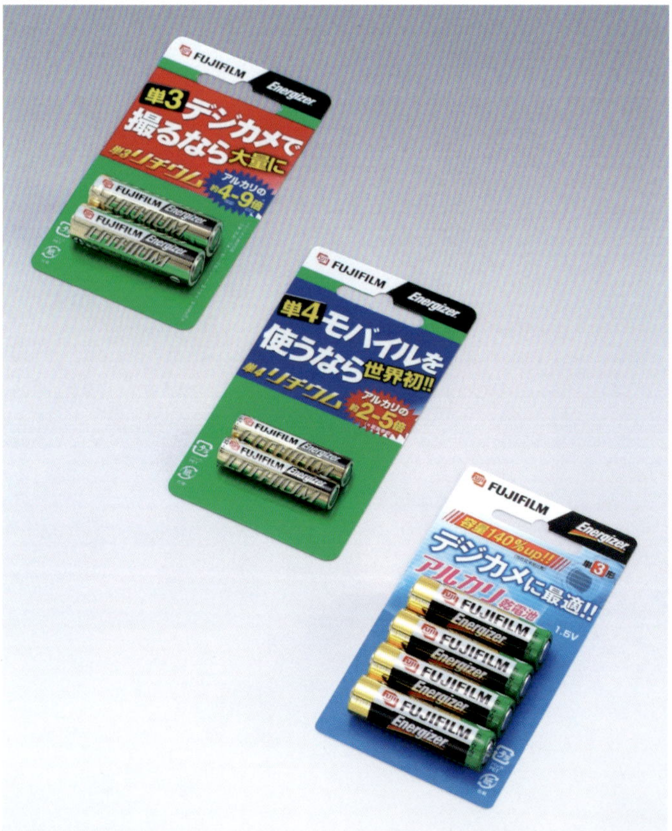

3

1

2

Planta
プランタ

〒153-0043 東京都目黒区東山1-15-3-21
tel.03-3711-7299　fax.03-3711-7360
e-mail: planta@ro.bekkoame.ne.jp

桑 和美　Kuwa Kazumi

東京生まれ。多摩美術大学グラフィックデザイン科卒業。本州製紙パッケージセンター勤務を経て、1988年プランタ設立、現在にいたる。マーケティングをふまえた企業の顔となるプランニングを志す。

1 パイシート　Frozen Food
ad.桑 和美
d.田中裕子
cl.日本製粉　Nippon Flour Mills
2 バウムクーヘンショコラーデ　Cake
ad.桑 和美
d.高野樹子
cl.中村屋　Nakamuraya
3 こんがりサクサク ポポロン　Snack
ad.桑 和美
d.高野樹子
cl.明治製菓　Meiji Seika Kaisha
4 レンジdeロール　Food
ad.桑 和美
d.高野樹子
cl.中村屋　Nakamuraya

3

4

Bravis International

ブラビス・インターナショナル

ブラビス・インターナショナル

〒108-0071 東京都港区白金台4-10-8
tel.03-5789-7601　fax.03-5789-7602
http://www.bravis.com

各種パッケージデザイン、CI、BI、ネーミング開発及びデザインコンサルテーション。戦略的マーケティングデザインの一環としてパッケージデザインを位置づけ、商品販売力の強化をメインテーマとして、食品、飲料、医薬品、トイレタリー、化粧品、工業製品に至るまで広範囲にデザイン活動を行っています。

フミ・ササダ　Sasada Fumi

高村達夫　Takamura Tatsuo

1

海野加奈子　Umino Kanako

1 キリン のどごし生　Beer
d.ブラビス・インターナショナル
cl.キリンビール　Kirin Brewery
2 キリン 氷結プレミアムシリーズ　Shochu
d.ブラビス・インターナショナル
cl.キリンビール　Kirin Brewery
3 ネスカフェ エクセラ　Coffee
d.ブラビス・インターナショナル
cl.ネスレ日本　Nestlé Japan
4 モンカフェ　Coffee
d.ブラビス・インターナショナル
cl.片岡物産　Kataoka
5 野菜一日これ一本　Juice
d.ブラビス・インターナショナル
cl.カゴメ　Kagome

2

3

4

5

矢野英夫 Yano Hideo

増山晋平 Masuyama Shimpei

6

7

8

9

6 | カゴメ 完熟トマトのパスタソースシリーズ Pasta Sauce
d.ブラビス・インターナショナル
cl.カゴメ Kagome
7 | 味の素 アジアめんシリーズ Instant Noodles
d.ブラビス・インターナショナル
cl.味の素 Ajinomoto
8 | カゴメ 具とコクしっかりシリーズ Pasta Sauce
d.ブラビス・インターナショナル
cl.カゴメ Kagome
9 | カゴメ プチパスタシリーズ Pasta Sauce
d.ブラビス・インターナショナル
cl.カゴメ Kagome
10 | ケロッグ 玄米フレーク Cereal
d.ブラビス・インターナショナル
cl.日本ケロッグ Kellogg Japan
11 | ケロッグ あじわいココアフレーク Cereal
d.ブラビス・インターナショナル
cl.日本ケロッグ Kellogg Japan
12 | 明治エッセル スーパーカップシリーズ Ice Cream
d.ブラビス・インターナショナル
cl.明治乳業 Meiji Dairies
13 | クロレッツ ハイパー Gum
d.ブラビス・インターナショナル
cl.キャドバリー・ジャパン Cadbury Japan

10

11

12

13

ソフィ
BODY FIT
ボディフィット
ふわピタスリム
多い日の昼用
25cm
20コ入
ふつうの日用
21cm
30コ入

14

ソフィ
パンティライナー
56コ入
0ゼロ体感
存在さえ
感じさせない

15

PROFESSIONAL QUALITY COLOR
vision
PRO COLOR
ビジョン プロカラー
つやめく髪、ムラのない
美しい染め上がり。
〈おしゃれ白髪染め〉
カラー前の1分ケア。
タンパク質を補う新発想。
7N
明るい
ライトブラウン
〈クリームタイプ〉
〈液状タイプ〉

16

FRESH LIGHT
Men
ほどよい
明るさ
ナチュラル
ブリーチ
ケタ違いの
明るさ
メガメガ
ハード ブリーチ
ブリーチ、ショウゼ!!
ダメージ補修
コンディショナー付

17

14 ソフィ ボディフィット Sanitary Napkin
d.ブラビス・インターナショナル
cl.ユニ・チャーム Unicharm

15 ソフィ 0体感 Panty Liner
d.ブラビス・インターナショナル
cl.ユニ・チャーム Unicharm

16 ビジョン Hair Color Products
d.ブラビス・インターナショナル
cl.シュワルツコフ ヘンケル Schwarzkopf & Henkel

17 フレッシュライト Hair Color Products
d.ブラビス・インターナショナル
cl.シュワルツコフ ヘンケル Schwarzkopf & Henkel

18 アクアフレッシュ エクストリーム クリーン
Tooth Paste
d.ブラビス・インターナショナル
cl.グラクソ・スミスクライン GlaxoSmithKline

19 シルコット プチパクト Wet Tissue
d.ブラビス・インターナショナル
cl.ユニ・チャーム Unicharm

20 ウェーブ アレルケア Cleaner
d.ブラビス・インターナショナル
cl.ユニ・チャーム Unicharm

21 クックアップ シャキッと食感シート
Preservation Bag
d.ブラビス・インターナショナル
cl.ユニ・チャーム Unicharm

18

19

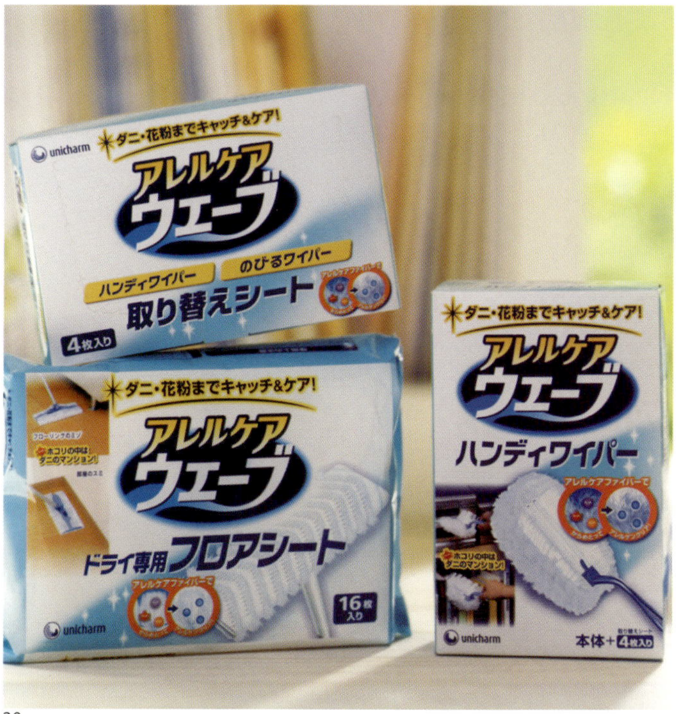

20

21

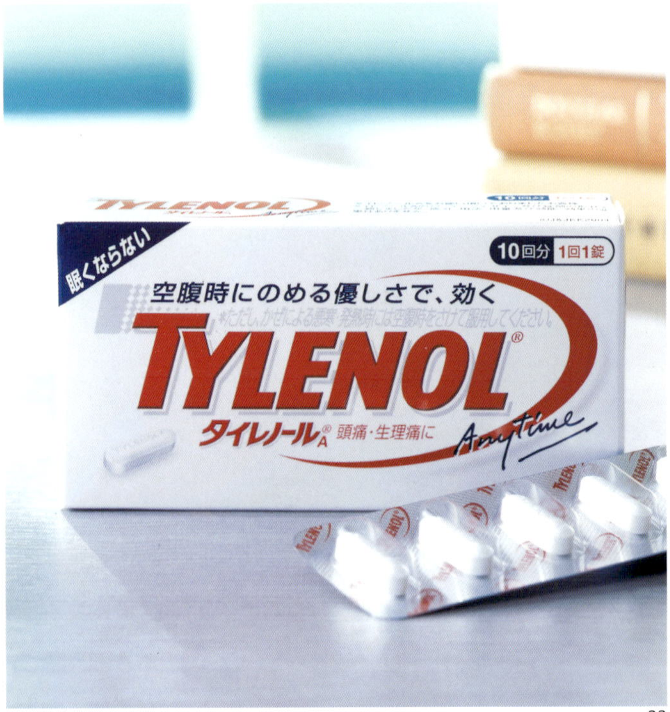
眠くならない
10回分 1回1錠
空腹時にのめる優しさで、効く
TYLENOL®
タイレノールA 頭痛・生理痛に

22

洗うたび、おろしたて感覚
アクロン
しわ・ヨレ・縮み
色あせを防ぎます
【スタイル保持成分ASP配合】
ドライ
WOOLMARK

23

FUJIFILM
for Every Day
for Baby
for Anniversary
for Pet
for Travel

24

新発売
FUJIFILM
35mm
APS
ひときわキレイ
世界最小
写ルンです
スリム1000
写ルンです
800プレミアム
いつもをキレイに
写ルンです
400エクストラ
楽しくカジュアルに
27
25

25

22 タイレノール Medicine
d.ブラビス・インターナショナル
cl.ジョンソン・エンド・ジョンソン
Johnson & Johnson

23 アクロン Detergent
d.ブラビス・インターナショナル
cl.ライオン Lion

24 写ルンですシリーズ Single-use Camera
d.ブラビス・インターナショナル
cl.富士写真フイルム Fuji Photo Film

25 写ルンですシリーズ Single-use Camera
d.ブラビス・インターナショナル
cl.富士写真フイルム Fuji Photo Film

26 パナソニック アルカリ乾電池 Battery
d.ブラビス・インターナショナル
cl.松下電器産業 Matsushita Electric Industrial

27 パナソニック カーバッテリー Car Battery
d.ブラビス・インターナショナル
cl.松下電器産業 Matsushita Electric Industrial

28 画彩 Inkjet Paper
d.ブラビス・インターナショナル
cl.富士写真フイルム Fuji Photo Film

29 カフェレジェロ Wrapping Bag, Cup
d.ブラビス・インターナショナル
cl.モスフードサービス Mos Food Services

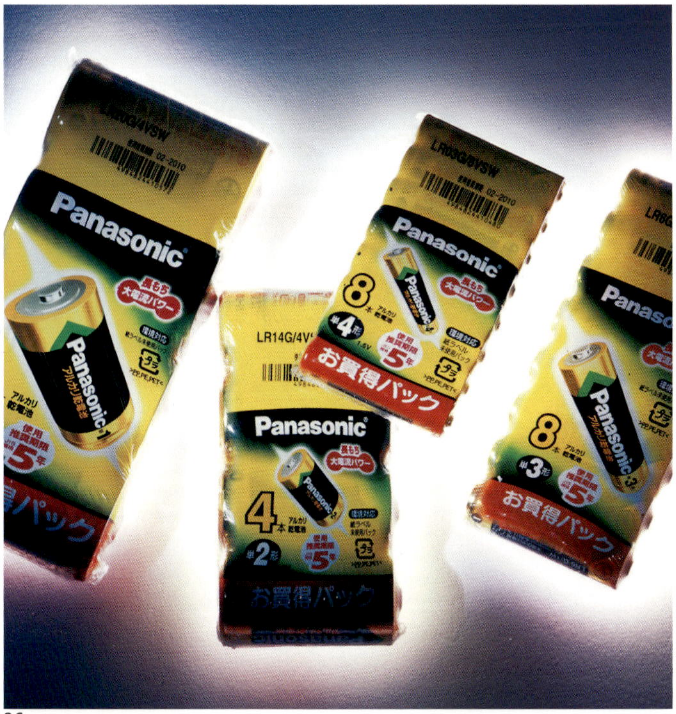

26

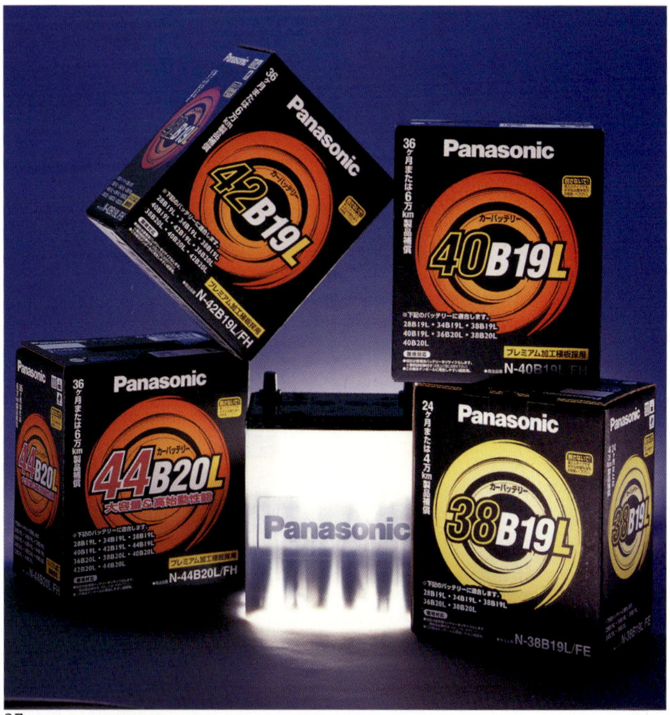

27

28

29

Planta Creation

プランタ・クリエイション

〒150-0001 東京都世田谷区池尻2-9-8-201
tel.03-3419-9331　fax.03-3419-9334
e-mail: c-planta@mvd.biglobe.ne.jp

受賞歴は、ジャパンパッケージコンペティション・通商産業大臣賞、日本印刷工業会長賞、化粧品部門賞、特別賞、クリオアワーズ・クリオ賞、化粧品部門ファイナリスト賞、朝日広告賞・準朝日広告賞。化粧品、トイレタリーを中心としたパッケージデザイン及び宣伝広告物・パンフレット・POP等のデザインを行なっています。

永井孝子　Nagai Takako

女子美術大学芸術学部デザイン科卒業。アルビオン化粧品パッケージデザイン室を経て、1998年プランタ・クリエイションを設立、現在に至る。

畑 直宜　Hata Naoyoshi

1961年7月7日生まれ。多摩美術大学美術学部デザイン科卒業。

1 綾花 プレステージ Skin Care Products
ad.& d.永井孝子、畑 直宜
cl.ちふれ化粧品 Chifure Cosmetics
2 綾花 メイクアップ Make-up Products
ad.& d.永井孝子、畑 直宜
cl.ちふれ化粧品 Chifure Cosmetics
3 綾花 LEシリーズ Skin Care Products
ad.& d.永井孝子、畑 直宜
d.古澤希代子
cl.ちふれ化粧品 Chifure Cosmetics
4 ルオーラ Skin Care Products
ad.永井孝子
d.古澤希代子
cl.エー・ダブリュー・アイ A.W.I
5 ラムカグレース Skin Care Products
ad.永井孝子
d.畑 直宜
cl.ウテナ Utena
6 エンバイロン Skin Care Products
ad.永井孝子
d.畑 直宜
cl.グランドグローリー Grandglory
7 ラ・フィータ Make-up Products
ad.永井孝子
d.畑 直宜
cl.グランドグローリー Grandglory
8 リビング ホワイト Cosmetics
ad.永井孝子
d.畑 直宜、古澤希代子
cl.グランドグローリー Grandglory

1

2

3

leaura
Skin up Milk
p-12
＜水・進化形＞
無香料
leaura
Skin up Water
p-12
＜水・進化形＞
しっとりタイプ

4

50才からの
高保湿化粧水
新発売
たっぷり保湿
コラーゲン
(配合)
50才からの
高保湿乳液
50才からの
高保湿クリーム
Lamuca
Grace
lotion
utena
milk

5

Environ
Energetic Hydrating
Massage Cream
BACK TO ORIGINALITY
AWAKE YOUR
GIFTED UNIQUE BEAUTY
MISASA
Environ
Advanced Anti-Wrinkle Cream
MISASA

6

Magic Eye Liner

7

Living White
Whitening Moisturizer (R)
MISASA
Living White
Whitening Foundation Compact
Living White
Whitening
Moisturizer
(R)
Living White
Whitening Lotion
(M)
Living White
Whitening
Body Slim
Living White
Whitening
UV Protector
SPF
20
Living White
White-Bright
Eye Serum
Living White
Whitening
Repair Essence
Living White
Whitening UV Protector

8

BrandWorx

ブランドワークス

〒106-0045 東京都港区麻布十番1-5-30
tel.03-3402-5661　fax.03-3402-5669
http://www.brandworx.co.jp

ブランドワークスは、ブランド戦略を専門としている世界でも数少ない完全独立系の専門カンパニーです。ブランド戦略のスペシャリストを中心とし、あらゆる業界のブランド、CI、VIマーケティングに精通しており、日本の市場、日本の企業の現実的な問題に対して、ワンストップブランディング体制のもと、さまざまなブランドの本質的なソリューションを提供しています。

1 カゴメ野菜生活100 Juice
cd.泉 利治
ad.大野直樹
d.葛原路子、中谷晃子
cl.カゴメ Kagome

2 タケダアリナミンA、EX PLUS Vitamin Tablet
cd.泉 利治
ad.大野直樹
d.葛原路子、中谷晃子
cl.武田薬品工業 Takeda Pharmaceutical

3 ニチロ マザーマークブランドシリーズ Food
cd.泉 利治
ad.大野直樹
d.葛原路子、中谷晃子
cl.ニチロ Nichiro

1

270錠
タケダ
目の疲れ、肩こり、腰の痛みに
アリナミン
EX PLUS
ビタミンB1·B6·B12製剤、ビタミンE配合
製造販売元
武田薬品工業株式会社
大阪市中央区道修町四丁目1番1号
270錠
タケダ
カラダが疲れた時の
ビタミンB1補給、筋肉の痛みに
アリナミン
A
製造販売元
武田薬品工業株式会社
大阪市中央区道修町四丁目1番1号
ALINAMIN

2

nichiro
キングサーモン燻製
黒豚のしゅうまい
アラスカ産 キングサーモン
天然えびのチリソース
釧路産 さんま

3

Blanc Neige

ブラン・ネージュ

〒151-0051 東京都渋谷区千駄ヶ谷5-21-12
代々木リビン604
tel.03-3358-5530 fax.03-3358-5531
e-mail: b-neige@d9.dion.ne.jp

玉垣 聡 Tamagaki Satoshi

1956年8月13日生まれ。

1 オレオ ホワイトチョコレート Snack
ad.ヤマザキナビスコマーケティング部 d.吉津 恵
cl.ヤマザキナビスコ Yamazaki-nabisco
2 クレファー ストロベリー Cookie
ad.ヤマザキナビスコマーケティング部 d.高島由寛
cl.ヤマザキナビスコ Yamazaki-nabisco
3 お弁当たらこスパゲッティ Frozen Food
ad.日本製粉食品開発部 d.加藤美由紀
cl.日本製粉 Nippon Flour Mills
4 厚切りポテト Snack
ad.ヤマザキナビスコマーケティング部
cl.ヤマザキナビスコ Yamazaki-nabisco
5 飛騨高山餅 Rice Cake
ad.日東あられ新社
cl.日東あられ新社 Nitto Arare Shinsha
6 フライパンで焼じゃがもち Baby Food
ad.ピジョンパッケージデザイングループ d.幡野真代
cl.ピジョン Pigeon
7 蒸しパンミックス Steamed Cake Mix
ad.日本製粉食品開発部
cl.日本製粉 Nippon Flour Mills
8 鶏とたまごの親子フライ、チキンレモン Frozen Food
ad.ニチロ冷凍食品開発部 d.吉津 恵
cl.ニチロ Nichiro
9 薬用ハンドソープ、ボディソープ桃の葉、フレッシュコンパクト
Hand Soap, Soap, Dish Washing Detergent
ad.シジシージャパン グロサリー・ノンフーズ事業部
d.吉津 恵
cl.シジシージャパン C.G.C.Japan
10 スポーツドリンク Soft Drink
ad.シジシージャパン グロサリー・ノンフーズ事業部
d.加藤美由紀
cl.シジシージャパン C.G.C.Japan

1

2

3

4

5

pigeon
12
カ月頃から
おやつや軽食に
ピジョン
フライパンで
焼じゃがもち
かぼちゃ
トマト&チーズ
鉄分配合
調理例
3食入り
手軽にこんがり
フライパンで4分
水でできる

6

NIPPN
おやつにぴったり!
Steamed Cake Mix
ニップン
蒸しパン
ミックス
電子レンジでもOK!
NET250g
写真は調理の一例です。

7

nichiro
あけぼの
ゆかいなキッチン!
甘から和風だれ!
鶏とたまごの
親子フライ
電子レンジ調理
6個入(180g)
油で揚げてあります
チキンレモン
Chicken Lemon
レモン果汁入りマヨネーズ
電子レンジで40秒
6個入(150g)
便利な小分けトレイ入り/油で揚げてあります

8

くらしのベスト
薬用
ハンドソープ
殺菌+消毒
ボディソープ
桃の葉
100%植物性洗浄成分
桃の葉エキス配合
洗いあがりしっとりすべすべ
キュッとスッキリ!
フレッシュ
コンパクト
除菌
グリーンアップルミントの香り
弱酸性
270ml

9

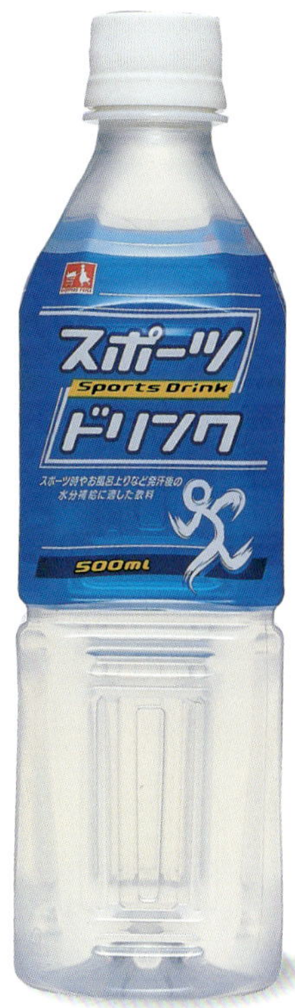
スポーツ
Sports Drink
ドリンク
500ml

10

Basic Product

ベーシックプロダクト

〒700-0837 岡山県岡山市南中央町4-5
tel.086-232-5002　fax.086-231-2851
http://www.basic-product.co.jp

1980年設立。各種、商品デザインコンサルテーションをベースに戦略的マーケティングのメインとしてパッケージデザインを位置付け、商品化プランから販促までトータルでMDを手掛け、店舗プランなど商品を取り巻く環境づくりまでプロデュースを行っております。

時岡和雄　Tokioka Kazuo

8月24日生まれ。世界デザイン博JPDA部門賞。2002JPCアルコール飲料部門賞、地域産業部門賞受賞。

川崎芳美　Kawasaki Yoshimi

1974年8月31日生まれ。

1

1 プラチナマジック Skin Care Products
ad.時岡和雄 d.& ld.川崎芳美
cl.リチャード Richard
2 濃キャラ Ice Cream
ad.時岡和雄 d.,ld.& il.川崎芳美
cl.オハヨー乳業 Ohayo Dairy Products
3 まろやかヨーグルト Yogurt
ad.時岡和雄 d.,ld.& il.川崎芳美
cl.オハヨー乳業 Ohayo Dairy Products
4 焼プリン Pudding
ad.時岡和雄 d.川崎芳美、室 弘美
cl.オハヨー乳業 Ohayo Dairy Products
5 焼プリン Pudding
ad.時岡和雄 d.& il.川崎芳美
cl.オハヨー乳業 Ohayo Dairy Products
6 ブラマンジェ Pudding
ad.時岡和雄 d.& il.川崎芳美
cl.オハヨー乳業 Ohayo Dairy Products

2

3

4

5

6

7

8

9

10

7 夢せん Japanese Confectionery
ad.,d.& lo.時岡和雄
d.室 弘美
cl.竹久夢二本舗 敷島堂 Takehisa Yumeji Hompo Shikishimado

8 夢二美人 Japanese Confectionery
ad.,d.& lo.時岡和雄
d.室 弘美
cl.竹久夢二本舗 敷島堂 Takehisa Yumeji Hompo Shikishimado

9 蒸しきんつば ふくのふく Japanese Confectionery
ad.,d.& lo.時岡和雄
d.室 弘美
cl.竹久夢二本舗 敷島堂 Takehisa Yumeji Hompo Shikishimado

10 栗ぜんざい Japanese Confectionery
ad.,d.& lo.時岡和雄
d.室 弘美
cl.竹久夢二本舗 敷島堂 Takehisa Yumeji Hompo Shikishimado

11 蒟蒻名人 Konnyaku
ad.時岡和雄
d.川崎芳美
cl.みゆきやフジモト Miyukiya Fujimoto

12 夢どら Japanese Confectionery
ad.& d.時岡和雄
d.室 弘美
cl.竹久夢二本舗 敷島堂 Takehisa Yumeji Hompo Shikishimado

11

12

Benedict Creations
ベネディクト

〒153-0063 東京都目黒区目黒2-11-8 バルビゾン8F
tel.03-3492-7401　fax.03-3492-7402
e-mail: info@benedict.jp
http://www.benedict.jp

田川雅一　Tagawa Masakazu

1955年7月26日東京生まれ。1978年日本大学卒業。97年4月ベネディクトを設立。97年日本パッケージデザイン大賞銀賞、98年日本パッケージデザイン大賞特別賞、99年JPC部門賞、2000年日本パッケージコンテストジャパンスター、01年JPC経済産業省局長賞、受賞。

小野達也　Ono Tatsuya

1964年1月4日生まれ。1997年4月ベネディクト設立。95年日本パッケージデザイン大賞特別賞、99年JPC部門賞、2000年日本パッケージコンテストジャパンスター賞、01年JPC経済産業省局長賞、受賞。

1

2

1 WONDA Morning Shot　Coffee
ad.田川雅一
d.小野達也、津島智範
cl.アサヒ飲料　Asahi Soft Drinks

2 WONDA Shot & Shot　Coffee
ad.田川雅一
d.津島智範
cl.アサヒ飲料　Asahi Soft Drinks

津島智範 Tsushima Tomonori

1975年1月3日生まれ。1996年中国デザイン専門学校卒業。2003年ベネディクト入社。現在に至る。

石川久仁雄 Ishikawa Kunio

1979年5月22日生まれ。2002年コンピュータ総合学園HALCG学科卒業。同年ベネディクト入社。現在に至る。

3

4

3 TILIA HAND MAID TEDDY BEAR Gift Box
ad.田川雅一
d.石川久仁雄、今野織恵
cl.チリア Tilia

4 TILIA EMBROIDERY BROACH Gift Box
ad.田川雅一
d.石川久仁雄、今野織恵
cl.チリア Tilia

5

6

5 O'ZACK Snack
cd.山下秀俊
ad.田川雅一
d.小野達也
cl.ハウス食品 House Foods

6 Natural Brown Nutritive Food
cd.川崎 勝
ad.田川雅一
d.小野達也、津島智範
cl.ハウス食品 House Foods

7

7 isit? Cigarette
cd.都坂政彦、木田江利子
ad.武井亜弥、田川雅一
d.津島智範、松本一久
cl.日本たばこ産業 Japan Tabacco

Pola Chemical Industries

ポーラ化成工業デザイン研究所

〒141-8523 東京都品川区西五反田2-2-3
tel.03-3494-7129　fax.03-3494-1758
e-mail: t-usui@pola.co.jp
http://www.pola.co.jp

碓井健司　Usui Takeshi

1979年愛知県立芸術大学美術学部卒業後、ポーラ化粧品本舗宣伝部入社、85年ポーラ化成工業意匠研究所(現デザイン研究所)転属。現在に至る。

1 ポーラ ザ メイク B.A　Cosmetics
ad.碓井健司
d.松井 孝、渡辺有史、公下和彦、薮崎衣美
cl.ポーラ化粧品本舗　Pola Cosmetics

2 ポーラ ホワイティシモ　Skin Care Products
ad.碓井健司
d.浪川恵美子、小野太士、伊藤兼太朗
cl.ポーラ化粧品本舗　Pola Cosmetics

3 アペックス・アイ　Skin Care Products
ad.碓井健司
d.白井信之、小野太士、伊藤兼太朗
cl.ポーラ化粧品本舗　Pola Cosmetics

1

WHITISSIMO
MEDICATED
WASH CLEAR
POLA
WHITISSIMO
MEDICATED
LOTION WHITE
POLA
WHITISSIMO
MEDICATED
LOTION WHITE EXTRA
POLA
WHITISSIMO
WHITISSIMO
MEDICATED
MILKY WHITE
POLA
WHITISSIMO
MEDICATED
CLEANSING CLEAR
POLA
WHITISSIMO
MEDICATED
UV PROTECTOR BRIGHT
POLA
2

3

松井 孝 Matsui Takashi

1992年東京芸術大学美術学部卒業後、ポーラ化成工業入社、現在に至る。

白井信之 Shirai Nobuyuki

1992年多摩美術大学美術学部卒業後、ポーラ化成工業入社、現在に至る。

原田祐助 Harada Yusuke

1997年多摩美術大学美術学部卒業後、ポーラ化成工業入社、現在に至る。

4

5

6

7

渡辺有史 Watanabe Yushi

1998年東京芸術大学美術学部卒業後、ポーラ化成工業入社、現在に至る。

丸橋加奈子 Maruhashi Kanako

1999年京都市立芸術大学美術学部卒業後、ポーラ化成工業入社、現在に至る。

小野太士 Ono Taishi

2000年東京芸術大学美術学部卒業後、ポーラ化成工業入社、現在に至る。

4 ポーラ リンクル ショット エッセンス Skin Care Products
ad.碓井健司
d.白井信之
cl.ポーラ化粧品本舗 Pola Cosmetics

5 ポーラ エスティナ アルヴィータ Skin Care Products
ad.碓井健司
d.鈴木智晴、松井 孝、公下和彦
cl.ポーラ化粧品本舗 Pola Cosmetics

6 レポゼ Skin Care Products
ad.片田博史
d.小野太士
cl.pdc

7 パン酵母エキス Skin Care Products
ad.片田博史
d.伊藤兼太朗
cl.pdc

8 Wコラーゲン Skin Care Products
ad.片田博史
d.白井信之
cl.pdc

9 化粧傘 Skin Care Products
ad.片田博史
d.伊藤兼太朗
cl.pdc

10 ロンジンティー Skin Care Products
ad.片田博史
d.白井信之
cl.pdc

8

9

10

Horii Toshimasa

堀井敏正

AD and Holly
アドアンドハウリー

〒321-0904 栃木県宇都宮市陽東5-13-34
tel.028-660-7157　fax.028-660-7167

商品の中身とぶれず、商品力になるパッケージデザインをめざします。パッケージのクリエイティブな成功が、商品全体に大きく貢献できると考え邁進してまいります。

1 味付ゆば Yuba
ad.堀井敏正
d.篠崎ひろこ
cl.ミツトヨフーズ Mitsutoyo Foods

2 うす紅だいこん Pickles
ad.堀井敏正
d.篠崎ひろこ
cl.ダイエー Daiei

3 湯波づくし Yuba
d.& ca.堀井敏正
cl.ダイエー Daiei

4 ハンバーグソース Sauce
ad.& ca.堀井敏正
d.篠崎ひろこ
cl.宮島醤油 Miyajima Shoyu

1

2

3

4

Polpo Long Studio
ポルポ ロング スタジオ

〒153-0061 東京都目黒区中目黒1-1-17
マンション恵比須苑708
tel.03-3714-0290　fax.03-3714-0288
e-mail: polpo@hh.iij4u.or.jp

古田和子　Furuta Kazuko

1

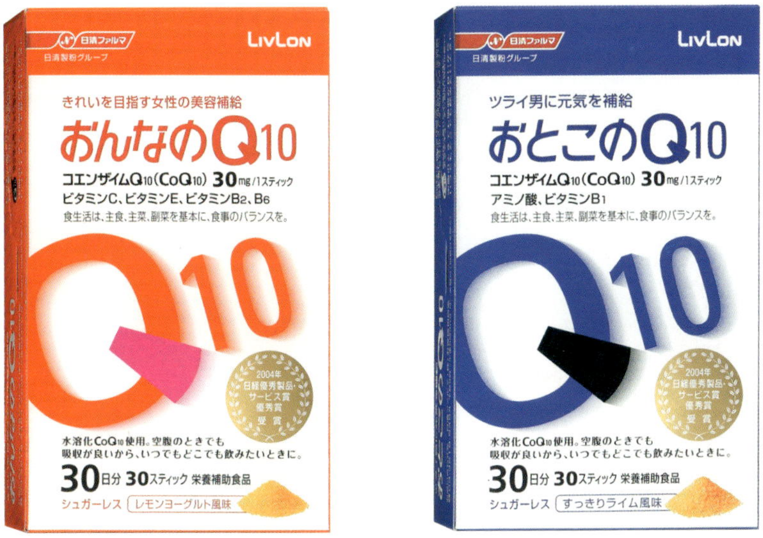

2

3

1 シェイプナビ Supplement
ad.& d.古田和子
cl.日清ファルマ Nisshin Pharma
2 Q10 シリーズ Supplement
ad.& d.古田和子
cl.日清ファルマ Nisshin Pharma
3 Q10 Life Supplement
ad.& d.古田和子
cl.日清ファルマ Nisshin Pharma

Honda Kazuo
本田和男
Face Design Work
フェイス デザイン ワーク
〒151-0061 東京都渋谷区初台1-29-13
ベルエール加藤104
tel.03-3379-6923　fax.03-3379-6297
e-mail: kazuo-honda@face-dw.co.jp

1952年6月14日生まれ。1978年武蔵野美術大学視覚伝達デザイン学科卒業。王子製紙を経て、1988年フェイスデザインワーク設立。現在に至る。99年より、武蔵野美術大学視覚伝達デザイン学科非常勤講師。

1 トワイニング紅茶 Tea
cd.菊地成基
ad.本田和男
d.大畑しのぶ、花輪 彩
cl.片岡物産 Kataoka
2 AGF 夏のギフト Drink Gift
ad.& d.本田和男
d.大畑しのぶ、花輪 彩
cl.味の素ゼネラルフーヅ
Ajinomoto General Foods
3 カルビー ア・ラ・ポテト Snack
cd.竹中 淨
ad.本田和男
d.大畑しのぶ、花輪 彩
cl.カルビー Calbee
4 カルビー Sloora Snack
cd.竹中 淨
ad.,d.& lo.本田和男
d.大畑しのぶ、花輪 彩
cl.カルビー Calbee
5 カネボウ AQUA Skin Care Products
cd.竹中 淨
ad.,d.,bd.& lo.本田和男
d.大畑しのぶ
d.& bd.花輪 彩
cl.カネボウ化粧品 Kanebo Cosmetics

1

2

A·LA·POTATO
Calbee
北海道新じゃが
だから
秋冬限定
ア・ラ・ポテト
素材が活きるザクッと厚切り!
自然結晶塩使用
うすしお味
北海道産バター使用
じゃがバター味

3

Sloora
焼きいも テイスト
モカコーヒー テイスト
アップルパイ テイスト
apple pie taste

4

AQUA
Vitalcirculation milk
I
Vitalizing and
Moisturizing Milk
Kanebo

5

Horiguchi Kazunori
堀口一則
Design-Kobo Kazns
デザイン工房かずんず
〒135-0044 東京都江東区越中島2-14-11 GPビル401
tel.03-5621-5070　fax.03-5621-5071
e-mail: kazns@mac.com

1958年9月16日生まれ。ミックブレインセンターを経て、1999年デザイン工房かずんず設立。現在に至る。

1 世界米紀行韓国 キムチ　Rice Cracker
ad.& d.堀口一則
ca.小迫かをり
cl.シャトレーゼ　Chateraise
2 焼之匠　Rice Cracker
ad.& d.堀口一則
ca.小迫かをり、八城了子
cl.梅林堂　Bairindo
3 メンタル・リフレッシュメント　Compact Disc
ad.& d.堀口一則
cl.ヒューマンエイジ研究所　Human Age Institute
4 白州　Japanese Confectionery
ad.& d.堀口一則
ca.望月鶴川、小迫かをり
cl.シャトレーゼ　Chateraise

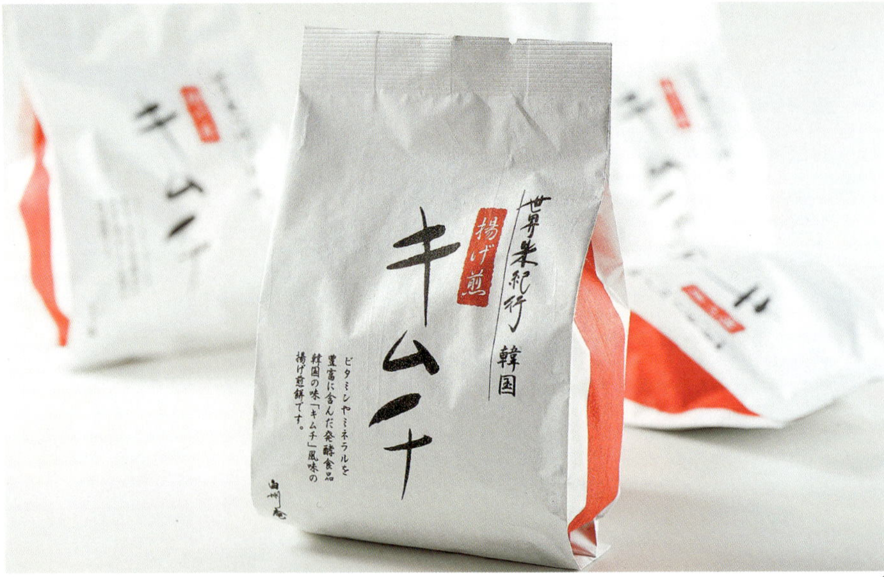

1

2

3

4

1

2

3

Matsuoka Masami

松岡正巳

Design Office Yupi
デザインオフィス ユピ
〒636-0804 奈良県生駒郡三郷町美松ヶ丘西1-8-7
tel.& fax. 0745-73-8538

1942年9月30日生まれ。パッケージデザインは販売戦略に欠かせぬコミュニケーションツール。商品企画とともに、あらゆる角度から付加価値と大きな感動を添えて訴求します。

1 ワンダーランド Medicine
ad.松岡正巳
il.& d.ふじいのぶこ
cl.伊丹製薬 Itami Pharmacy

2 野鳥図鑑 Gift Box
ad.,d.& const.松岡正巳
il.& d.ふじいのぶこ
cl.松之餅本舗 Matsunomochihonpo

3 天使のお気に入り Gift Box
ad.,d.& const.松岡正巳
il.& d.ふじいのぶこ
cl.松之餅本舗 Matsunomochihonpo

Matsushita Electric Industrial

松下電器産業

松下電器産業パナソニックデザイン社
AVCネットワークデザイン分野
ビジュアルコミュニケーションチーム

門真オフィス
〒571-8504 大阪府門真市松生町1-15
tel.06-6906-3011　fax.06-6906-3008

守口オフィス
〒570-8511 大阪府守口市松下町1-1
tel.06-6994-4370　fax.06-6994-4579

1 HJE70 Stereo Insidephones
ad.& d.白沢朋久
cl.松下電器産業パナソニックAVCネットワークス社
Panasonic AVC Networks Matsushita Electric Industrial

2 パルックプレミア Fluorescent Lamp
ad.白沢朋久 d.師玉一樹（スタジオノイエ）
cl.松下電器産業照明社
Lighting Matsushita Electric Industrial

1

2

3

3 D-snap Audio Portable Audio Apparatus
ad.& d.松尾有紀子 d.白沢朋久
cl.松下電器産業 パナソニックAVCネットワークス社 Panasonic AVC Networks Matsushita Electric Industrial

4 オキシライド乾電池 Oxyride Battery
ad.松下電器産業パナソニックデザイン社
d.原田啓一、羽室真祐
cl.松下電池工業 Matsushita Battery Industrial

5 DIGITAL VIDEO CASSETTE Video Tape
ad.& d.那須祐子
cl.松下電器産業パナソニックAVCネットワークス社 メディアビジネスユニット Panasonic AVC Networks Matsushita Electric Industrial Medeia Business Unit

6 グローバルパナソニック統一パッケージ
Global Panasonic Standard Package
ad.& d.松下電器産業パナソニックデザイン社
cl.松下電器産業 Matsushita Electric Industrial

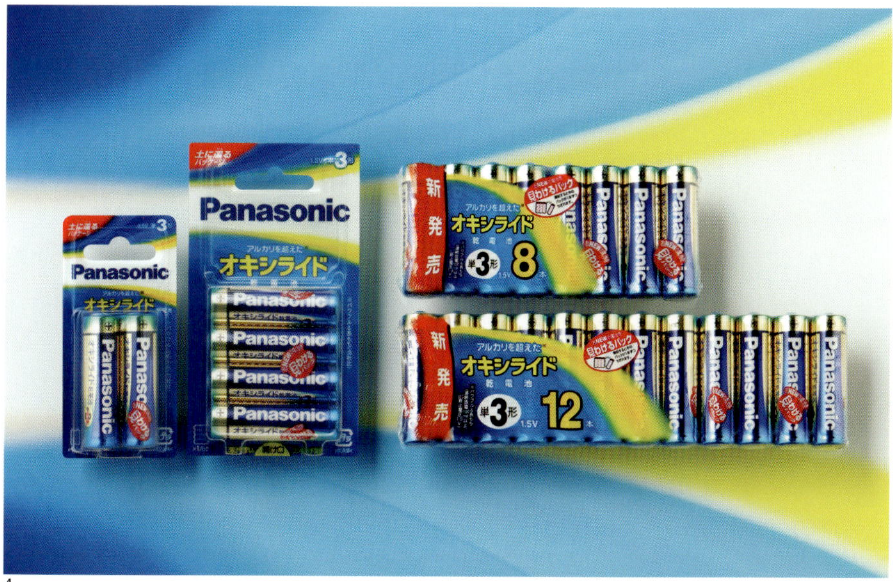

4

5

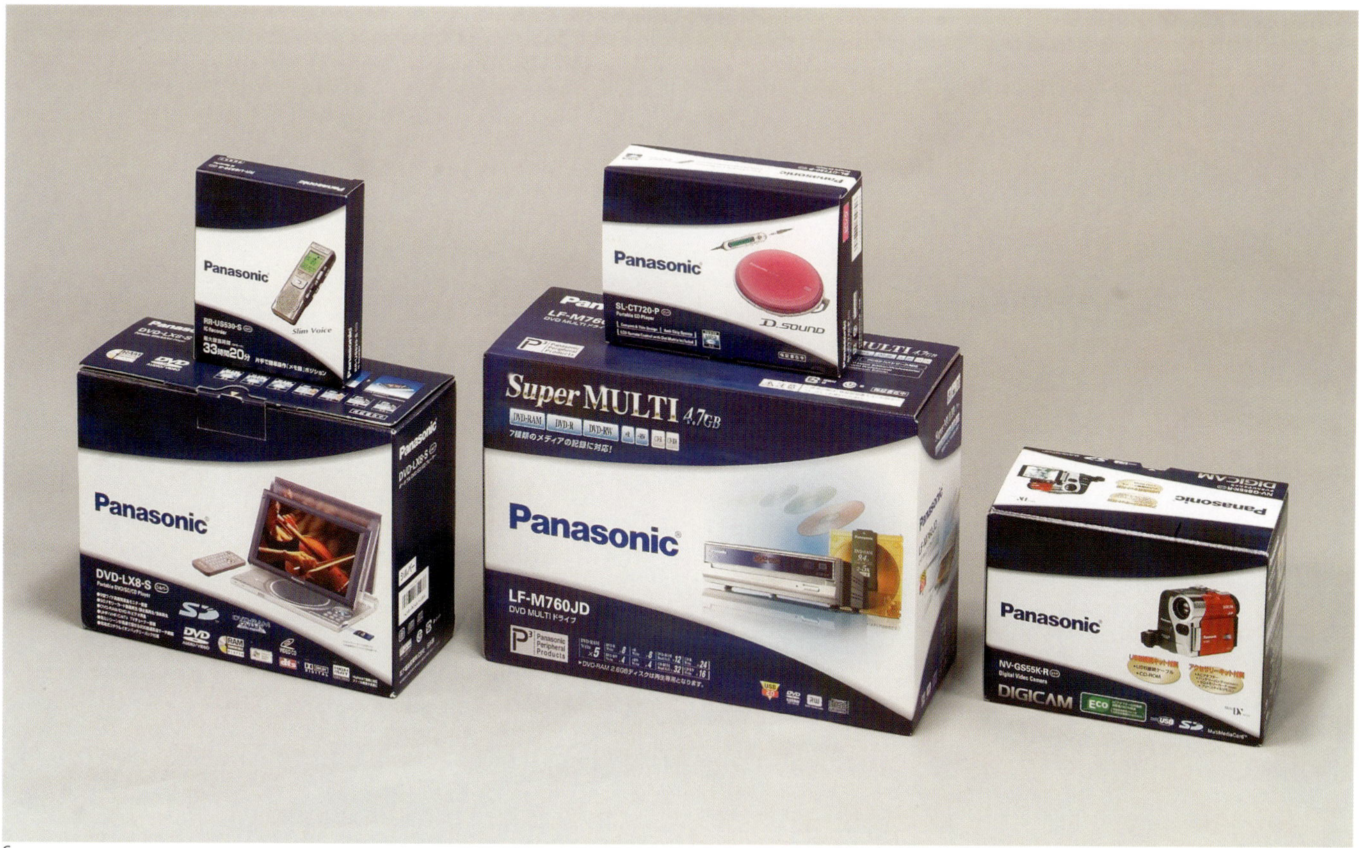

6

Maruhiro Paper Enterprise
丸廣紙業
〒581-0025 大阪府八尾市天王寺屋2-115
tel.0729-49-4835　fax.0729-49-1079

横川三希子　Yokogawa Mikiko

デジタルツールでの作業の多い中
うわと、させたい
ドキドキして欲しい
ワクワクして創りたい
いつまでも 夢 創り
絵を描き、文字を作り言葉を並べ
いつまでもアナログ仕立てですが

1 かくれまんじゅう Japanese Confectionery
ad.& d.横川三希子
p.大野 博
cl.さわだ一休庵 Sawada Ikkyuan
2 北海道フルーツジュレ Jelly
ad.横川三希子
d.& il.竹弘直美
p.大野 博
cl.サザエ食品 Sazae Shokuhin
3 金泉焼、銀泉焼 Japanese Confectionery
ad.,d.,lo.& il.横川三希子
p.大野 博
cl.有馬きんせん堂 Arima Kinsendo
4 線香 Joss Stick
ad.,d.,lo.& il.横川三希子
p.大野 博
cl.日本香堂 Nippon Kodo

1

2

3

4

Maruyama Kazumi
丸山和巳
Maruyama Design Office
丸山デザイン事務所
〒451-0064 愛知県名古屋市西区名西1-1-2
グランコート名西403
tel.052-531-3812　fax.052-531-3814
e-mail: kazumaru@d3.dion.ne.jp

1960年12月7日生まれ。

1 餃子の皮 Snack
ad.今尾小夜子(凸版印刷)
d.& il.丸山和巳
cl.おやつカンパニー Oyatsu Campany

2 スタミナネギタン塩 Snack
ad.今尾小夜子(凸版印刷)
d.丸山和巳
cl.おやつカンパニー Oyatsu Campany

3 青ベー緑ベーガム Gum
ad.鈴木理香子(凸版印刷)
d.& il.丸山和巳
cl.丸川製菓 Marukawa Confectionery

4 ふくらむゾーガム Gum
ad.鈴木理香子(凸版印刷)
d.& il.丸山和巳
cl.丸川製菓 Marukawa Confectionery

1

2

3

4

Mikuriya Design Office

御来屋デザイン事務所

〒700-0071 岡山県岡山市谷万成2-7-7
tel.086-251-6311　fax.086-251-6312
e-mail: e-honda@mikuriya-design.co.jp
http://www.mikuriya-design.co.jp

東京オフィス
〒106-0032 東京都港区六本木6-12-4
六本木ヒルズレジデンスD 714
tel.03-6406-9833　fax.03-6406-9833

本多英二　Honda Eiji

1958年7月4日生まれ。パッケージデザイナーを名乗る事に一抹の疑問を感じる時がある。勿論パッケージもデザインするが、それはプロジェクトの一環であり、それのみが目的に否ず。クライアントの益と投資額対効果を考えた場合、パッケージ抜きでも目的を達成する事ができる訳で、そこに葛藤が生まれる。一旦その軸をはずせば芯のブレたコマのごとく、どこに転がっていくか判らない自分の危うさが想像つくだけに「パッケージデザイナー」という衣を守っているのかも知れない。

1 NINIKINE Shop Produce
ad.,d.& p.本多英二
d.藤原美由記
cl.エス・トライブ S・Tribe

1

Mic Design Works

ミックデザインワークス

〒104-0031 東京都中央区京橋1-4-11 竹本ビル3F
tel.03-3273-2407　fax.03-3273-2408

1 有機ジュース Juice
ad.& d.ミックデザインワークス
cl.オルガフーズ Orga Foods
2 本格芋焼酎 幻の雫 Shochu
ad.メルシャン広告部
d.ミックデザインワークス
cl.メルシャン Mercian
3 ピジョン おしりナップ Baby Goods
ad.ピジョン
d.ミックデザインワークス
cl.ピジョン Pigeon
4 ベビー飲料 Soft Drink
ad.ピジョン
d.ミックデザインワークス
cl.ピジョン Pigeon
5 カテキン緑茶 Green Tea
ad.パド企画
d.ミックデザインワークス
cl.ポッカ コーポレーション Pokka Corporation
6 ほうじ茶 Tea
ad.パド企画
d.ミックデザインワークス
cl.ポッカ コーポレーション Pokka Corporation
7 味の素 撰 ギフト Seasoning
ad.味の素広告部
d.ミックデザインワークス
cl.味の素 Ajinomoto
8 炙ふりかけ Seasoning
ad.凸版印刷
d.ミックデザインワークス
cl.永谷園 Nagatanien

三木 学　Miki Manabu

1950年3月3日兵庫県生まれ。1972年多摩美術大学デザイン科卒業。ブランドイメージを高められるデザイン、時代を意識したシンプルでやさしい、理解しやすいデザインを目指しています。

小麦川直樹　Komugikawa Naoki

1957年6月21日生まれ。

1

2

pigeon
ピジョン
おしりナップ
ミルキー&ふっくら

3

pigeon
ピジョン ベビー飲料
野菜がとれる！
緑黄色野菜&ぶどう100
5種の緑黄色野菜
無添加
食塩・砂糖不使用
果汁+野菜汁=100%(果汁分70%)
緑の野菜&4種のくだもの100
4種の緑野菜と4種の果物
果汁+野菜汁=100%(果汁分80%)
キャロット&アップル100
β-カロテンたっぷり
緑黄色野菜&りんご100
水分や電解質補給に
ベジタブルイオン飲料
6種の野菜入り
野菜汁5%

4

POKKA
茶葉の恵み
カテキン
緑茶
天然カテキン 200mg
アミノ酸 (BCAA含有)

5

POKKA
炭煎り仕立て
ほうじ茶
香り広がる豊かな味わい

6

瀬戸内海水塩
海水使用
AJINOMOTO
本造り
鰹だしつゆ
一番しぼり ごま油
ゆず ぽん酢
利尻産昆布使用
昆布だしつゆ

7

味ひとすじ
永谷園
炙
あぶり
ふりかけ
西京味噌仕立て
鮭

8

Mic Brain Center
ミックブレインセンター
〒106-0031 東京都港区西麻布3-20-16
西麻布アネックス
tel.03-3423-9491　fax.03-3423-9494
e-mail: makito@mic-bc.co.jp
http://www.mic-bc.co.jp

豊浦牧人　Toyoura Makito
島村 仁　Shimamura Hitoshi
杉田祐司　Sugita Yuji

1

1 コンフィチュール・エ・プロヴァンス
Jam,Confectionery
ad.コンフィチュール・エ・プロヴァンス
ad.& d.ミックブレインセンター
cl.コンフィチュール・エ・プロヴァンス
Confiture et Provence
2 五感洋菓子 Confectionery
ad.五感
d.ミックブレインセンター
cl.五感 Pâtisserie de Samourai Gokan
3 セルジュ・アレクサンドル Confectionery
ad.& d.ミックブレインセンター
cl.セルジュ・ジャポン Selge Japon

2

3

La Terre saison
Pâtisserie de la Nature
大地のプリン
ウ・オ・レ
œuf au lait

4

京
遊び菓
伊藤軒

5

Freshscent Gift from Cha Yü
We serve you only special-selected chinese teas with finest quality.
西湖龍井
鳳凰単欉
茶語
CHINA TEA HOUSE
茉莉春毫
Moli Chunhao

6

4 ラ・テール セゾン Confectionery
ad.& d.ミックブレインセンター
cl.ミックブレインセンター Mic Brain Center
5 遊び菓 Japanese Confectionery
ad.& d.ミックブレインセンター
cl.伊藤軒 Itou-ken
6 茶語 Tea
d.ミックブレインセンター
cl.日本緑茶センター Japan Greentea
7 SHU SHU Handkerchief
ad.& d.ミックブレインセンター
cl.ブルーミング中西 Blooming Nakanishi
8 黒豆あられ、粋なマヨネーズ、手塩屋、
アーモンド揚せん Rice Cracker
ad.亀田製菓
d.ミックブレインセンター
cl.亀田製菓 Kameda Seika
9 フジフイルム ビデオ用DVD-Rピュアホワイト
Digital Versatile Disc
ad.フジフイルムデザインセンター
d.ミックブレインセンター
cl.富士写真フイルム Fuji Photo Film

7

8

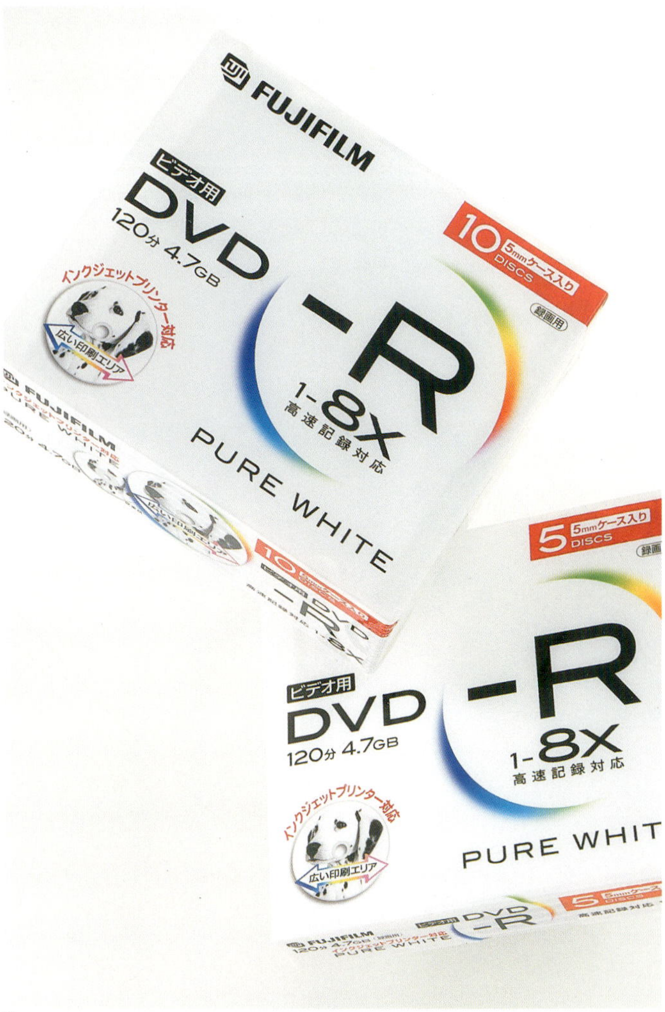

9

Minira Graphics

ミニラグラフィックス

〒107-0062 東京都港区南青山2-27-14
ドーリック南青山7F
tel.03-5414-5895　fax.03-5414-5896

中尾英司　Nakao Eiji

1996年8月8日設立。趣味が高じて、お酒の仕事を多数やっています。ちなみにスタッフ全員大酒呑みです。お酒の仕事は洋酒、日本酒なんでも来いです。お酒と切っても切れない食品関係の仕事も得意です。いわゆる、「食い道楽な企画・制作会社を目指しています」。

1

2

3

1 FREE RIDE Liqueur
cd.中尾英司
ad.佐藤則行
d.渡邊 亮
cl.メルシャン Mercian
2 Schick Shave Guard Shaving Form
ad.佐藤則行
d.渡邊 亮、小山 計
cl.シック·ジャパン Schick Japan
3 POWER MINTS GUM Gum
cd.中尾英司
ad.志藤公是
cl.キャドバリー·ジャパン Cadbury Japan
4 Creamyのど飴 Candy
cd.中尾英司
ad.& d.田代早苗
cl.キャドバリー·ジャパン Cadbury Japan
5 フレシネギフトボックス Sparkling Wine
cd.中尾英司
ad.& d.田代早苗
cl.フレシネ·ジャパン Freixenet Japan
6 ママン·ラトーナ Confectionery
cd.& ad.ミニラグラフィックス
d.渡邊 亮
7 威風堂堂 Shochu
cd.中尾英司
d.玉井幸恵
cl.メルシャン Mercian

4

5

6

7

Murakami Design Office
村上デザイン事務所
〒160-0022 東京都新宿区新宿1-3-7 唐木ビル501
tel.03-5369-2099　fax.03-5369-2098
e-mail: mdo@h4.dion.ne.jp

村上和彦　Murakami Kazuhiko
九州産業大学芸術学部デザイン学科卒業。

1 赤ワイン・白ワイン　Wine
cl.メルシャン　Mercian
2 麻婆豆腐の素、そうざいの素　Seasoning
cl.味の素　Ajinomoto
3 朝のスープ　Soup
cl.エム・シーシー食品　MCC Food
4 パーティスライス　Salmon
cl.王子サーモン　Oji Salmon
5 ターキージャーキー　Turkey Jerky
cl.グローバルフーズ　Global Foods
6 ぽん酢、わりした　Seasoning
cl.丸十大屋　Marujyu Oya

1

AJINOMOTO
豆腐1丁
だけで簡単!
レンジでおいしい!
麻婆豆腐用
中辛
甘口
たっぷりのひき肉入り
2~3人前
具だくさん
麻婆春雨
甘口
具材1.8倍
ポークとチキンの豊かなコク!
3人前

2

MCC
Good Morning
Have a nice day
とうもろこしのスープ
かぼちゃのスープ
クラムチャウダー
ミネストローネ
マッシュルームのクリームスープ
オニオンスープ
1人前
160g

3

Party Slice
パーティスライス
180g
80g
王子サーモン

4

GF
GLOBAL FOODS
TURKEY JERKY
ターキージャーキー
ソフト
唐辛子
パストラミ
ビール・ワイン・焼酎のおつまみに!

5

ぽん酢
すだちまる搾り
ゆずとだいだいまる搾り
すき焼きわりした
本醸造しょうゆ使用

6

Morix

モリックス

〒105-0014 東京都港区芝2-18-3 KOビル3F
tel.03-3769-0345　fax.03-3769-0346
e-mail: morix@bb.mbn.or.jp
http://www.morix-pd.com

1993年モリックス設立。97年ジャパンパッケージングコンペティション洋菓子部門賞、日本パッケージ大賞特別賞受賞。

森田充則　Morita Mitsunori

西本千奈美　Nishimoto Chinami

1

2

3

4

1 紙オムツ Paper Diaper
ad. 森田充則 d.西本千奈美、新飯田直子
cl.ユニ・チャーム Unicharm

2 デオシート Pet Article
ad. 森田充則 d.西本千奈美
cl.ユニ・チャームペットケア Unicharm Pet Care

3 ねこ元気 Pet Food
ad. 森田充則 d.内山奈津恵
cl.ユニ・チャームペットケア Unicharm Pet Care

4 ケアスポット Medicine
ad. 森田充則 d.細田睦美
cl.ユニ・チャームペットケア Unicharm Pet Care

5

8

6

9

7

5 パウダー紅茶 Tea
ad. 森田充則 d.細田睦美
cl.三井農林 Mitsui Norin

6 ティーバッグ Tea
ad. 森田充則 d.田辺 円
cl.三井農林 Mitsui Norin

7 ティーバッグ Tea
ad. 森田充則 d.西本千奈美
cl.三井農林 Mitsui Norin

8 ティーバッグ Tea
ad. 森田充則 d.内山奈津恵
cl.三井農林 Mitsui Norin

9 パウダー紅茶 Tea
ad. 森田充則 d.小島由香子
cl.三井農林 Mitsui Norin

10

11

12

13

10 冷凍食品 Frozen Food
ad. 森田充則 d.小島由香子
cl.ニチロ Nichiro

11 キャンディ Candy
ad. 森田充則 d.新飯田直子
cl.不二屋 Fujiya

12 烏龍茶 Oolong Tea
ad. 森田充則 d.西本千奈美
cl.ダイドードリンコ Dydo Drinco

13 韓国調味料 Seasoning
ad. 森田充則 d.西本千奈美
cl.モランボン Moranbong

Morinaga

森永製菓デザイン室

〒108-8403 東京都港区芝5-33-1
tel.03-3456-0126　fax.03-3456-0270
http://www.morinaga.co.jp

佐藤勝則　Sato Katsunori

1955年7月8日生まれ。

1 ポテロング、トウモロング Snack
ad.& d.佐藤勝則
d.柴田まりも、菜田 彩
p.保澤克行
il.穂積英治
cl.森永製菓 Morinaga

2 meltia Chocolate
ad.& d.佐藤勝則
d.柴田まりも
p.保澤克行
il.穂積英治
cl.森永製菓 Morinaga

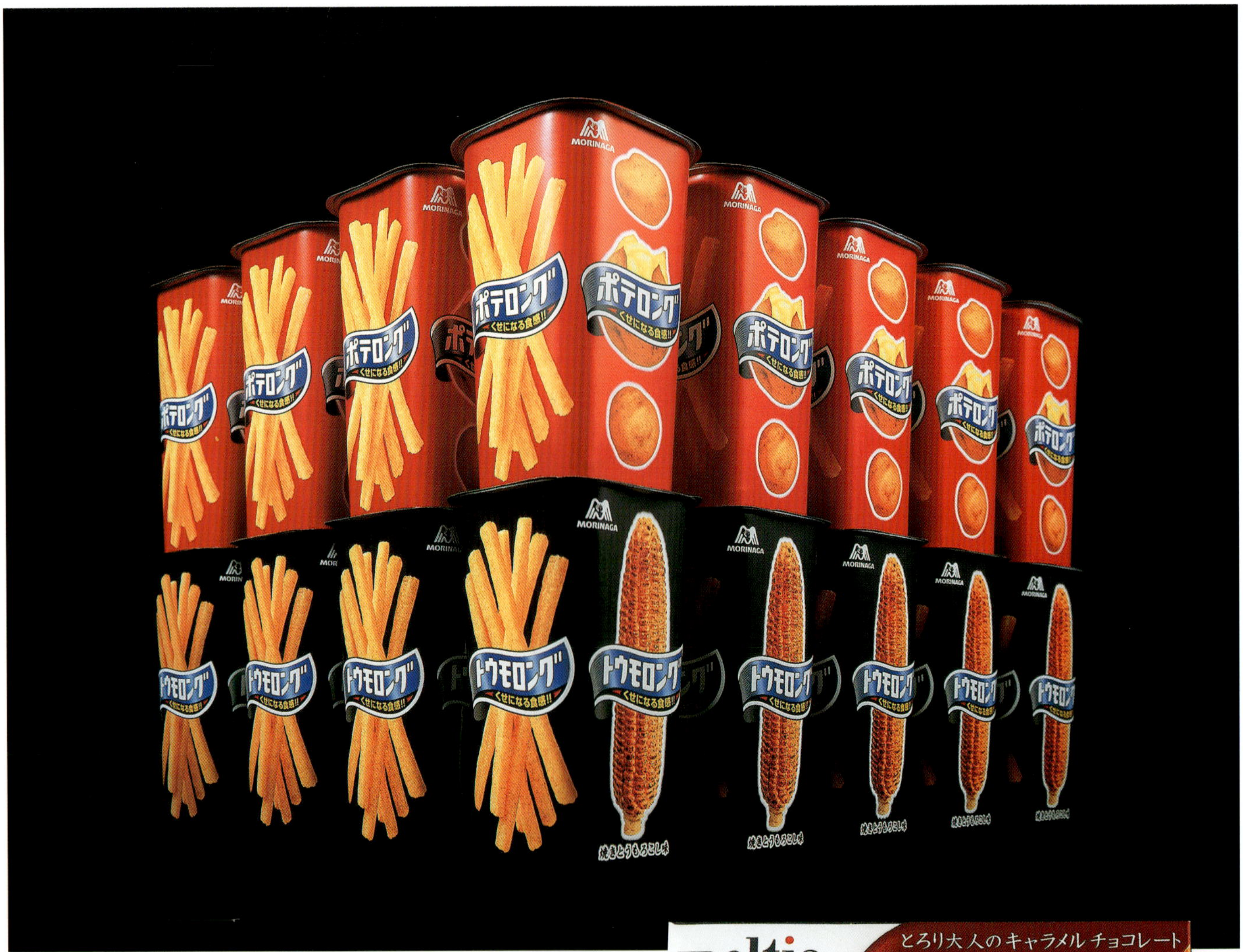

1

2

塚原郁乃 Tsukahara Ikuno

1960年6月12日生まれ。

3 Velvet Bitter Chocolate
ad.& d.塚原郁乃
p.保澤克行
cl.森永製菓 Morinaga

4 Carré de Chocolat
フレンチミルク、ベネズエラビター Chocolate
ad.& d.塚原郁乃
p.保澤克行
cl.森永製菓 Morinaga

3

4

Morozoff

モロゾフ

〒658-0033 兵庫県神戸市東灘区向洋町西5-3
tel.078-822-9005　fax.078-822-9012
http://www.morozoff.co.jp

小松眞一郎　Komatsu Shin'ichiro

1963年8月31日生まれ。1986年大阪芸術大学デザイン学科卒業。同年モロゾフ入社、現在に至る。N.Y.フェスティバル金賞・銀賞、日本パッケージデザイン大賞銀賞、ジャパンパッケージコンペティション洋菓子部門・贈答品部門・一般飲料部門賞、「おおさか新名物大賞」大賞受賞。神戸アーバンデザインコンペティション入賞。

1 はじめてのプリン　Pudding
ad.小松眞一郎
d.AD-Work
il.Propeller Studio
pl.高木英智
cl.モロゾフ　Morozoff

2 アップル&ペアチョコレート　Chocolate
ad.小松眞一郎
d.New Man
pl.三浦啓子
cl.モロゾフ　Morozoff

3 ウインターグリーティングズ　Gift Box
ad.小松眞一郎
d.New Man
pl.三浦啓子
cl.モロゾフ　Morozoff

4 ル・ベラージュ　Chocolate
ad.小松眞一郎
d.New Man
pl.高橋麻葉
cl.モロゾフ　Morozoff

1

2　3

4

5

高橋 篤　Takahashi Atsushi

1951年7月12日生まれ。1975年大阪芸術大学デザイン学科卒業。同年モロゾフ入社、現在に至る。83年パッケージング展通商産業大臣賞、97年N.Y.フェスティバル銅賞、98年、99年同展金賞、99年日本パッケージデザイン大賞銀賞、2001年ジャパンパッケージングコンペティション洋菓子部門賞、N.Y.フェスティバル銀賞、03年同展金賞・銅賞受賞。

5 | プレミアムチョコレートセレクション　Chocolate
ad.高橋 篤
d.西野 修、三原美奈子
cl.モロゾフ　Morozoff

6 | サマーグリーティングズ　Confectionery
ad.高橋 篤
d.吉田健司
p.吉田秀司
st.松本淳美
cl.モロゾフ　Morozoff

6

山下真理子　Yamashita Mariko

1966年8月9日生まれ。1997年N.Y.フェスティバル銅賞、98年、99年同展金賞、99年日本パッケージデザイン大賞銀賞、2001年ジャパンパッケージングコンペティション洋菓子部門賞、N.Y.フェスティバル銀賞、03年同展金賞・銅賞受賞。

7 クールドゥ Chocolate
cd.高橋 篤
ad.& d.山下真理子
d.吉田健司
pl.構 江美子、細見由香
cl.モロゾフ Morozoff

8 アレックス&マイケル ベビービー Chocolate
cd.高橋 篤
ad.& d.山下真理子
d.吉田健司
pl.構 江美子、坂本友恵
cl.モロゾフ Morozoff

9 チェリーブリーズ はるうた Chocolate
cd.高橋 篤
ad.& d.山下真理子
d.吉田健司
pl.構 江美子、細見由香
cl.モロゾフ Morozoff

7

8

9

Yamaguchi Tetsuo
山口哲雄
Design Studio Nick
デザインスタジオニック
〒106-0044 東京都港区東麻布3-5-12 麻布CCビル
tel.03-3568-2229 fax.03-3568-1299

1949年3月20日生まれ。グラフィック、SP、パッケージ、C.I.B.I.システム等のアートディレクション。ニッククリエイティブグループとして1972年デザインスタジオニック設立、85年JPC会長賞受賞。毎日アイデアソースを創造しています。

1 トミックスNゲージ車両セット Plastic Model
cd.山口哲雄 ad.秋山三千王
cl.トミックス Tomix
2 パン屋さんのこだわり紅茶 Tea
cd.山口哲雄 ad.田代俊吾 d.木村江里
cl.山崎製パン Yamazaki Baking
3 杏仁フルーツ&フルーツみつ豆 Dessert
cd.山口哲雄 ad.田代俊吾 d.木村江里
cl.山崎製パン Yamazaki Baking
4 クレープ Crepe
cd.山口哲雄 ad.田代俊吾 d.木村江里
cl.山崎製パン Yamazaki Baking

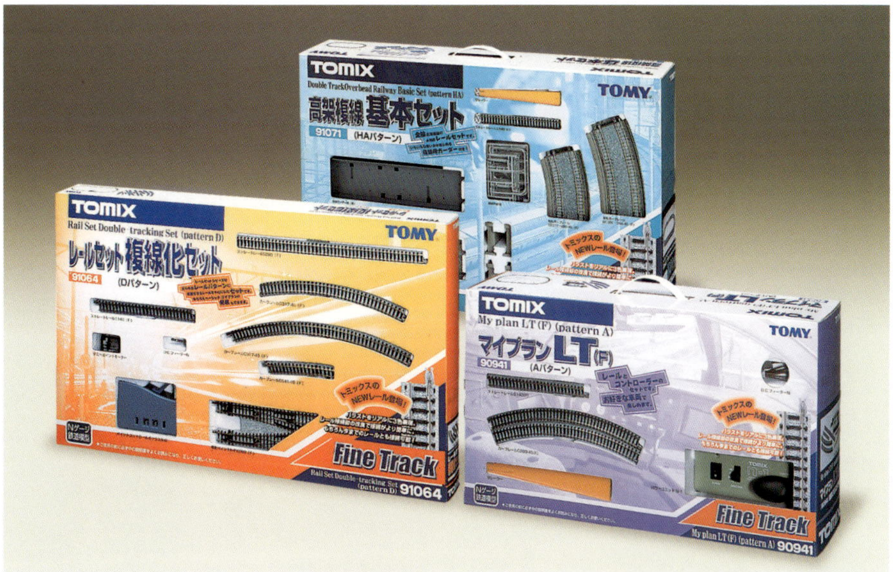

1

2

3

4

Monde Nozomi
門出 希
Mondesign
モンデザイン
〒153-0061 東京都目黒区中目黒1-7-2-102
tel.& fax. 03-3710-6195
e-mail: mondesign@s9.dion.ne.jp
http://www.k3.dion.ne.jp/~mon/

1973年5月24日生まれ。コスメティックや、サプリメント等の美容関係や、食品のパッケージデザインを得意とします。モノが溢れている世の中で、なお作り続ける人達の、商品に込められたメッセージを運べるような、パッケージデザインを目指しています。そのために、パッケージデザインだけに留まらず、それに関連する広告やパンフレット等のツール類のグラフィックデザインも手掛けております。

1 NFP+ Supplement
ad.& gd.門出 希
cl.アクア ノア Aqua Noa
2 CERISIER Skin Care Products
ad.,gd.& il.門出 希
ag.コムプライム
cl.ユーリーグ U-leag

1

2

3 | **SALUS! Ice Cream**
ad.& gd.門出 希
cl.渦潮電機 Uzushio Electric

4 | **GLIP MINUS SCIENCE Skin Care Products**
ad.& gd.門出 希
cl.渦潮電機 Uzushio Electric

5 | **GLIP MINUS SCIENCE Skin Care Products**
ad.& gd.門出 希
cl.渦潮電機 Uzushio Electric

3

4

5

Yao Design International

YAOデザインインターナショナル

〒160-0003 東京都新宿区本塩町4 祥平館ビル7F
tel.03-3357-3668　fax.03-3353-1546
e-mail: info@yao-design.co.jp
http://www.yao-design.co.jp

1 6Pチーズ Cheese
cl.雪印乳業 Snow Brand Milk Products
2 ボン・フロマージュ Cheese
cl.雪印乳業 Snow Brand Milk Products
3 ハイ!チーズ Cheese
cl.雪印乳業 Snow Brand Milk Products
4 オフビートカフェ Coffee
cl.日本ミルクコミュニティ Nippon Milk Community
5 ヤマキ吟味特撰シリーズ Seasoning
cl.ヤマキ Yamaki

1

2

3

Off Beat Cafe
CAFFÈ LATTE
カフェラテ
lee-
way
Lee Morgan
Bobby Timmons
Art Blakey
introducing
KENNY BURRELL
SWING
JACKIE
McLEAN
SONNY ROLLINS

4

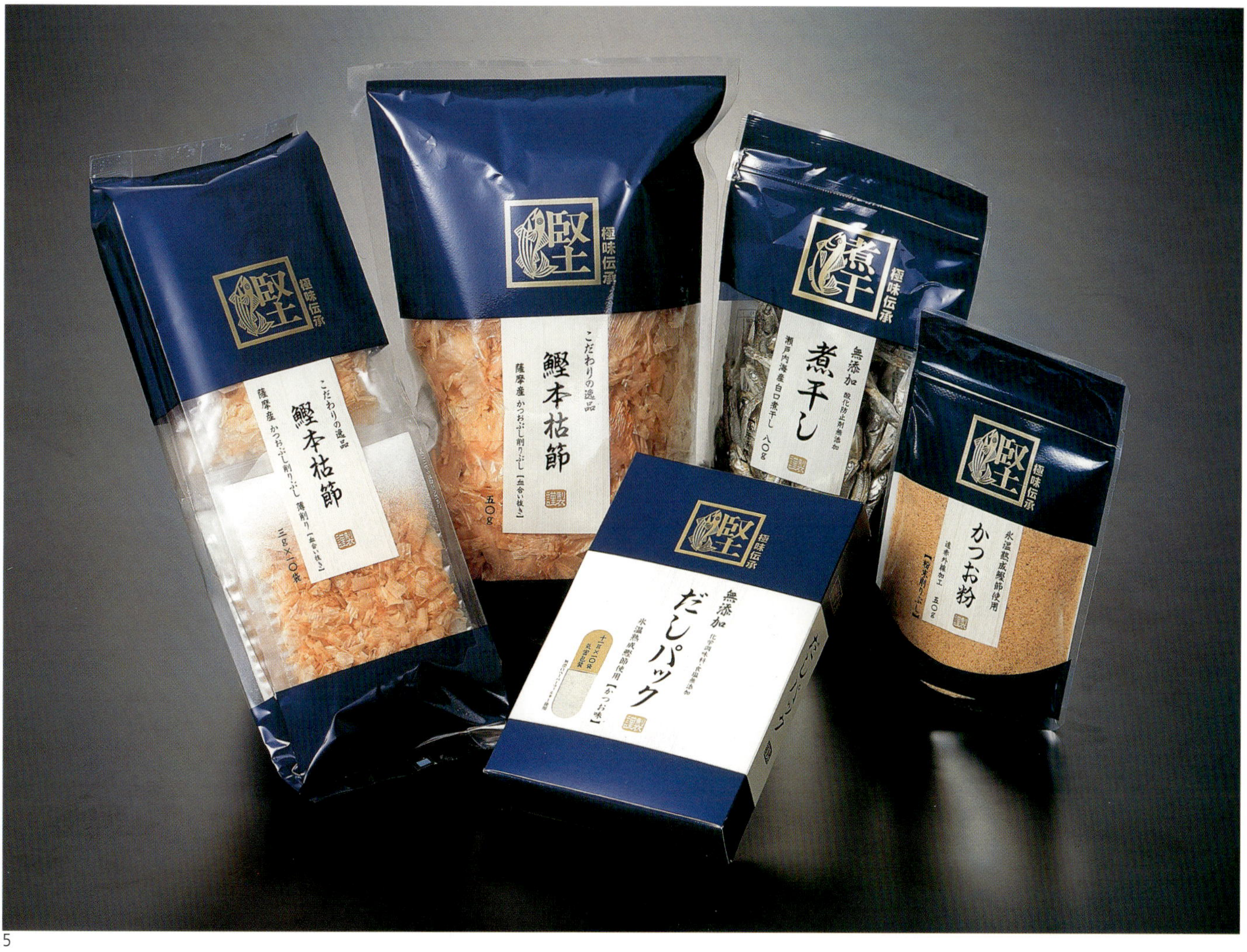
極味伝承
こだわりの逸品
鰹本枯節
薩摩産 かつおぶし削りぶし
五〇g
無添加
煮干し
だしパック
かつお粉

5

NIPPN
オーマイ
Oh'my FROZEN SPAGHETTI
PREMIUM
オーマイプレミアム
魚介の旨みのきいた香ばしいたらこソースに、
粒々のほぐし焼きたらこがたっぷり。
たらこといか
スパゲッティ
きざみのり小袋つき
冷凍食品
1人前(280g)

6

超ファイバー生活
DIETARY FIBER BISCUIT
超すっきり、サクッとおいしい。
食物せんい
プロジェクト
Fe
Ca
V
超ファイバー生活
DIETARY FIBER ■ BISCUIT
食物繊維たっぷり12g(1箱分)
鉄+カルシウム+9種のビタミン
小麦ふすま/クランベリー/レモンピール入り
1箱
4袋入り
(2枚×4袋)
NIPPN

7

S&B
本わさび
生おろし
無着色
S&B
国産生姜
黄金の里100%使用
しょうが
生おろし
無着色
S&B
青森県産にんにく
福地ホワイト種100%使用
にんにく
生おろし
無着色
S&B
有機からし100%使用
からし
無着色

8

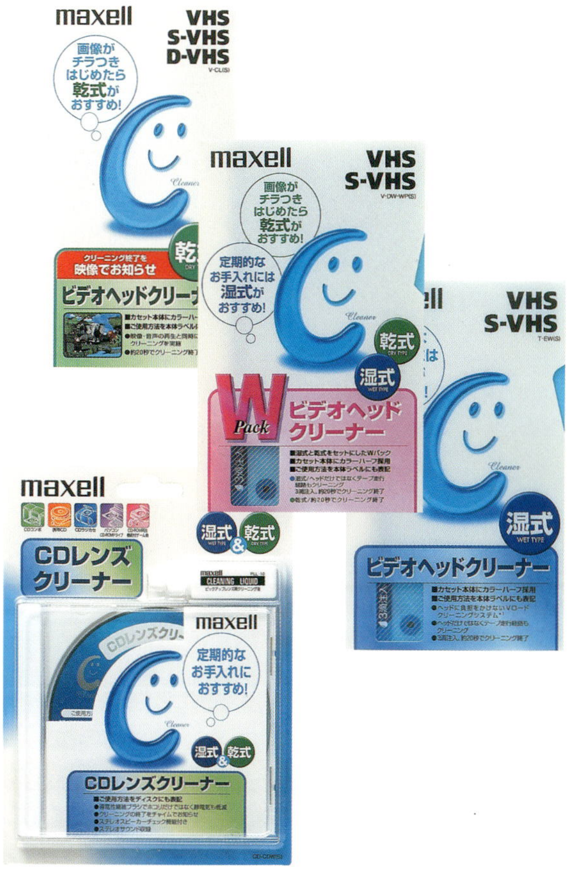

9

6 オーマイプレミアム Frozen Food
cl.日本製粉 Nippon Flour Mills
7 超ファイバー生活 Biscuit
cl.日本製粉 Nippon Flour Mills
8 無着色チューブシリーズ Seasoning
cl.エスビー食品 S&B Foods
9 マクセルクリーナー Cleaner
cl.日立マクセル Hitachi Maxell
10 ソフティモホワイトボディソープ Soap
cl.コーセーコスメポート Kosé Cosmeport
11 薬用ハイカバーコンシーラー Make-up Products
cl.コージー本舗 Koji Honpo

10

11

Yazawa Design Studio

矢沢デザインスタジオ

〒150-0001 東京都渋谷区神宮前6-35-3
コープオリンピア403
tel.03-5467-6883 fax.03-5467-6884
e-mail: t_yazawa@yazawads.com
http://www.yazawads.com

矢沢孝嗣 Yazawa Takatsugu

1950年3月11日生まれ。1970年名古屋造形芸術短期大学V.D.科卒業。増田正デザイン研究所を経て、83年スタジオ設立。商品コンセプトを踏まえ、Flexible & Aggressive（柔軟かつ積極的）なデザインプレゼンテーションを心がけています。

酒井裕之 Sakai Hiroyuki

1960年8月7日生まれ。

1

1 ロッテ クーリッシュ Ice Cream
cd.ロッテ商品開発部
ad.福智久美子
d.酒井裕之
il.佐藤忠雄
p.安部博文
cl.ロッテ Lotte

2 ロッテ クーリッシュマルチパック Ice Cream
cd.ロッテ商品開発部
ad.福智久美子
d.酒井裕之
il.佐藤忠雄
p.安部博文
cl.ロッテ Lotte

2

3 ロッテ トッポ Snack
cd.ロッテ商品開発部
ad.武岡文美子
d.矢沢孝嗣
il.芝 安治
cl.ロッテ Lotte

4 アストリア スティックコーヒー Coffee
cd.片岡物産宣伝部
ad.矢沢孝嗣
d.酒井裕之
il.芝 安治
p.安部博文
cl.片岡物産 Kataoka

5 アイスココア Cocoa
cd.北海製罐デザインルーム
ad.矢沢孝嗣
d.酒井裕之
p.安部博文
cl.大塚ベバレジ Otsuka Beverage

3

4

5

6 S&B リゾットの素 Seasoning
cd.エスビー食品商品本部
ad.矢沢孝嗣
d.酒井裕之
cl.エスビー食品 S&B Foods

7 S&B 雑炊の素 Seasoning
cd.エスビー食品商品本部
ad.矢沢孝嗣
d.酒井裕之
cl.エスビー食品 S&B Foods

8 S&B とろとろ肉のカレー Curry
cd.エスビー食品商品本部
ad.矢沢孝嗣
d.松尾玲子
cl.エスビー食品 S&B Foods

6

7

8

9

10

9	小岩井マーガリン Margarine cd.小岩井乳業商品企画部 ad.矢沢孝嗣 d.酒井裕之 cl.小岩井乳業 Koiwai Dairy Products
10	小岩井農場6Pチーズ Cheese cd.小岩井乳業商品企画部 ad.& d.矢沢孝嗣 il.佐々木悟郎 cl.小岩井乳業 Koiwai Dairy Products
11	健康にがり Nutritive Food cd.日本海水マーケティング部 ad.& d.矢沢孝嗣 cl.日本海水 Nihon Kaisui
12	メイクライフベターサプリメント Supplement cd.ファインリッチ マーケティング ad.& d.矢沢孝嗣 d.松尾玲子 cl.ファインリッチ Fine Rich

11

12

Yamamoto Hiroko

山本浩子

graf depot.
グラフ・デポ
〒569-0071 大阪府高槻市城北町2-7-16 モジュール305
tel.072-672-2333　fax.072-672-2424
e-mail: info@grafdepot.com

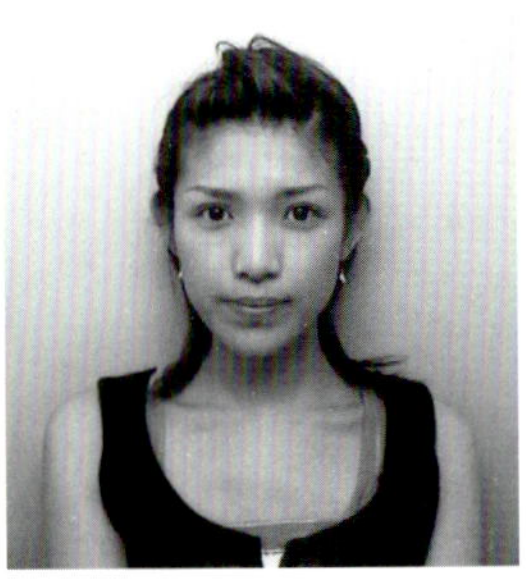

1974年7月31日生まれ。ものをつくる人も、ものを売る人も、ものを買う人も、心が豊かになる楽しいデザインができたら嬉しいです。

1 ドクター・ジーワン Fitness Drink
ad.& d.山本浩子
cl.アトラス Atlas
2 泡とろ湯 Bath Products
cd.牛乳石鹸マーケティング部
ad.& d.山本浩子
cl.牛乳石鹸共進社 Cow Brand Soap Kyoshinsha
3 FRESHCOAT Condoms
cd.ジェクス商品企画部
ad.& d.山本浩子
cl.ジェクス Jex
4 スティッククラックス Snack
ad.& d.山本浩子
cl.エヌエス・インターナショナル NS International

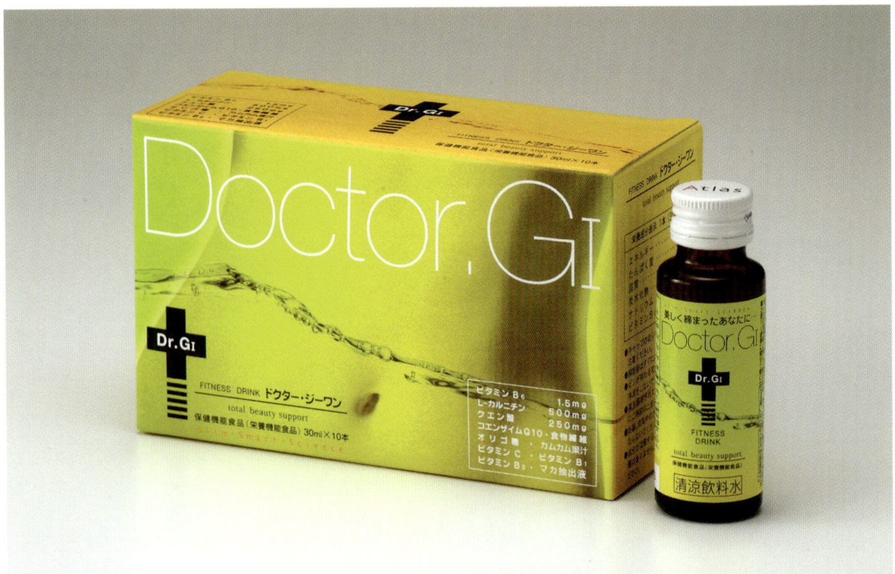

1

2

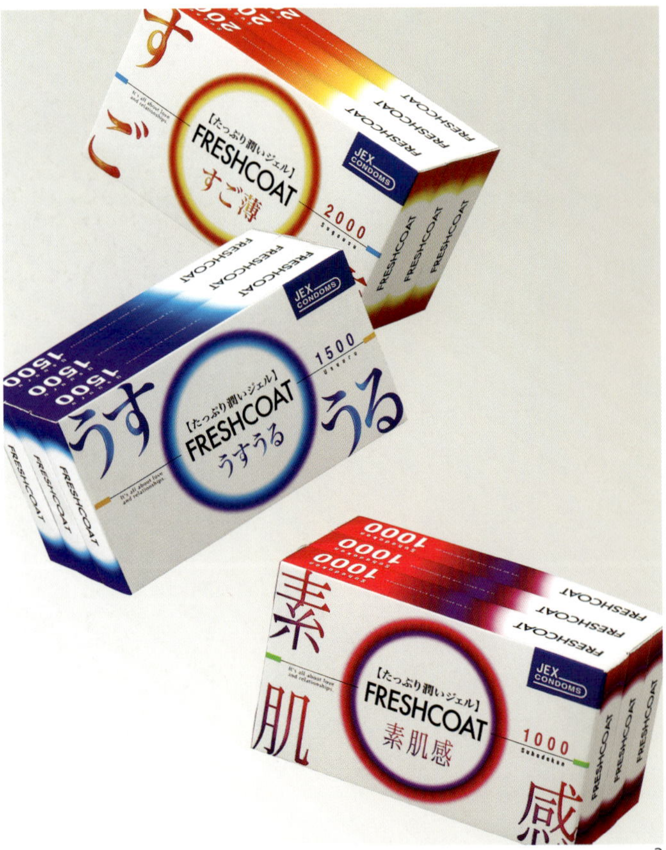

3

4

1

2

3

4

Yoshimura Masanori Design Office

吉村雅紀デザイン事務所

〒112-0002 東京都文京区小石川1-17-1
エルアージュ小石川A-305
tel.& fax. 03-5689-5638
e-mail: masa-y@ta3.so-net.ne.jp

吉村雅紀 Yoshimura Masanori

1970年生まれ。2001年吉村雅紀デザイン事務所設立。気が付けばクリエイティブの仕事をして15年。これからも日々勉強、強い探究心をもって、新しいデザイン・売れるデザインを生み出していきたい。

1 清涼飲料水 Soft Drink
d.吉村雅紀デザイン事務所
cl.エルビー LB
2 ポタージュシリーズ Soup
d.吉村雅紀デザイン事務所
cl.伊藤園 Ito En
3 フレッシュリアップ Hair Tonic
d.吉村雅紀デザイン事務所
cl.大正製薬 Taisho Pharmaceutical
4 純米酒 米 Sake
d.吉村雅紀デザイン事務所
cl.鮎正宗酒造 Ayumasamune Shuzo

Yoneta Kimiko
米田貴美子
Design Office Rice
デザインオフィスライス
〒167-0031 東京都杉並区本天沼1-27-5
tel.& fax. 03-3336-4681
e-mail: d-o-rice@cf6.so-net.ne.jp

8月15日生まれ。D・O・Riceは米田美枝子と2人のオフィスです。お菓子を中心に食品のパッケージを主に制作しています。クライアントの方、スタッフの人たちとの話し合いを大切に、そしてユーザーの方に愛される心に残るデザインを続けて行きたいと願っています。

1 | アイクレオHI Baby Milk
ad.& d.米田貴美子
d.米田美枝子
cl.大平印刷 Taihei Printing、アイクレオ Icreo

2 | 木村のかきもち Rice Cracker
ad.& d.米田貴美子
d.米田美枝子
cl.木村 Kimura

1

2

1

Watanabe Yoshiichi

渡邊義一

Woms Create
ワムズ・クリエイト

〒616-8255 京都府京都市右京区鳴滝音戸山町4-47
tel.075-467-8360　fax.075-467-8370
e-mail: woms@topaz.plala.or.jp

1947年8月21日生まれ。最近、ワクワク・ドキドキした事ありますか？素直に感動できることの少ない昨今、キラリと光った期待感を与えることが出来る物づくり屋でありたいものだとつくづく考える今日此頃です。

1 MGCL² にがりゼリー　Jelly
ad.& d.渡邊義一
cl.楽粋　Rakusui

2 生麩まんじゅう、蕨餅　Japanese Confectionery
ad.& d.渡邊義一
cl.みずは北川　Mizuha Kitagawa

3 實生の餅　Japanese Confectionery
ad.& d.渡邊義一
cl.石村萬盛堂　Ishimura Manseido

2

3

Lion
ライオン

〒130-0015 東京都墨田区横網1-2-22
tel.03-3621-6645　fax.03-3621-6659

1 デンターシステマ Oral Care Products
cd.寺沢 勉
ad.斉藤純一
d.金子智之
cl.ライオン Lion

2 クリニカキッズ Oral Care Products
ad.& d.金子智之
il.ウォルト・ディズニー・ジャパン
cl.ライオン Lion

3 植物物語ハーブブレンド
Hair&Body Care Products
cd.寺沢 勉
ad.& d.金子智之
cl.ライオン Lion

4 アクロン Detergent
cd.松田德巳
ad.& d.ブラビス・インターナショナルリミテッド
bd.デザインデルタ
cl.ライオン Lion

5 トップ Detergent
cd.松田德巳
ad.& d.デザインマック
cl.ライオン Lion

6 バン ゼロ Deodorant Spray
ad.斉藤純一
d.ポジトロン
cl.ライオン Lion

7 フリー&フリー ダメージエイド
Hair Care Products
ad.寺沢 勉
d.スタジオマッス
bd.デザインデルタ
cl.ライオン Lion

8 きれいのミスト Deodorant
ad.野崎靖紀
d.デザインマック
bd.寺島デザイン研究所
cl.ライオン Lion

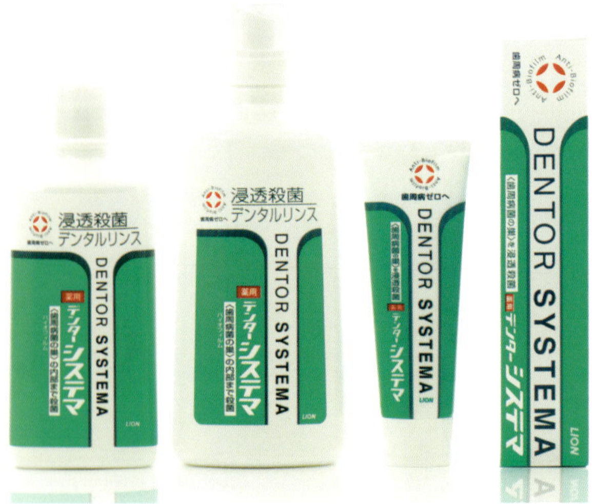

1

©Disney

2

3

洗うたび、おろしたて感覚
アクロン
しわ・ヨレ・縮み
色あせを防ぎます
【スタイル保持成分ASP配合】
ドライ
WOOLMARK
500ml
無けい光 中性洗剤
LION
4

時間が経った汚れまで落とす
酵素パワー
トップ
ステインザイム新配合
食べこぼし・皮脂汚れもスッキリ
1.1kg LION
5

Ban ZERO
Non Fragrance
Ban ZERO
Refresh marine note
Ban ZERO
Healing green note
6

Free&Free
Damage Aid
化粧水
Free&Free
Damage Aid
シャンプー
SHAMPOO
Free&Free
Damage Aid
トリートメント
TREATMENT
7

ルック
きれいのミスト
浴室のピンクヌメリの発生を防ぐ
for Bathroom
LION
ルック
きれいのミスト
トイレマット・床の雑菌、ニオイを除去
for Toilet
LION
8

Radian

ラジアン

ラジアン

〒141-0021 東京都品川区上大崎3-14-35 山手ビル3F
tel.03-3449-6231　fax.03-3449-6232
http://www.radian-design.com

ラジアンは、1993年に設立した会社です。より幅広いクリエイティブ(おもしろいこと！)を目指し、今ではひとつのカテゴリーではくくることのできない仕事も増えています。我々は、デザインプロダクションという枠や既成概念にとらわれることなくつねにクオリティの高い、幅の広いクリエイティブを提案し続けたいと思っています。

大澤 靖　Osawa Yasushi

1956年6月14日生まれ。武蔵野工業大学中退。1993年ラジアン設立、現在に至る。

佐野文胡　Sano Akiko

1964年7月11日生まれ。1987年多摩美術大学グラフィックデザイン科卒業。93年ラジアン入社、現在に至る。

1 味の素 Seasoning
d.ラジアン
cl.味の素 Ajinomoto
2 味の素 ピュアセレクトサラリア Sauce
d.ラジアン
cl.味の素 Ajinomoto
3 味の素 ピュアセレクトタルタルソース Sauce
d.ラジアン
cl.味の素 Ajinomoto
4 味の素 Cook Do Seasoning
d.ラジアン
cl.味の素 Ajinomoto
5 カネボウ プロスタイルシリーズ Hair Care Products
d.ラジアン
cl.カネボウ Kanebo
6 片岡物産 抹茶ミルク、ほうじ茶ミルク Tea
d.ラジアン
cl.片岡物産 Kataoka
7 アストリア スティックコーヒー Coffee
d.ラジアン
cl.片岡物産 Kataoka
8 日立マクセル DVD Digital Versatile Disc
d.ラジアン
cl.日立マクセル Hitachi Maxell
9 日清 麺の達人 Instant Noodles
d.ラジアン
cl.日清食品 Nissin Food Products
10 日清 健多郎 Instant Noodles
d.ラジアン
cl.日清食品 Nissin Food Products
11 小岩井 まろんオレ Soft Drink
d.ラジアン
cl.小岩井乳業 Koiwai Dairy Products
12 小岩井 あずき抹茶オ・レ Soft Drink
d.ラジアン
cl.小岩井乳業 Koiwai Dairy Products
13 小岩井 カスタードヨーグルト、生クリームヨーグルト Yogurt
d.ラジアン
cl.小岩井乳業 Koiwai Dairy Products
14 J-oil 家庭用油 Oil
d.ラジアン
cl.J-オイルミルズ J-oil Mills
15 J-oil 業務用油 Oil
d.ラジアン
cl.J-オイルミルズ J-oil Mills

1

2

3

菊地真理子 Kikuchi Mariko

1969年9月8日生まれ。1994年ラジアン入社、現在に至る。

高橋弘樹 Takahashi Hiroki

1972年10月27日生まれ。2001年ラジアン入社、現在に至る。

1

4

New
泡のワックス
毛先までくるんと!
Prostyle
ナチュラルウェーブ
ホイップ泡ワックス
Kanebo
New
簡単泡スプレー
雨の日も広がらない
Prostyle
スーパーボリュームダウン
トリートメント泡スプレー
Kanebo
New
水なしで復活
くっきりウェーブ
Prostyle
くっきりウェーブ
アクアメイクフォーム
Kanebo
New
アイロン効果
長持ちきっちりストレート
Prostyle
アイロンストレートヘア
スチーム泡スプレー
Kanebo
New
うるおい持続
つややかウエット
Prostyle
ウェットスタイル
モイスチャーフォーム
Kanebo
New
1日中しっかりキープ
まとめ髪も簡単
Prostyle
スーパーハード
スタイリングフォーム
Kanebo
New
まっすぐサラサラ
つけた瞬間ストン!
Prostyle
スーパーストレート
エッセンスフォーム
Kanebo
New
しっかりキープ
フロント・サイド
Prostyle
ポイントミスト
Kanebo
寝ぐせ直しウォーター
Prostyle
モーニングリセットウォーター
Kanebo
寝ぐせ直しシャワー
Prostyle
モーニングリセットシャワー
Kanebo
芯からまっすぐ
Prostyle
ストレートウォーター
Kanebo
巻き髪もまっすぐも
Prostyle
アレンジウォーター
Kanebo
Prostyle
ソフトメイクワックス
Prostyle
ヘアメイクワックス
Prostyle
ハードメイクワックス
5

抹茶ミルク
辻利久
抹茶の味わいとまろやかミルクのほっとするおいしさ。
スティックタイプ 5本入り
Matcha Milk
ほうじ茶ミルク
辻利久
ほうじ茶の香ばしさとまろやかミルクのはじめてのおいしさ。
スティックタイプ 5本入り
Houjicha Milk
6

ASTORIA
STICK COFFEE
アストリア スティック コーヒー
スペシャル
NEW
Special
6本入
香りと美味しさアップ・甘さひかえめ
ASTORIA
STICK COFFEE
アストリア スティック コーヒー
ミルキー
NEW
Milky
6本入
香りと美味しさアップ・甘さひかえめ
7

maxell
120分 片面 CPRM対応
5X 高速対応
DVD-RAM
くり返し録画用
maxell
120分 片面 CPRM対応
6X 高速対応
DVD-RW
くり返し録画用
maxell
120分 片面
1~16X 高速対応
DVD-R
録画用
5 PACK
日本製
maxell
120分 片面
1~8X 記録対応
DVD-R
光沢 写真画質
録画用
10 PACK
日本製
maxell
215分 片面
2.4X 対応
DVD+R
片面2層対応 レコーダー専用 DOUBLE LAYER
録画用
DOUBLE LAYER
片面2層対応ドライブ専用
DVD +R
8.5GB
DATA
2.4倍速対応
maxell
8

新
日清
麺の達人
寒熟麺
鶏ガラ しょうゆ味
新
日清
麺の達人
寒熟麺
濃厚 みそ味
新
日清
麺の達人
寒熟麺
まろやか とんこつ味
9

日清
健タ郎
kentaro
カラダに プラス
鶏だし醤油味
日清
健タ郎
kentaro
カラダに プラス
鶏だし塩味
10

KOIWAI FARM
秋季限定
小岩井
まろんオレ
種類別 乳飲料
イメージ図

11

KOIWAI FARM
小岩井
あずき抹茶オ・レ
種類別 乳飲料
イメージ図

12

発酵乳80g
小岩井
カスタードヨーグルト
発酵乳80g
小岩井
生クリームヨーグルト

13

つぶせるエコボトル
AJINOMOTO
さらさらキャノーラ油
サラッと軽いおいしさ
コレステロール0[ゼロ]
JAS
1000g
コレステロール0[ゼロ]
AJINOMOTO
胚芽の恵み
コーン油
香ばしいおいしさ
600g
AJINOMOTO
オレイン酸たっぷり
べに花油
あっさりとしたおいしさ
600g
味わいこめ油
AJINOMOTO
胚芽の恵み
玄米油
コクと甘みのおいしさ
600g
豊年
Grapeseed Oil
さわやかなおいしさ
AJINOMOTO
さらさらキャノーラ油
健康プラス
コレステロール0[ゼロ]
1000g
AJINOMOTO
オレイン酸たっぷり
ヘルシーキャノーラ
コレステロール0[ゼロ]
1000g
AJINOMOTO
胚芽の恵み
コーン油
コレステロール0[ゼロ]
香ばしいおいしさ
1000g

14

87021
J-オイルミルズ
キャノーラ油
87052
スーパー
キャノーラ油
87059
べに花油
87025
コーン油
87066
ひまわり油
87054
落花生油
87057
オリーブオイル
87047
サラダ油
レッド
87009
サラダ油
ライム
87050
サラダ油
イエロー
87045
サラダ油
グリーン
87007
大豆白絞油
87017
菜種白絞油
87022
菜種油赤水
87250
FryUp
203
87236
FryUp
301
87235
FryUp
393
87241
FryUp
501
87231
FryUp
601
10344
FryUp
701
87427
CoatUp
50
87393
炒め油
87403
炊飯油
87413
麺さばき油
87064
純正
胡麻油
87364
SavorUp
長ネギ
AJINOMOTO
10381
さらさら
キャノーラ油
10382
健康プラス
87107
J-オイルミルズ
Premium Oil
キャノーラ油
CANOLA SALAD OIL
15kg
87114
J-オイルミルズ
Premium Oil
スーパー
キャノーラ油
15kg
87110
J-オイルミルズ
サラダ油
レッド
15kg
87106
J-オイルミルズ
大豆白絞油
15kg
87280
J-オイルミルズ
FryUp
フライ アップ
502
15kg
10380
AJINOMOTO
さらさら
キャノーラ油
サラッと軽いおいしさ
コレステロール0
8kg
10404
AJINOMOTO
さらさらキャノーラ油
健康プラス
15kg
Premium Oil
落花生油
炒め油
炊飯油
SavorUp
バターフレーバーオイル
SavorUp
こがし醤油オイル
SavorUp
オリーブ&バジルオイル
SavorUp
唐がらし油
SavorUp
オリーブ&ガーリックオイル
SavorUp
ミルポワオイル
SavorUp
ねぎ油
SavorUp
ローストガーリックオイル

15

Rengo

レンゴー デザイン・マーケティングセンター

〒108-0075 東京都港区港南2-16-1
品川イーストワンタワー
tel.03-6716-7534　fax.03-6716-7540
http://www.rengo.co.jp/

レンゴーでは、消費者調査による市場性の確認を踏まえた上で、商品企画、デザイン、構造設計など、パッケージに関するトータルな提案を行っています。

1

1 DIP PALETTE　Cracker
ad.& d.レンゴーデザイン・マーケティングセンター
cl.日清シスコ　Nissin Cisco

2 ベルジャンチョコレートのソフトクッキー、ブルターニュバターのソフトクッキー　Cookie
ad.& d.レンゴーデザイン・マーケティングセンター
cl.日清シスコ　Nissin Cisco

3 トレブランシェ　Confectionery
ad.& d.レンゴーデザイン・マーケティングセンター
cl.しんこう　Shinko

2

3

4 器シリーズ Food
ad.& d.レンゴーデザイン・マーケティングセンター
cl.ヤマキ Yamaki

5 さらさらキャノーラ油、さらさらキャノーラ油健康プラス、ヘルシーピュアライト Oil
ad.& d.レンゴーデザイン・マーケティングセンター
cl.J-オイルミルズ J-oil Mills

6 浅・深型兼用レンジフードフィルター Range Hood Filter
ad.& d.レンゴーデザイン・マーケティングセンター
cl.日本製箔 Nippon Foil Mfg

7 おでん伝次郎仕込み Food
ad.& d.レンゴーデザイン・マーケティングセンター
cl.紀文食品 Kibun Foods

4

5

6

7

Wakutsu Yasuhiro

和久津康弘

Work Fabric
ワークファブリック
〒151-0051 東京都渋谷区千駄ヶ谷2-34-8
テラス外苑203
tel.03-5772-8895　fax.03-5772-8896
e-mail: yw01-wfd@t3.rim.or.jp

1939年7月25日生まれ。

1 オフロートクラス　Bath Products
cd.和久津康弘　cl.小林製薬　Kobayashi Pharmaceutical
2 ひと炊き　Cereal
ad.和久津康弘　cl.はくばく　Hakubaku
3 雑穀健美　Cereal
ad.和久津康弘　cl.はくばく　Hakubaku
4 健康バルサミコ酢　Vinegar
cd.和久津康弘　cl.小林製薬　Kobayashi Pharmaceutical
5 忌避剤　Chemical
ad.和久津康弘　cl.レインボー薬品　Rainbow Chemical
6 ブルーレット 陶器のおくだけ　Toilet Cleaner
cd.和久津康弘　cl.小林製薬　Kobayashi Pharmaceutical

1

2

3

Balsamico
黒酢の約3倍のポリフェノール
飲む
小林製薬の
健康バルサミコ酢
豊かな香り、やさしい酸味
醸造酢
おいしいから、毎日続けられる
小林製薬
500mL

4

忌避剤
犬も猫も、ニオイで退散!
犬猫レス
茶サポニン+木酢の天然効果
粒剤
お徳用
900g
効果長持ち!
レインボー薬品株式会社
忌避剤
ニオイでUターン
ヘビレス
庭・花壇のまわりにも使える
粒剤
お徳用
900g
効果長持ち!
トカゲ、ムカデ、イモリ、ヤモリにも効果を発揮
レインボー薬品株式会社
忌避剤
猫は、このニオイが大嫌い!
猫レス
天然成分の刺激臭効果
粒剤
お徳用
900g
効果長持ち!
レインボー薬品株式会社

5

ブルーの水
グリーンの水
2層の薬剤で
しっかり洗浄 汚れをはじく
ばらの香り
すずらんの香り
ハーブの香り
せっけんの香り
ブルーレット
陶器のおくだけ
つめ替用
ブルーレット陶器のおくだけ

6

掲載者索引
Index

個人・グループ参加者を含めた五十音順の掲載ページです。グループでの参加者はそのグループの掲載ページをしるしています。

法人会員(東日本)

株式会社アイ・コーポレーション
取締役 小川 亮
〒153-0043 東京都目黒区東山1-6-1
エスビル7F
tel.03-3711-2094 fax.03-3791-5410

株式会社アイディーエイ
常務取締役 吉村和雄
〒104-0032 東京都中央区八丁堀3-4-10
京橋北見ビル東館6F
tel.03-3552-0194 fax.03-3552-1935

アイベックス・アンド・リムズ株式会社
第1アカウントプランニングDP
グループマネージャー プロデューサー
上野貢義
〒102-0075 東京都千代田区三番町8-1
三番町東急ビル8F
tel.03-3512-6832 fax.03-3512-6793

株式会社アクセルコーポレーション
代表取締役 野沢広志
〒101-0035 東京都千代田区神田紺屋町16
4F
tel.03-5298-2371 fax.03-5298-2382

朝日印刷株式会社
企画開発室 室長 古田憲一
〒111-0041 東京都台東区元浅草4-7-11
tel.03-3845-6631 fax.03-3845-6647

旭化成ライフ&リビング株式会社
代表取締役社長 能村義廣
〒100-8440 東京都千代田区有楽町1-1-2
日比谷三井ビル
tel.03-3507-2814 fax.03-3507-2314

アサヒビール株式会社
酒類事業本部 担当部長 森田 健
〒130-8602 東京都墨田区吾妻橋1-23-1
tel.03-5608-5339 fax.03-5608-5436

味の素株式会社
広告部 佐藤信彦
〒104-8315 東京都中央区京橋1-15-1
tel.03-5250-8231・8232
fax.03-5250-8337

株式会社アスパックス
企画製作部 仲野和美
〒103-0024 東京都中央区日本橋小舟町
11-8 中西ビル4F
tel.03-3663-6621 fax.03-3663-6626

株式会社アペックス
営業部 課長 水村栄一
〒192-0024 東京都八王子市宇津木町523-1
tel.0426-46-3501 fax.0426-46-7277

アルジョ ウィギンス キャンソン株式会社
マーケット・マネージャー 大内容美
〒151-0051 東京都渋谷区千駄ケ谷5-26-5
代々木シティホームズ301
tel.03-5360-1203 fax.03-5360-1820

株式会社アルビオン
マーケティング本部デザイン室 課長
野田徳雄
〒104-0061 東京都中央区銀座1-16-7
友泉銀座ビル6F
tel.03-5159-1610 fax.03-5159-1615

アンリュウデザイン有限会社
クリエイティブディレクター 代表取締役
安立イサム
〒101-0052 東京都千代田区神田小川町3-1
地球堂ビル
tel.03-5281-1603 fax.03-5281-1600

株式会社インテックシージー
代表取締役 安田昌宏
〒107-0062 東京都港区南青山2-6-8
南青山桝田ビル2F
tel.03-5474-7474 fax.03-5410-5915

株式会社エイアイエム
代表取締役 古瀬貞利
〒103-0016 東京都中央区日本橋小網町1-4
淳和ビル9F
tel.03-3667-7500 fax.03-3667-7501

エイボン・プロダクツ株式会社
デザイン部 部長 梅沢一徳
〒163-1430 東京都新宿区西新宿3-20-2
東京オペラシティタワー29F
tel.03-5353-9450 fax.03-5353-9041

エスエス製薬株式会社
代表取締役社長 羽鳥成一郎
〒107-8589 東京都港区赤坂4-2-6
tel.03-5549-0555 fax.03-5549-0666

エスビー食品株式会社
代表取締役社長 山崎 勝
〒174-8651 東京都板橋区宮本町38-8
tel.03-3558-5531

株式会社エム・エー
代表取締役社長 有松敏樹
〒105-0014 東京都港区芝3-3-15
芝MONTビル3F
tel.03-3453-7740 fax.03-3454-3494

株式会社エムオー・クリエイティブ
代表取締役社長 折井佑樹
〒150-0011 東京都渋谷区東1-12-2
下山ビル3F
tel.03-5464-1939 fax.03-5464-1940

王子製紙株式会社
デザインセンター 主任 渡辺 建
〒104-0061 東京都中央区銀座5-12-8
王子製紙1号館
tel.03-5550-3065 fax.03-5550-2945

王子特殊紙株式会社
高級紙営業部 部長 片岡博昭
〒104-0061 東京都中央区銀座5-12-8
王子製紙1号館3F
tel.03-5550-3044 fax.03-5550-3047

王子パッケージング株式会社
製品設計室 デザイン担当 主査 河野利明
〒133-0063 東京都江戸川区東篠崎2-3-2
tel.03-3670-4440 fax.03-5243-7372

花王株式会社
パッケージ作成部
シニアクリエイティブ ディレクター
野末俊作
〒103-8210 東京都中央区日本橋茅場町
1-14-10
tel.03-3660-7341 fax.03-3660-7272

カシオ計算機株式会社
デザインセンター
デザインセンター長 桜井秀紀
〒151-8543 東京都渋谷区本町1-6-2
tel.03-5334-4813 fax.03-5334-4849

株式会社カネボウ化粧品
フィールド1商品開発グループ 長谷部教昭
〒105-8085 東京都港区虎ノ門5-11-2
オランダヒルズ23F
tel.03-6430-5145 fax.03-6430-5221

釜屋化学工業株式会社
常務取締役 木村秀一
〒111-0053 東京都台東区浅草橋5-23-6
tel.03-3865-8825 fax.03-3865-8829

岸本産業株式会社
常務取締役 包材事業部長 丹羽征男
〒103-8410 東京都中央区日本橋本町
4-11-2
tel.03-3663-0376 fax.03-3661-8960

共同印刷株式会社
包装企画部 チーフディレクター 簗 和夫
〒112-8501 東京都文京区小石川4-14-12
tel.03-3817-2251 fax.03-3816-3679

株式会社クラウンパッケージ 東京本社
デザイン課 主任 加藤友季子
〒110-0006 東京都台東区秋葉原2-1 4F
tel.03-3526-7115 fax.03-3526-7134

株式会社紘デザイン研究所
総合デザイン室 ディレクター 唐沢道明
〒141-0021 東京都品川区上大崎2-24-18
ストークマンション目黒804
tel.03-5437-6623 fax.03-5437-6624

株式会社コーセー
商品デザイン部 デザイン室 室長 塙 冨士雄
〒104-0032 東京都中央区八丁堀1-9-9
第3八重洲ビル
tel.03-3555-9199 fax.03-3555-9184

寿精版印刷株式会社
取締役社長 鷲谷 健
〒105-0004 東京都港区新橋1-15-7
新橋NFビル6F
tel.03-3501-8521 fax.03-3501-8522

サッポロビール株式会社
マーケティング本部 ブランド戦略部
デザイン室長 柴野邦雄
〒150-8522 東京都渋谷区恵比寿4-20-1
tel.03-5423-7242 fax.03-5423-2078

株式会社ザ・デザイン・アソシエイツ
代表取締役 佐藤忠敏
〒106-0046 東京都港区元麻布3-2-9
tel.03-3404-0328 fax.03-3404-0254

株式会社サンクディレクションズ
役員 細島雄一
〒107-0052 東京都港区赤坂8-5-2
アルティス赤坂301
tel.03-3405-7586 fax.03-3405-7592

サントリー株式会社
デザイン部長 加藤芳夫
〒135-8631 東京都港区台場2-3-3
tel.03-5579-1145 fax.03-5579-1718

株式会社シィクリエイティブ
代表取締役 久住芳男
〒107-0062 東京都港区南青山3-4-7
第7SYビル5F
tel.03-5771-7200 fax.03-5771-7222

株式会社GKグラフィックス
取締役社長 村井大三郎
〒161-0033 東京都新宿区下落合2-1-15
tel.03-5952-6831 fax.03-5952-6832

株式会社資生堂
宣伝制作部 課長 CD 松本 泉
〒105-8310 東京都港区東新橋1-6-2
汐留タワー
tel.03-6218-6265 fax.03-6218-6329

株式会社志水匡デザイン研究所
代表取締役 石井 現
〒107-0062 東京都港区南青山6-11-3
神通ビル405
tel.03-3406-7250 fax.03-3406-7260

新生紙パルプ商事株式会社
代表取締役会長 牟田口昭
〒101-8451 東京都千代田区神田錦町1-8
tel.03-3259-5080 fax.03-3233-0991

株式会社スーパースタジオ
代表取締役 齋藤芳弘
〒106-0032 東京都港区六本木7-7-13
天城六本木マンション2F
tel.03-3408-9439 fax.03-3479-6386

株式会社スクリプト
代表取締役 岡部一夫
〒102-0085 東京都千代田区六番町6
サンテビル4F
tel.03-3237-8007 fax.03-5212-4533

株式会社鈴竹
代表取締役社長 鈴木竹敏
〒136-0071 東京都江東区亀戸5-23-15
tel.03-3638-7560 fax.03-3638-7559

精英堂印刷株式会社
代表取締役社長 鈴木髙明
〒992-1128 山形県米沢市八幡原1-1-16
tel.0238-28-2211 fax.0238-28-2210

株式会社精工
代表取締役社長 林 健男
〒542-0082 大阪府大阪市中央区島之内
1-15-4
tel.06-6271-7446 fax.06-6245-4753

株式会社精好堂
代表取締役 島崎憲治
〒111-0054 東京都台東区鳥越1-7-4
tel.03-3861-8895 fax.03-3861-2437

セイコーエプソン株式会社
機器デザインセンター 課長 田中雅春
〒392-8502 長野県諏訪市大和3-3-5
tel.0266-52-3131　fax.0263-33-5841

株式会社セルロイド
取締役 森 明子
〒107-0062 東京都港区南青山
5-4-26-901
tel.03-3400-9918　fax.03-3400-9948

相互印刷紙器株式会社
代表取締役社長 村岡万巧
〒135-0033 東京都江東区深川2-5-6
tel.03-5646-4151　fax.03-5646-4161

ソニーデジタルデザイン株式会社
ビジュアルコミュニケーションデザイン部
鈴木有子
〒108-0074 東京都港区高輪3-13-1
高輪コート2F
tel.03-5789-6708　fax.03-5789-6720

大王製紙株式会社
商品企画部 パッケージ・デザイングループ
係長 恩田 崇
〒162-0042 東京都新宿区早稲田町70-1
tel.03-3205-6016　fax.03-3205-6106

大正製薬株式会社
商品開発推進部 主事 田中 稔
〒171-8633 東京都豊島区高田3-24-1
tel.03-3985-1415　fax.03-3985-6264

大日本印刷株式会社
包装総合開発センター 商品企画本部
本部長 亀田雅暢
〒162-8001 東京都新宿区市谷加賀町1-1-1
tel.03-5225-5860　fax.03-5225-5955

株式会社タイヨーパッケージ
東京支店 営業 石田 耕
〒103-0012 東京都中央区日本橋堀留町
2-6-2 川崎ビル6F
tel.03-3518-6825　fax.03-3518-6830

株式会社タカラ
TAKARA DESIGN WORKS 井上 学
〒158-8628 東京都世田谷区用賀4-32-25
tel.03-3707-5194　fax.03-3707-5147

竹内工業株式会社
技術部 設計課 主任 平川昌志
〒131-0041 東京都墨田区八広2-59-2
tel.03-3617-5721　fax.03-3619-5929

株式会社竹尾
販売促進本部 製品企画グループ 部長
林 治雄
〒101-0054 東京都千代田区神田錦町
3-12-6
tel.03-3292-3619　fax.03-3219-9060

竹本容器株式会社
代表取締役社長 竹本笑子
〒110-0036 東京都台東区松が谷2-21-5
tel.03-3845-6107　fax.03-3845-6197

ツジカワ株式会社
東京営業所 所長 森口民雄
〒112-0002 東京都文京区小石川5-5-1
tel.03-3942-0173　fax.03-3942-0174

株式会社T&Yプランネット
代表取締役 田中輝実
〒107-0062 東京都港区南青山2-18-2
竹中ツインビルB館5F
tel.03-5410-3232　fax.03-5410-3231

TDK株式会社
代表取締役社長 澤部 肇
〒103-8272 東京都中央区日本橋1-13-1
tel.03-5201-7128　fax.03-5201-7135

ディックカラー&デザイン株式会社
代表取締役社長 山口正幸
〒101-0021 東京都千代田区外神田2-16-2
第2ディックビル
tel.03-5256-3246　fax.03-5256-3245

デグリップゴーベグループ株式会社
エリー・ミラー
〒150-0013 東京都渋谷区恵比寿4-3-8
恵比寿イースト438ビル2F
tel.03-5791-4418　fax.03-5791-4420

株式会社デザインメイト
代表取締役 菅原裕介
〒110-0015 東京都台東区東上野2-13-8
アルカディア上野5F
tel.03-3834-7771　fax.03-3834-7779

株式会社電通
クリエーティブ・マネジメント局 次長
数馬宏喜
〒105-7001 東京都港区東新橋1-8-1
tel.03-6216-6462　fax.03-6217-5899

東亜紙巧業株式会社
取締役営業部長 西田 豊
〒167-0022 東京都杉並区下井草3-18-16
tel.03-3394-8821　fax.03-3394-8823

統一印刷株式会社
代表取締役 伏屋友里加
〒140-0013 東京都品川区南大井1-2-9
tel.03-3763-8631　fax.03-3765-2550

株式会社Too
プロダクト営業部 卸販売1課
ゼネラルマネージャー 富澤忠義
〒154-0015 東京都世田谷区桜新町
1-34-25
tel.03-5752-2895　fax.03-5752-2896

Too-XYRON Japan
クリエイティブプロフェッショナル部
マネージャー アンドリュー・ハンキンソン
〒153-0064 東京都目黒区下目黒1-3-27
アセンド目黒7F
tel.03-5719-6126　fax.03-3491-1705

東海パルプ株式会社
特殊紙事業部 部長代理 池谷 修
〒104-0028 東京都中央区八重洲2-4-1
常和八重洲ビル9F
tel.03-3273-8287　fax.03-3281-4754

株式会社東芝
デザインセンター 所長 片上義則
〒105-8001 東京都港区芝浦1-1-1
東芝ビル23F Bゾーン
tel.03-3457-4020　fax.03-5444-9291

東芝ライテック株式会社
技術統括部 デザインセンター
デザインセンター部長 高橋章道
〒237-8510 神奈川県横須賀市船越町
1-201-1
tel.046-862-2023　fax.046-860-1205

東洋インキ製造株式会社
ビジネス&営業本部 マーケティング推進室
高田知之
〒104-8377 東京都中央区京橋2-3-13
tel.03-3272-5719　fax.03-3272-0658

東洋製罐株式会社
営業本部 マーケティング部 部長 駒村秀一
〒100-8522 東京都千代田区内幸町1-3-1
幸ビル
tel.03-3508-4639　fax.03-3508-2268

トーイン株式会社
営業部門デザイン・構造グループ GL
雨宮一朗
〒136-0071 東京都江東区亀戸1-4-2
tel.03-5627-9145　fax.03-3638-1133

株式会社トキワ
化粧品カンパニー 製品開発部 部長
谷 仁一
〒114-0002 東京都北区王子1-27-7
開発センター3F
tel.03-3914-3000　fax.03-5390-2333

特種製紙株式会社
取締役営業本部長 中村 勲
〒101-0047 東京都千代田区内神田2-12-5
tel.03-5209-3114　fax.03-5209-3115

株式会社トス・クリエイティブ
代表取締役 田中秀二
〒102-0082 東京都千代田区一番町6-3
ライオンズマンション一番町105
tel.03-3265-2051　fax.03-3265-2053

特許紙器株式会社
代表取締役社長 高山保雄
〒112-0002 東京都板橋区小豆沢4-14-4
tel.03-5914-1120　fax.03-5914-1126

凸版印刷株式会社
パッケージ事業本部 TPC事業部 企画本部
企画部 部長 時田秀久
〒110-8560 東京都台東区台東1-5-1
tel.03-3835-6518　fax.03-3835-7628

株式会社TOMOE
プロモーション本部 AD 清水久司
〒104-0028 東京都中央区八重洲2-11-4
tel.03-3272-9831　fax.03-3272-9845

株式会社中島董商店
代表取締役 中島雄一
〒150-0002 東京都渋谷区渋谷1-4-13
tel.03-3407-7111　fax.03-3407-8911

ニッセー工業株式会社
代表取締役社長 有泉勝巳
〒101-0021 東京都千代田区外神田1-16-9
tel.03-3255-0954　fax.03-3255-8677

日本製粉株式会社
開発本部 開発企画グループ
開発企画グループ長 金井靖治
〒151-8537 東京都渋谷区千駄ヶ谷5-27-5
tel.03-3350-2492　fax.03-3356-5195

株式会社日本香堂
マーケティング本部 本部長 土屋義幸
〒104-8135 東京都中央区銀座4-9-1
tel.03-3541-3401　fax.03-3541-3402

日本コカ・コーラ株式会社
マーケティング本部 パッケージ/POPグループ
グループマネジャー 今泉 剛
〒150-0002 東京都渋谷区渋谷4-6-3
tel.03-5466-8402　fax.03-5466-8013

日本山村硝子株式会社
マーケティング部 部長 黒田良一
〒160-0023 東京都新宿区西新宿6-14-1
新宿グリーンタワービル20F
tel.03-3349-7216　fax.03-3348-2349

ハウス食品株式会社
東京本社 マーケティング室 デザイン企画課
専門課長 小笠原輝彦
〒102-8560 東京都千代田区紀尾井町6-3
tel.03-5211-6034　fax.03-5211-6044

株式会社博報堂
ブランドソリューションマーケティングセンター
店頭マーケティング部 部長 長谷川 宏
〒108-8088 東京都港区芝浦3-4-1
tel.03-5446-8366　fax.03-5446-8209

株式会社パピエ
取締役営業部長 横田善行
〒104-0031 東京都中央区京橋3-1-3
京橋3丁目ビル3F
tel.03-3275-3113　fax.03-3275-0386

株式会社ハルデザイン
田中秀樹
〒158-0094 東京都世田谷区玉川2-14-7
ツインシティー・S2F
tel.03-5491-2912　fax.03-5491-2913

有限会社ビジュアルポスト
代表取締役 色摩光弘
〒992-1125 山形県米沢市万世町片子
4382-4
tel.0238-26-1160　fax.0238-26-1135

株式会社ヒダン
常務取締役 清水義介
〒130-0014 東京都墨田区亀沢1-5-13
tel.03-3624-1495　fax.03-3624-1487

株式会社フジシール
営業本部 常務取締役営業本部長 澁谷修一
〒100-0005 東京都千代田区丸の内1-9-1
tel.03-5208-5900　fax.03-5208-5914

富士写真フイルム株式会社
デザインセンター センター長 福田 弘
〒106-8620 東京都港区西麻布2-26-30
tel.03-6418-2912　fax.03-6418-2321

富士ゼロックス株式会社
ヒューマンインターフェイスデザイン開発部
部長 豊田 稔
〒240-0005 神奈川県横浜市保土ヶ谷区
神戸町134
横浜ビジネスパークイーストタワー13F
tel.045-336-3691　fax.045-336-3803

富士フイルムプレゼンテック株式会社
クリエイティブセンター 野坂麻美
〒107-0062 東京都港区南青山7-8-1
小田急南青山ビル6F
tel.03-3406-9677　fax.03-3406-2195

株式会社ブランドワークス
クリエイティブデザイン室 パートナー
大野直樹
〒106-0045 東京都港区麻布十番1-5-30
tel.03-3402-5661　fax.03-3402-5669

古林紙工株式会社
東京営業部 統括部長(MDセンター兼任)
取締役部長 川田真寛
〒245-0053 神奈川県横浜市戸塚区
上矢部町337
tel.045-812-0051　fax.045-812-0194

株式会社ブルボン
企画部 デザイン企画課 課長 関矢一隆
〒945-0114 新潟県柏崎市大字藤井1358-1
tel.0257-23-3028　fax.0257-24-9067

ペンタックス株式会社
デザインセンター 所長 山本正人
〒107-0062 東京都港区南青山6-11-1
スリーエフ南青山ビルディング4F
tel.03-3407-2092　fax.03-3407-2094

ポーラ化成工業株式会社
デザイン研究所 所長 碓井健司
〒141-8523 東京都品川区西五反田2-2-3
tel.03-3494-7128　fax.03-3494-1758

株式会社ミックブレインセンター
小林孝次
〒106-0031 東京都港区西麻布3-20-16
西麻布アネックスビル2F
tel.03-3423-9491　fax.03-3423-9494

三菱鉛筆株式会社
商品開発部 デザインG 村山節男
〒140-0011 東京都品川区東大井5-23
tel.03-3458-6288　fax.03-3458-2031

三菱電機株式会社 デザイン研究所
ホームシステムデザイン部 第2グループ
マネージャー 菊田俊成
〒247-8501 神奈川県鎌倉市大船5-1-1
tel.0467-41-2352　fax.0467-41-2390

有限会社ミニラグラフィックス
代表取締役 中尾英司
〒107-0062 東京都港区南青山2-27-14
ドーリック南青山7F
tel.03-5414-5895　fax.03-5414-5896

株式会社村田金箔
常務取締役 松村利夫
〒112-8634 東京都文京区大塚3-21-4
tel.03-3947-6111　fax.03-3947-6723

メルク株式会社
取締役 顔料事業部長 甲斐 尚
〒153-8927 東京都目黒区下目黒1-8-1
アルコタワー
tel.03-5434-4700　fax.03-5434-4708

森永製菓株式会社
デザイン室 室長 大塚 隆
〒108-8403 東京都港区芝5-33-1
tel.03-3456-0126　fax.03-3456-0270

株式会社YAOデザインインターナショナル
代表取締役 八尾戴子
〒160-0003 東京都新宿区本塩町4
祥平館ビル7F
tel.03-3357-3668　fax.03-3353-1546

株式会社ユーワ
企画開発デザイン 主任 浄土亜希子
〒207-0015 東京都東大和市中央3-890-1
ユーワビル
tel.042-561-0091　fax.042-561-4532

ユニ・チャーム株式会社
マーケティングコミュニケーション部 部長
荻野 潔
〒108-8575 東京都港区高輪3-25-23
京急第2ビル
tel.03-3449-0492　fax.03-5488-7336

株式会社ユポ・コーポレーション
営業本部 副本部長 大島 弘
〒101-0062 東京都千代田区神田駿河台4-3
新お茶の水ビル15F
tel.03-5281-0811　fax.03-5281-0819

株式会社ヨックモック
営業企画部 部長 柏崎 淳
〒107-0062 東京都港区南青山5-4-30
tel.03-5467-7024　fax.03-5467-2142

ライオン株式会社
広告制作部デザイン室 室長 戸田武雄
〒130-0015 東京都墨田区横網1-2-22
tel.03-3621-6646　fax.03-3621-6659

ランドーアソシエイツインターナショナル リミテッド
シニア・クリエイティブ・ディレクター
西脇健一
〒102-0093 東京都千代田区平河町1-4-12
相互平河町ビル6F
tel.03-3263-2558　fax.03-3263-2292

理研ビタミン株式会社
食品開発部 制作室長 古田裕介
〒160-0004 東京都新宿区四谷1-22-5
東伸24四谷ビル2F
tel.03-5363-6082　fax.03-5363-6091

レンゴー株式会社
デザイン・マーケティングセンター 課長
縄田幸男
〒108-0075 東京都港区港南2-16-1
品川イーストワンタワー15F
tel.03-6716-7534　fax.03-6716-7540

法人会員(中日本 愛知・岐阜)

昭和企画株式会社
クリエイティブセンター 所長 松原繁隆
〒509-0103 岐阜県各務原市各務東町1-47
tel.0583-70-5011(代)・5302(直)
fax.0583-70-5755

ダイナパック株式会社
企画開発室 企画開発課 課長 杉山茂樹
〒486-8902 愛知県春日井市如意申町5-7-1
tel.0568-34-8153　fax.0568-36-4485

大和グラビヤ株式会社
企画デザイン室 マネージャー 中川ひとみ
〒462-0847 愛知県名古屋市北区金城
1-7-23
tel.052-911-2241　fax.052-911-2105

凸版印刷株式会社
企画販促部 パッケージ企画チーム 課長
岡田壮司
〒452-0847 愛知県名古屋市西区
野南町19
tel.052-503-7423　fax.052-503-5124

日本メナード化粧品株式会社
商品企画二課 係長 加藤勤一
〒460-0002 愛知県名古屋市中区丸の内
3-5-24
tel.052-961-3181　fax.052-972-7302

富士特殊紙業株式会社
株式会社グラフィックスフジ
デザインメディア事業部 課長 舟橋鉱三
〒489-0071 愛知県瀬戸市暁町3-143
tel.0561-86-8518　fax.0561-86-8539

ブラザー工業株式会社
総合デザイン部
ビジュアルコミュニケーションG PM
伊藤雅文
〒467-8561 愛知県名古屋市瑞穂区苗代町
15-1
tel.052-824-2457　fax.052-811-4110

名糖産業株式会社
食品開発部 係長 伊藤俊信
〒451-8520 愛知県名古屋市西区笹塚町
2-41
tel.052-521-7117　fax.052-521-7121

株式会社八木
専務取締役営業部長 八木勇達
〒486-0953 愛知県春日井市御幸町2-6-23
tel.0568-31-9048　fax.0568-31-9096

法人会員(中日本 北陸)

富山スガキ株式会社
企画制作部 部長 牛島勝徳
〒939-8585 富山県富山市塚原23-1
tel.076-429-3229　fax.076-429-8351

法人会員(西日本)

株式会社アートブレイン
代表取締役 藤岡輝久
〒731-0153 広島県広島市安佐南区安東
1-2-27
tel.082-872-3535　fax.082-878-2227

アイ企画株式会社
開発部 部門長 友近卓也
〒570-0041 大阪府守口市東郷通3-3-5
tel.06-6992-1771　fax.06-6992-1777

伊藤ハム株式会社
商品政策ディビジョン
マーケティング企画デパートメント 天津 学
〒663-8586 兵庫県西宮市高畑町4-27
tel.0798-64-8621　fax.0798-65-5286

岩倉印刷紙業株式会社
代表取締役 岩倉 巧
〒543-0026 大阪府大阪市天王寺区東上町
2-25
tel.06-6771-5676　fax.06-6771-9693

上六印刷株式会社
代表取締役社長 澤 洋
〒543-0002 大阪府大阪市天王寺区上汐
3-2-16
tel.06-6772-1361(代)　fax.06-6772-3040

オカハシ株式会社
代表取締役 岡橋勢美男
〒634-8510 奈良県橿原市中曽司町555-1
tel.0744-24-0001　fax.0744-24-4611

紀伊産業株式会社
代表取締役社長 片山 勉
〒541-0053 大阪府大阪市中央区本町
1-3-20
tel.06-6271-5171　fax.06-6264-0034

九州パッケージ株式会社
クリエイティブスペース クレスト 部長
松嶋幸治
〒811-3121 福岡県古賀市筵内642-2
tel.092-944-5311　fax.092-944-5312

株式会社クラブコスメチックス
代表取締役社長 中山ユカリ
〒550-0005 大阪府大阪市西区西本町
2-6-11
tel.06-6531-2990　fax.06-6543-2012

サラヤ株式会社
デザイン研究所 GD課 マネージャー 濱口慎治
〒546-0013 大阪府大阪市東住吉区湯里
2-2-8
tel.06-6797-2469　fax.06-6703-4466

株式会社スタジオ・ビーム
代表取締役社長 前田浩貴
〒541-0056 大阪府大阪市中央区久太郎町
1-2-16 三星中央別館6F
tel.06-6264-1145　fax.06-6264-1504

大商硝子株式会社
取締役社長 井垣俊行
〒536-0014 大阪府大阪市城東区鴫野西
2-6-5
tel.06-6961-4855　fax.06-6968-5881

大日本印刷株式会社
包装総合開発センター 商品企画本部 商品企画第4部 部長 北山晃一
〒550-8508 大阪府大阪市西区南堀江1-17-28 なんばSSビル5F
tel.06-6110-4901　fax.06-6110-4924

株式会社タマヤ
代表取締役 副社長 畑崎智弘
〒601-8111 京都府京都市南区上鳥羽苗代町19-8 第2ビル
tel.075-692-2250　fax.075-692-2234

株式会社デザイン フォース
代表取締役 森 孝幹
〒541-0044 大阪府大阪市中央区伏見町2-6-4 吉田一関ビル6F
tel.06-6231-1800　fax.06-6231-1808

凸版印刷株式会社
パッケージ事業本部 関西事業部 企画部 江頭郁夫
〒553-8580 大阪府大阪市福島区海老江3-22-61
tel.06-6454-3115　fax.06-6454-3458

株式会社ナリス化粧品
デザイン室 室長 横谷泰美
〒553-0001 大阪府大阪市福島区海老江1-11-17
tel.06-6346-6572　fax.06-6346-6578

富士包装紙器株式会社
代表取締役 藤井康博
〒543-0002 大阪府大阪市天王寺区上汐5-6-9
tel.06-6772-0852　fax.06-6771-4496

プロクター&ギャンブル・ファー・イースト・インク
デザイン部 平田貴子
〒658-0032 兵庫県神戸市東灘区向洋町中1-17 23F
tel.078-845-7250　fax.078-845-6928

平和紙業株式会社
代表取締役社長 小島勝正
〒542-0081 大阪府大阪市中央区南船場2-3-23
tel.06-6262-4540　fax.06-6262-4323

株式会社ベーシックプロダクト
代表取締役 時岡和雄
〒700-0837 岡山県岡山市南中央町4-5
tel.086-232-5002　fax.086-231-2851

松下電器産業株式会社 パナソニックデザイン社
社長 植松豊行
〒105-0004 東京都港区新橋6-17-15 ナショナル2号館1F
tel.03-3437-1150　fax.03-3436-2508

松下電池工業株式会社 一次電池社
営業ビジネスユニット企画グループ 参事 山田泰夫
〒570-8511 大阪府守口市松下町1-1
tel.06-6994-4453　fax.06-6994-0101

丸昌化学工業株式会社
代表取締役社長 水谷隆彦
〒540-0012 大阪府大阪市中央区谷町4-5-9
tel.06-6942-2380　fax.06-6942-2385

丸廣紙業株式会社
社長 前川禎廣
〒581-0025 大阪府八尾市天王寺屋2-115
tel.0729-49-5638　fax.0729-49-1079

ムーサ株式会社
営業部長 山鹿正隆
〒577-0013 大阪府東大阪市長田中3-6-45
tel.06-6743-0331　fax.06-6743-0333

株式会社明成孝橋美術
営業部 孝橋悦達
〒543-0011 大阪府大阪市天王寺区清水谷町12-7
tel.06-6761-7657　fax.06-6757-2630

モロゾフ株式会社
代表取締役会長 石原建男
〒658-0046 兵庫県神戸市東灘区御影本町6-11-19
tel.078-822-5000　fax.078-851-1458

柳井紙工株式会社
商品開発 石迫美智子
〒742-1196 山口県熊毛郡平生町横割584
tel.0820-56-4870　fax.0820-56-7887

株式会社リョウエイ
専務取締役 坂井淳晃
〒567-0888 大阪府茨木市駅前4-6-11
tel.0726-22-3465　fax.0726-27-3577

法人会員（国外）

P&K s.r.l
Creative Director 川口真司
Via Zandonai 18-20092 Cinisello B. Milano Italy
tel.39-6604-3096　fax.39-6604-8218

個人会員（東日本）

青木茂吉
〒215-0013 神奈川県川崎市麻生区王禅寺
2531-11
tel.044-955-3975　fax.044-955-3975

青山明輝
〒103-8210 東京都中央区日本橋茅場町
1-14-10
花王株式会社 パッケージ作成部 三室
tel.03-3660-7382　fax.03-3660-9877

秋葉英雄
〒103-8210 東京都中央区日本橋茅場町
1-14-10
花王株式会社 パッケージ作成部
tel.03-3660-7340　fax.03-3660-7272

秋山香代子
〒153-0061 東京都目黒区中目黒4-12-7
松風園ハイツ503
石川源事務所
tel.03-3760-7591　fax.03-3760-7588

浅倉 正
〒135-8631 東京都港区台場2-3-3
サントリー株式会社 デザイン部
tel.03-5579-1145　fax.03-5579-1718

浅野サト子
〒101-0051 東京都千代田区神田神保町
1-48-1 興生堂ビル4F
株式会社デザイン バス
tel.03-5282-2720　fax.03-5282-0112

足立和彦
〒134-0013 東京都江戸川区江戸川
6-31-99
tel.03-3804-4862

阿部 優
〒176-0001 東京都練馬区練馬
4-22-12-901
有限会社 バナナムーン
tel.03-3993-0291　fax.03-3993-0291

新井 猛
〒377-0008 群馬県渋川市渋川1771-8
有限会社新井猛デザイン事務所
代表取締役 アートディレクター
tel.0279-23-4208　fax.0279-23-4265

有澤眞太郎
〒107-0062 東京都港区南青山5-15-9
フラット青山301
有限会社ヘルベチカ
tel.03-5778-4804　fax.03-5778-4808

飯尾明彦
〒107-8640 東京都港区北青山1-2-3
株式会社ジャストシステム
CI企画推進グループ　課長
tel.03-5412-3953　fax.03-5412-3975

井口益利
〒123-0872 東京都足立区江北4-30-3
ソフィア西新井204
いぐちデザイン
tel.03-3898-6193　fax.03-3898-6193

井口佳己
〒104-0032 東京都中央区八丁堀1-9-9
第3八重洲ビル2F
株式会社コーセー 商品デザイン部
デザイン室
tel.03-3555-9199　fax.03-3555-9184

池上真夫
〒104-0061 東京都中央区銀座3-8-10
銀座朝日ビル5F 射水紙器印刷内
イケガミ デザイン スタジオ　代表
tel.03-3563-5360　fax.03-3563-5360

池田昭代
〒235-0016 神奈川県横浜市磯子区磯子
7-15-1 ステージ21磯子B-119
tel.045-753-0513　fax.045-753-0513

池田修一
〒105-0021 東京都港区東新橋1-1-16
汐留FSビル12F
エフ クリエイション株式会社
プロダクツデザイングループ
クリエイティブディレクター
tel.03-6253-1760　fax.03-5537-6022

井澤初美
〒170-0003 東京都豊島区駒込4-3-20
ブラウド駒込356
株式会社ハイ・アンド・パートナーズ
tel.03-5961-6081　fax.03-5961-6082

石井浩一
〒173-0004 東京都板橋区板橋1-53-15
メゾン新板橋1103
有限会社平本勝彦デザイン室
tel.03-3962-4438　fax.03-3962-4481

石浦弘幸
〒135-8631 東京都港区台場2-3-3
サントリー株式会社 デザイン部
アートディレクター
tel.03-5579-1145　fax.03-5579-1718

石川久仁雄
〒153-0063 東京都目黒区目黒2-11-8
バルビゾン8F
株式会社ベネディクト
tel.03-3492-7401　fax.03-3492-7402

石川 源
〒153-0061 東京都目黒区中目黒4-12-7
松風園ハイツ503
石川源事務所
tel.03-3760-7591　fax.03-3760-7588

石崎洋之
〒178-0061 東京都練馬区大泉学園町
5-22-18
tel.03-3923-8826

石原敬子
〒950-0916 新潟県新潟市米山3-1-63
マルヤマビル8F
株式会社メディック DDR
tel.025-244-6447　fax.025-244-6227

石原雅彦
〒113-0021 東京都文京区本駒込
6-14-14-814
有限会社タモン
tel.03-3942-7930　fax.03-3942-7940

礒崎奈津江
〒135-8631 東京都港区台場2-3-3
サントリー株式会社 デザイン部
tel.03-5579-1145　fax.03-5579-1718

市原利夫
〒150-0022 東京都渋谷区恵比寿南3-9-33
Ichidesign
tel.03-3719-1509　fax.03-3719-1509

一森孔明
〒101-0021 東京都千代田区外神田5-5-12
高樹ビル3F
有限会社ファンダメントデザイン　代表
tel.03-5807-6881　fax.03-5807-6882

伊藤恵子
〒104-0032 東京都中央区八丁堀1-9-9
株式会社コーセー 商品デザイン部
デザイン室
tel.03-3555-9199　fax.03-3555-9184

伊藤兼太朗
〒141-8523 東京都品川区西五反田2-2-3
ポーラ化成工業株式会社 デザイン研究所
tel.03-3494-7129　fax.03-3494-1758

伊藤鷹也
〒103-0022 東京都中央区日本橋室町1-6-1
トミービル3F・7F
株式会社伊藤鷹也デザイン事務所
tel.03-3279-0213　fax.03-3279-0214

伊東 保
〒162-0052 東京都新宿区戸山1-8-5
株式会社デザインマック　取締役
tel.03-3204-0951　fax.03-3204-0965

伊藤 透
〒150-0046 東京都渋谷区松濤
1-26-16-102
Toru Ito Design
mobile:090-6517-0649
fax.03-3460-3383

伊藤理恵

犬塚達美
〒113-0034 東京都文京区湯島3-3-4
高柳ビル4F
株式会社犬塚デザイン事務所
tel.03-3839-1386　fax.03-3839-1387

井上 直
〒162-0824 東京都新宿区揚場町2-12
セントラルコーポラス310
有限会社バウス
tel.03-3235-6109　fax.03-3235-0447

井上幸春
〒151-0071 東京都渋谷区本町1-7-16-606
有限会社井上幸春デザイン事務所
tel.03-3379-5714　fax.03-3379-5714

今野輝夫
〒143-0011 東京都大田区大森本町1-9-9
株式会社Goo 代表取締役社長
tel.03-3763-5393　fax.03-3763-5393

今村朔郎
〒413-0102 静岡県熱海市下多賀
1714-211
グリーンヒル
tel.0557-68-5520　fax.0557-68-5520

入江あずさ
〒103-8210 東京都中央区日本橋茅場町
1-14-10
花王株式会社 パッケージ作成部
tel.03-3660-7393　fax.03-3660-7272

岩井 一
〒160-0011 東京都新宿区若葉1-10
若葉110ビル3F
株式会社ニュー・シンク　代表取締役
tel.03-3353-1831　fax.03-3353-1892

岩崎堅司
〒150-0001 東京都渋谷区神宮前
2-7-6-103
株式会社デザインアイ
tel.03-3404-7027　fax.03-3401-0262

岩崎恵美
〒167-0053 東京都杉並区西荻南1-20-21
相田毅事務所
tel.03-5370-3559　fax.03-5370-3488

岩田文代
〒141-0032 東京都品川区大崎1-17-17
株式会社プロポーション シーツー
tel.03-5436-1012　fax.03-5436-0039

上田博司
〒104-8305 東京都中央区京橋1-5-8
メルシャン株式会社 商品開発部
パッケージ開発グループ　課長
tel.03-3231-3934　fax.03-3276-0154

牛島志津子
〒135-8631 東京都港区台場2-3-3
サントリー株式会社 デザイン部
クリエイティブディレクター
tel.03-5579-1145　fax.03-5579-1718

氏原文子
〒085-0057 北海道釧路市愛国西2-33-1
エイデザイン
tel.0154-37-6080　fax.0154-37-6080

碓井まり
〒224-0066 神奈川県横浜市都筑区見花山
4-20
マリーパックスタジオ
tel.045-942-5160　fax.045-942-5126

内田真由美
〒107-0062 東京都港区南青山3-4-7
第7SYビル5F
株式会社シィ クリエイティブ
tel.03-5771-7200　fax.03-5771-7222

内田 篤
〒100-0011 東京都千代田区内幸町1-3-1
東洋製罐株式会社 営業本部マーケティング部
デザイングループ　係長
tel.03-3508-0139　fax.03-3508-2076

内山淳子
〒157-0072 東京都世田谷区祖師谷
1-22-25 グリーンハウスN204
rice design
tel.03-6317-1937

宇塚 智
〒321-0942 栃木県宇都宮市峰3-28-19
株式会社ビステージ　取締役　デザイナー
tel.028-635-0304　fax.028-635-0304

畝野裕司
〒105-8310 東京都港区東新橋1-6-2
汐留タワー
株式会社資生堂 宣伝制作部
tel.03-6218-6265　fax.03-6218-6329

海野加奈子
〒108-0071 東京都港区白金台4-10-8
ブラビス・インターナショナル リミテッド
デザイン・ディレクター
tel.03-5789-7601　fax.03-5789-7602

江木 結
〒106-0032 東京都港区六本木7-12-22
片山ビル1F
クリエイティブルーム ドゥ アン
tel.03-5411-0805　fax.03-5411-5706

江口 收
〒153-0042 東京都目黒区青葉台1-6-54
有限会社江口デザイン研究所　代表取締役
tel.03-5459-6630　fax.03-5459-6620

江藤晴代
〒141-8523 東京都品川区西五反田2-2-3
ポーラ化成工業株式会社 デザイン研究所
tel.03-3494-7129　fax.03-3494-1758

江藤正典
〒105-0004 東京都港区新橋1-9-6
新一ビル8F
株式会社アドブレーン 制作部
tel.03-5568-5770　fax.03-5568-5781

榎村真澄
〒104-0032 東京都中央区八丁堀1-9-9
第3八重洲ビル2F
株式会社コーセー 商品デザイン部
デザイン室 開発担当 アートディレクター
tel.03-3206-7671　fax.03-3555-1419

遠藤久美子
〒260-0842 千葉県千葉市中央区南町
2-17-6
ライオンズマンション蘇我駅前101
tel.043-261-1888　fax.043-261-1888

遠藤紀雄
〒150-0001 東京都渋谷区神宮前1-19-8
原宿ファミリー301・302・303
有限会社ハンドファスト 代表取締役
tel.03-3405-6369　fax.03-3405-6501

遠藤真由美
〒107-0062 東京都港区南青山5-11-14
H&M EAST 202・206
有限会社川路ヨウセイデザインオフィス
tel.03-3400-4421　fax.03-3486-0856

大石眞里
〒151-0061 東京都渋谷区初台
2-13-15-204
tel.03-5350-4155　fax.03-5350-4155

大久保尚子
〒103-8210 東京都中央区日本橋茅場町
1-14-10
花王株式会社 パッケージ作成部
ディレクター
tel.03-3660-7391　fax.03-3660-7272

大蔵 佚
〒107-0062 東京都港区南青山2-2-6
ラ・セーナ南青山503
有限会社ジェイズデザインスペース
tel.03-5771-2205　fax.03-5771-2245

大澤 靖
〒141-0021 東京都品川区上大崎3-14-35
山手ビル3F
株式会社ラジアン 取締役
tel.03-3449-6231　fax.03-3449-6232

大嶋暁子
〒150-0022 東京都渋谷区恵比寿南
2-24-7-402
tel.03-3714-6328　fax.03-3714-6328

大城久幸
〒150-0001 東京都渋谷区神宮前6-33-18
ハイツ原宿102
株式会社アド・クリエーター
tel.03-3400-7366　fax.03-3400-7027

大住裕一
〒135-8631 東京都港区台場2-3-3
サントリー株式会社 デザイン部
tel.03-5579-1145　fax.03-5579-1718

大地康子
〒253-0054 神奈川県茅ケ崎市東海岸南
5-3-61 6-1
株式会社コム・ピー
tel.0467-88-0785　fax.0467-88-0785

大西智津子
〒150-0002 東京都渋谷区渋谷1-1-6
エムエフ青山604
株式会社大西デザイン
tel.03-3499-2182　fax.03-3499-2193

大西守弘
〒150-0002 東京都渋谷区渋谷1-1-6
エムエフ青山604
株式会社大西デザイン
tel.03-3499-2182　fax.03-3499-2193

大平彩可
〒103-8210 東京都中央区日本橋茅場町
1-14-10
花王株式会社 パッケージ作成部 三井CU
tel.03-3660-7428　fax.03-3660-7272

大森幸代
〒150-0001 東京都渋谷区神宮前2-9-9
株式会社ヴァンケット
tel.03-3408-7020　fax.03-3408-6110

岡澤 元
〒104-0042 東京都中央区入船
2-2-13-302
株式会社豪デザイン
tel.03-3555-3513　fax.03-3555-3514

岡田宏三
〒107-0052 東京都港区赤坂6-19-11
メゾン赤坂407
株式会社オーディ 代表取締役
tel.03-3505-0301　fax.03-3505-0302

岡野邦彦
〒177-0033 東京都練馬区高野台3-6-6
タイププロジェクト

岡部真紀
〒161-0033 東京都新宿区下落合2-1-15
株式会社GKグラフィックス
第1デザイン部 副部長
tel.03-5952-6831　fax.03-5952-6832

小川裕子
〒107-0062 東京都港区南青山3-4-8
トレディカーサ南青山208
有限会社小川裕子デザイン 代表取締役
tel.03-5474-4171　fax.03-5474-4442

小黒 元
〒104-0061 東京都中央区銀座1-16-7
友泉銀座ビル6F
株式会社アルビオン マーケティング本部
デザイン室
tel.03-5159-1610　fax.03-5159-1615

落合佳代
〒215-0034 神奈川県川崎市麻生区南黒川
10-10-704
tel.044-986-5785　fax.044-986-5785

小野太士
〒141-8523 東京都品川区西五反田2-2-3
ポーラ化成工業株式会社 デザイン研究所
tel.03-3494-7129　fax.03-3494-1758

小野達也
〒153-0063 東京都目黒区目黒2-11-8
バルビゾン8F
株式会社ベネディクト
tel.03-3492-7401　fax.03-3492-7402

小野村悦宏
〒203-0044 東京都東久留米市柳窪
4-11-32
小野村デザイン事務所
tel.0424-73-3330　fax.0424-73-3330

海津博美
〒151-0053 東京都渋谷区代々木5-28-10
ヴィラハイツ参宮橋403
海津デザイン事務所
tel.03-5454-1961　fax.03-5454-1961

垣内貞夫
〒194-0004 東京都町田市鶴間1-4-11
Kakiuchi's Workshop of Design
tel.042-799-1697　fax.042-799-1697

柿木 栄
〒144-0056 東京都大田区西六郷4-19-4
tel.03-5744-3600　fax.03-5744-3601

角本大弘
〒060-0010 北海道札幌市中央区北十条西
20-2-22
有限会社パディック
tel.011-642-2035　fax.011-642-2093

笠井伸枝
〒141-0031 東京都品川区西五反田3-6-24
トムロビル902
株式会社寺島デザイン研究所 取締役
デザイナー
tel.03-3493-8261　fax.03-5436-6151

加地賢太郎
〒104-8172 東京都中央区築地1-13-1
株式会社アサツーディ・ケイ SAD-1
部長 クリエイティブデザイナー
tel.03-3547-2105　fax.03-3547-2886

鹿島朱實
〒104-0061 東京都中央区銀座5-12-8
王子製紙株式会社 デザインセンター
tel.03-5550-3065　fax.03-5550-2945

梶山明子
〒165-0022 東京都中野区江古田2-11-14
ローゼンハイム106
tel.03-5343-3748　fax.03-5343-3748

片桐敏雄
〒106-0047 東京都港区南麻布4-11-35
インペリアル広尾415
株式会社ベーシッククリエイティブ
代表取締役
tel.03-3447-3341　fax.03-3447-3024

片平直人
〒103-8210 東京都中央区日本橋茅場町
1-14-10
花王株式会社 パッケージ作成部
tel.03-3660-7394　fax.03-3660-7272

加藤妙子
〒211-0033 神奈川県川崎市中原区
木月祇園町13-10-103
加藤妙子デザイン事務所
tel.044-434-0890　fax.044-434-0890

加藤貴穂
〒162-0052 東京都新宿区戸山1-8-5
株式会社デザインマック
tel.03-3204-0951　fax.03-3204-0965

加藤良枝
〒162-0824 東京都新宿区揚場町2-12
セントラルコーポラス310
有限会社バウス
tel.03-3235-6109　fax.03-3235-0447

門前武夫
〒101-0041 東京都千代田区神田須田町
2-25 三和ビル5F
有限会社ポップコーン 代表
tel.03-5295-3578　fax.03-5295-3577

金澤一興
カナザワ・グラフィックス有限会社

金澤和彦
〒089-1353 北海道河西郡中札内村西戸蔦
東3線166-18
デザイン工房・金澤

金子 節
〒105-0021 東京都港区東新橋
1-10-1-1201
株式会社ケイズ 代表取締役
tel.03-5568-2224　fax.03-5568-2224

金子直通
〒210-0808 神奈川県川崎市川崎区旭町
2-1-9
株式会社デザイン・タクト 代表取締役社長
tel.044-233-8153　fax.044-233-0765

狩野浩之
〒162-0808 東京都新宿区天神町37-2
フリーディオ神楽坂204
有限会社カノウデザインオフィス
tel.03-3269-4900　fax.03-3269-4903

鹿目尚志
〒150-0001 東京都渋谷区神宮前
5-46-10-201
有限会社鹿目デザイン事務所
tel.03-3409-6680　fax.03-3409-6678

鴨下宜訓
〒150-0001 東京都渋谷区神宮前4-1-23
オフィス・イワタNo.2-203
スタジオセブン有限会社
tel.03-3470-6019　fax.03-3470-6045

川口三千雄
〒143-0023 東京都大田区仲池上2-26-8
ベルシャトーウ仲池上404
デザインスプーン
tel.03-3752-7129　fax.03-3752-7129

川崎裕司
〒270-0004 千葉県松戸市殿平賀212-1
トーカンマンション北小金407
カワサキデザインオフィス
tel.047-348-5865　fax.047-348-5865

川路ヨウセイ
〒107-0062 東京都港区南青山5-11-14
H&M EAST 206
有限会社川路ヨウセイデザインオフィス
代表取締役
tel.03-3400-4421　fax.03-3486-0856

川島英芳
〒136-0072 東京都江東区大島3-2-6
株式会社吉野工業所 開発部デザイン課
tel.03-3682-1141　fax.03-3636-5250

河鍋春恵
〒107-0052 東京都港区赤坂8-4-7
カームビル6C
株式会社スタジオ・マッス 代表取締役社長
tel.03-3401-4928　fax.03-3470-3271

川西 明
〒135-8631 東京都港区台場2-3-3
サントリー株式会社 デザイン部
tel.03-5579-1145　fax.03-5579-1718

川又 徹
〒131-8501 東京都墨田区文花2-1-3
花王株式会社
パッケージ作成部機能デザイン開発室
クリエイティブディレクター
tel.03-5630-9802　fax.03-5630-9810

河村和歌子
〒160-0004 東京都新宿区四谷1-20-2
佳作ビル6F
有限会社ハナオカデザイン
tel.03-3356-4770　fax.03-3356-4773

川本雄一
〒107-0062 東京都港区南青山2-20-1
第2直樹ビル5F
株式会社サムシングアーツ
tel.03-3470-5471　fax.03-3470-5474

菊地真理子
〒141-0021 東京都品川区上大崎3-14-35
山手ビル3F
株式会社ラジアン 第3クリエイティブ
tel.03-3449-6251　fax.03-3449-6232

菊地泰輔
〒105-8310 東京都港区東新橋1-6-2
汐留タワー
株式会社資生堂 宣伝制作室
tel.03-6218-6265　fax.03-6218-6329

岸本義弘
〒167-0051 東京都杉並区荻窪1-1-6
岸本デザインオフィス
tel.03-5930-0367　fax.03-5930-0367

北見勝之
〒111-0043 東京都台東区駒形1-2-5
倉田包装株式会社 企画部 室長
tel.03-3843-5531　fax.03-3843-5530

木通いづみ
〒171-0014 東京都豊島区池袋3-1-11
セレクトガーデン池袋701
有限会社アクアス 代表取締役
tel.03-3590-3137　fax.03-3590-3138

清田雅子
〒155-0031 東京都世田谷区北沢2-26-17
TSKビル 有限会社ディーアンドエー内
清田デザインルーム
tel.03-3415-8662　fax.03-3467-2741

桐山智博
〒150-0043 東京都渋谷区道玄坂1-16-6
二葉ビル10-D
有限会社桐山デザインスタジオ
tel.03-5456-7140　fax.03-5456-7147

楠本哲也
〒160-0003 東京都新宿区本塩町4-7
祥平舘ビル7F
株式会社YAOデザインインターナショナル
tel.03-3357-3668　fax.03-3353-1546

工藤青石
〒103-0014 東京都中央区日本橋蛎殻町
1-33-10 ミカビル3F
株式会社コミュニケーションデザイン研究所
代表
tel.03-3668-9777　fax.03-3668-4777

國吉英二郎
〒135-0091 東京都港区台場2-3-1
トレードピアお台場16F
寿精版印刷株式会社 東京デザインセンター
tel.03-3529-3205　fax.03-3529-3213

窪田哲也
〒107-0052 東京都港区赤坂9-5-26
パレ乃木坂601
有限会社デザインケイ 代表取締役
tel.03-5786-0370　fax.03-5786-0371

窪田仁志
〒160-0011 東京都新宿区若葉1-10
若葉110ビル3F
株式会社ニュー・シンク 制作部 AD
tel.03-3353-1831　fax.03-3353-1892

熊谷桂子
〒155-0033 東京都世田谷区代田3-21-9
ヴィラ86-102
tel.03-3412-5302

黒川且枝
〒208-0013 東京都武蔵村山市大南
1-71-25
デザインオフィス Kuu（空）
tel.042-561-1786　fax.042-561-1786

桑 和美
〒153-0043 東京都目黒区東山1-15-3-21
株式会社プランタ 代表取締役
tel.03-3711-7299　fax.03-3711-7360

小泉陽一
〒104-0061 東京都中央区銀座1-16-7
友泉銀座ビル6F
株式会社アルビオン マーケティング本部
デザイン室
tel.03-5159-1610　fax.03-5159-1615

古賀 彩
〒104-0061 東京都中央区銀座5-12-8
王子製紙1号館
王子製紙株式会社 デザインセンター
tel.03-5550-3065　fax.03-5550-2945

古賀龍平
〒101-0051 東京都千代田区神田神保町
1-48-1 興生堂ビル4F
株式会社デザインバス
tel.03-5282-2720　fax.03-5282-0112

国分 仁
〒156-0042 東京都世田谷区羽根木1-25-1
スタジオ-K
tel.03-3323-4378　fax.03-3323-4378

古久保剛
〒244-0004 神奈川県横浜市戸塚区小雀町
1861-25
tel.045-861-6236

小嶋佳子
〒164-0001 東京都中野区中野3-27-4-403
オフィスコジマ
tel.03-5340-4078　fax.03-5340-4078

小杉博俊
〒102-0093 東京都千代田区平河町
2-16-15 キタノ・アームス313
株式会社システムクリエイツ DMM研究室
代表取締役
tel.03-3264-0701　fax.03-3264-0201

小玉章文
〒162-0052 東京都新宿区戸山1-8-5
株式会社デザインマック
tel.03-3204-0951　fax.03-3204-0965

後藤彬文
〒351-0101 埼玉県和光市白子2-3-59
tel.048-465-8499　fax.048-465-8499

小宮 茂
〒141-0031 東京都品川区西五反田
8-10-14 イトーピア五反田405
オニオン・スープ・スタジオ
tel.03-3494-0660　fax.03-3494-0939

小宮麻美子
〒141-0031 東京都品川区西五反田
8-10-14 イトーピア五反田405
オニオン・スープ・スタジオ
tel.03-3494-0660　fax.03-3494-0939

小麦川直樹
〒104-0031 東京都中央区京橋1-4-11
竹本ビル3F
株式会社ミックデザインワークス
tel.03-3273-2407　fax.03-3273-2408

近藤和磨
〒107-0062 東京都港区南青山5-11-14
H&M EAST 206
有限会社川路ヨウセイデザインオフィス
tel.03-3400-4421　fax.03-3486-0856

佐井国夫
〒430-8533 静岡県浜松市野口町1794-1
静岡文化芸術大学 デザイン学部
生産造形学科 助教授
有限会社佐井デザイン事務所
tel.053-457-6111　fax.053-457-6203

酒井裕之
〒150-0001 東京都渋谷区神宮前6-35-3
コーブオリンピア403
有限会社矢沢デザインスタジオ
tel.03-5467-6883　fax.03-5467-6884

榊原勝一
〒104-0042 東京都中央区入船3-9-4
松本ビル3F シュウグラフィカ内
デザインスタジオ202
tel.03-3537-0353　fax.03-3537-0354

坂本 功
〒111-0041 東京都台東区元浅草4-7-11
朝日印刷株式会社 製品企画グループ
tel.03-3845-6631　fax.03-3845-6647

フミ・ササダ
〒108-0071 東京都港区白金台4-10-8
ブラビス・インターナショナル リミテッド
代表取締役社長
tel.03-5789-7601　fax.03-5789-7602

笹原浩造
〒105-8310 東京都港区東新橋1-6-2
汐留タワー
株式会社資生堂 宣伝制作部 参事
クリエイティブディレクター
tel.03-6218-6265　fax.03-6218-6329

佐塚崇子
〒108-8634 東京都港区白金台5-12-7
SME白金台ビル
株式会社B&Cラボラトリーズ 企画本部
企画1部 アートディレクター
tel.03-5424-8884　fax.03-5424-8934

佐藤昭夫
〒150-0002 東京都渋谷区渋谷1-19-1
ハウスワン2F
有限会社佐藤昭夫デザイン室
tel.03-3406-9491　fax.03-3406-9492

佐藤勝則
〒108-8403 東京都港区芝5-33-1
森永製菓株式会社 デザイン室
tel.03-3456-0126　fax.03-3456-0270

佐藤尚夫
フロムハート

佐藤奈穂美
〒340-0055 埼玉県草加市清門町70-2
tel.048-942-9975　fax.048-942-9975

佐藤雅洋
〒161-0033 東京都新宿区下落合2-1-15
株式会社GKグラフィックス
第2デザイン部 第5制作室 室長
tel.03-5952-6831　fax.03-5952-6832

佐藤 文
〒107-0052 東京都港区赤坂8-4-7
カームビル6C
株式会社スタジオ・マッス
tel.03-3401-4928　fax.03-3470-3271

里中麻穂
〒151-0051 東京都渋谷区千駄ヶ谷1-11-3
メゾン中塚502
株式会社サトナカデザインオフィス
tel.03-3470-6185　fax.03-3470-6185

佐野文胡
〒141-0021 東京都品川区上大崎3-14-35
山手ビル3F
株式会社ラジアン プロデュース部
制作チーム アートディレクター
tel.03-3449-6231　fax.03-3449-6232

澤井すみ子
〒100-0006 東京都千代田区有楽町1-1-3
東京宝塚ビル16F
株式会社エクシーズ
tel.03-3596-7655　fax.03-3596-7660

椎木一郎
〒103-8210 東京都中央区日本橋茅場町
1-14-10
花王株式会社 パッケージ作成部
ディレクター
tel.03-3660-7349　fax.03-3660-7272

塩川 穣
〒105-0012 東京都港区芝大門1-9-7
輝徳ビル4F
塩川穣デザイン事務所
tel.03-3431-0788　fax.03-3431-0788

塩崎杏澄
〒112-0015 東京都文京区目白台
1-24-8-201
有限会社クリップスファクトリー 代表
tel.03-5978-4540　fax.03-5978-4540

塩沢圭子
〒215-0006 神奈川県川崎市麻生区金程
1-13-31
スタジオミント
tel.044-954-1996　fax.044-951-4995

塩沢大一
〒215-0006 神奈川県川崎市麻生区金程
1-13-31
スタジオミント
tel.044-954-1996　fax.044-951-4995

塩沢喜徳
〒150-0001 東京都渋谷区神宮前5-13-10
グランドメゾン神宮前106
有限会社シオデザイン 代表
tel.03-5774-0645　fax.03-5774-0646

信貴 渉
〒106-0031 東京都港区西麻布4-15-2
APARTMENTS西麻布801
株式会社クリエイティブ アソシエイツ
tel.03-3406-0696　fax.03-3406-0697

重田元恵
〒160-0004 東京都新宿区四谷2-14-37
嶋ビル3F
株式会社エイブルデザイン企画
tel.03-3353-2686　fax.03-3358-6513

茂野裕子
〒005-0832 北海道札幌市南区北ノ沢
2-14-12
Moiwa Grafic Studio
tel.011-572-2988　fax.011-572-2988

篠崎雅子
〒104-0061 東京都中央区銀座1-16-7
友泉銀座ビル6F
株式会社アルビオン マーケティング本部
デザイン室
tel.03-5159-1610　fax.03-5159-1615

芝 伸子
〒101-0051 東京都千代田区神田神保町
1-48-1 興生堂ビル4F
株式会社デザインバス
tel.03-5282-2720　fax.03-5282-0112

シバサキエミコ
〒107-0062 東京都港区南青山4-15-4
パークヒルズ南青山101
有限会社あんてなスタジオ
tel.03-5772-2342　fax.03-5772-2343

柴戸由岐子
〒135-8631 東京都港区台場2-3-3
サントリー株式会社 デザイン部
tel.03-5579-1145　fax.03-5579-1718

島村 仁
〒106-0031 東京都港区西麻布3-20-16
西麻布アネックス2F
株式会社ミックブレインセンター
tel.03-3423-9491　fax.03-3423-9494

嶋村眞佐子
〒111-0043 東京都台東区駒形1-2-5
倉田包装株式会社 企画室
tel.03-3845-0026　fax.03-3843-5530

清水直明
〒060-0061 北海道札幌市中央区
南一条西1-13-1
マナー白鳥ビル10F
有限会社シヴァデザイン事務所
tel.011-210-5929　fax.011-210-5930

清水充子
〒141-0021 東京都品川区上大崎2-24-18
ストークマンション目黒804
株式会社紘デザイン研究所
tel.03-5437-6623　fax.03-5437-6624

志村興一
〒107-0052 東京都港区赤坂8-5-9
秀和新坂町レジデンス206
シグマ・インダストリーズ株式会社
tel.03-3403-5050　fax.03-3403-5868

首藤玲子
〒107-0062 東京都港区南青山5-11-14
H&M EAST 206
有限会社川路ヨウセイデザインオフィス
tel.03-3400-4421　fax.03-3486-0856

生源寺寛幸
〒140-0013 東京都品川区南大井6-24-14
第5下川ビル701
株式会社ゼネラルビューイング
エスデザイン研究室
tel.03-5762-1202　fax.03-5762-1203

正躰 博
〒150-0002 東京都渋谷区渋谷1-20-21
パセオ青山602
有限会社正躰デザインスタジオ 取締役
tel.03-3486-1814　fax.03-3486-1277

松竹 潔
〒150-0021 東京都渋谷区恵比寿西
1-17-2-307
有限会社エビスデザイン事務所 代表取締役
tel.03-3463-7250　fax.03-5428-1900

白井信之
〒141-8523 東京都品川区西五反田2-2-3
ポーラ化成工業株式会社 デザイン研究所
tel.03-3494-7129　fax.03-3494-1758

城出栄子
〒150-0002 東京都渋谷区渋谷1-3-18
ビラ・モデルナC-706
有限会社パコ 代表
tel.03-5485-0858　fax.03-5485-0857

新谷秀実
〒104-0041 東京都中央区新富1-13-19
櫻正宗ビル2F
株式会社圖庵
tel.03-3537-0845　fax.03-3537-0846

陣内昭子
〒105-8310 東京都港区東新橋1-6-2
汐留タワー
株式会社資生堂 宣伝制作部
tel.03-6218-6265　fax.03-6218-6329

杉浦俊作
〒115-0031 東京都世田谷区北沢5-7-9
杉浦デザイン
tel.03-3460-3781　fax.03-3460-3781

杉田祐司
〒106-0031 東京都港区西麻布3-20-16
西麻布アネックス2F
株式会社ミックブレインセンター
tel.03-3423-9491　fax.03-3423-9494

杉村敏男
tel.03-3941-8654　fax.03-3941-5506
mobile:090-2249-6312

鈴木勝男
〒004-0065 北海道札幌市厚別区西五条
2-1-25 加藤ビル402
tel.011-895-2949　fax.011-895-2949

鈴木良彦
〒162-0052 東京都新宿区戸山1-8-5
株式会社デザインマック
tel.03-3204-0951　fax.03-3204-0965

関口 順
〒150-0031 東京都渋谷区桜丘町29-17
さくらマンション201
株式会社スペースマンスタジオ
tel.03-3770-5252　fax.03-3770-5251

添田幸史
〒107-0062 東京都港区南青山4-1-5-505
株式会社デザイニングボード
tel.03-3401-0586　fax.03-3401-6540

曽根原悦夫
〒162-0063 東京都新宿区市谷薬王寺町70
ベネヴィータ市ヶ谷銀杏坂101
有限会社曽根原デザイン事務所 代表取締役
tel.03-5225-6057　fax.03-5225-6058

染谷信子
〒135-0091 東京都港区台場2-3-1
トレードピアお台場16F
寿精版印刷株式会社 東京デザインセンター
tel.03-3529-3205　fax.03-3529-3213

平良勝彦
〒350-1200 埼玉県日高市武蔵野台7-11-8
タイラ
tel.042-982-3898　fax.042-982-3898

髙倉正二郎
〒164-0001 東京都中野区中野2-29-15
サンハイツ中野401
有限会社スタジオ・ノア
tel.03-3382-1641　fax.03-3382-1640

高田修自
〒354-0031 埼玉県富士見市勝瀬3369
アイムふじみ野南三番館502
ソーラースタジオ
tel.0492-67-3605　fax.0492-67-3605

高田光雄
〒359-1122 埼玉県所沢市寿町14-5
ポストグラフィックス
tel.04-2923-8317　fax.04-2928-8434

高橋朋子
〒213-0005 神奈川県川崎市高津区北見方
2-15-2-301
tel.044-844-0362　fax.044-844-0362

高橋宏明
〒226-0025 神奈川県横浜市緑区十日市場町
1676
tel.045-983-1385　fax.045-981-3296

高橋弘樹
〒141-0021 東京都品川区上大崎3-14-35
山手ビル3F
株式会社ラジアン パッケージ開発部
tel.03-3449-6231　fax.03-3449-6232

高橋 敏
〒107-0062 東京都港区南青山6-8-11
株式会社イフカンパニー 代表取締役
tel.03-3406-0731　fax.03-3406-0738

髙見裕一
〒160-0022 東京都新宿区新宿
2-13-10-603
有限会社ザッソ クリエイティブ
代表取締役 グラフィックデザイナー
tel.03-5363-0027　fax.03-5363-0028

高村達夫
〒108-0071 東京都港区白金台4-10-8
プラビス・インターナショナル リミテッド
取締役 クリエイティブ・ディレクター
tel.03-5789-7601　fax.03-5789-7602

田川雅一
〒153-0063 東京都目黒区目黒2-11-8
バルビゾン8F
株式会社ベネディクト 代表取締役
tel.03-3492-7401㈹　fax.03-3492-7402

竹内二朗
〒060-0004 北海道札幌市中央区
北四条西15
有限会社ミッキーハウス 代表取締役
tel.011-644-2543　fax.011-644-2549

武田優子
〒107-0062 東京都港区南青山6-8-11
株式会社イフカンパニー
tel.03-3406-0731　fax.03-3406-0738

竹田良雄
〒171-0022 東京都豊島区南池袋3-9-2
池袋ハイツ701
株式会社バンブーデザイン企画室 代表
tel.03-5955-7730　fax.03-5955-7731

竹中 淨
〒105-7001 東京都港区東新橋1-8-1
株式会社電通 IMCプランニング・センター
プロジェクト・マネージャー
tel.03-6216-6462　fax.03-6217-5821

竹広光春
〒135-0091 東京都港区台場2-3-1
トレードピアお台場16F
寿精版印刷株式会社 東京デザインセンター
tel.03-3529-3205　fax.03-3529-3213

館 享子
〒225-0011 神奈川県横浜市青葉区
あざみ野4-1-2-502
tel.045-902-7389　fax.045-902-7389

田中春雄
〒107-0062 東京都港区南青山4-15-4
パークヒルズ南青山107
有限会社スタッフ ビー・シー 代表取締役
tel.03-3479-8070　fax.03-3479-8074

田中秀樹
〒158-0094 東京都世田谷区玉川2-14-7
ツインシティー・S2F
株式会社ハルデザイン
tel.03-5491-2912　fax.03-5491-2913

田中基美
〒107-0062 東京都港区南青山5-11-14
H&M EAST 206
有限会社川路ヨウセイデザインオフィス
tel.03-3400-4421　fax.03-3486-0856

田辺慎二
〒105-0012 東京都港区芝大門2-5-8
芝大門牧田ビル8F
株式会社サン・スタジオ
tel.03-5425-2437　fax.03-5425-2439

谷井郁美
〒104-0061 東京都中央区銀座5-13-14
銀座オリオルビル
株式会社日本ベリエールアートセンター
tel.03-5565-5641　fax.03-5565-5563

谷口哲也
〒156-0052 東京都世田谷区経堂4-24-11
ベルハイツ201
tel.03-3706-1662　fax.03-3706-1662

玉垣 聡
〒151-0051 東京都渋谷区千駄ヶ谷
5-21-12 代々木リビン604
有限会社プラン・ネージュ 取締役
tel.03-3358-5530　fax.03-3358-5531

田村孝治
〒168-0063 東京都杉並区和泉3-59-9 B棟
田村デザインスタジオ
tel.03-5355-3881　fax.03-5355-3881

千田建一
〒154-0017 東京都世田谷区世田谷
1-46-17
tel.03-3428-8887

千葉和夫
〒107-0061 東京都港区北青山2-9-16
AAビル3F
株式会社ロフト 代表取締役
tel.03-5412-7560　fax.03-5412-7561

千葉公一
〒194-0203 東京都町田市図師町3476-8
デザインオフィスノーチラス 代表
tel.042-789-0223　fax.042-789-0223

塚原郁乃
〒108-8403 東京都港区芝5-33-1
森永製菓株式会社 デザイン室
tel.03-3456-0126　fax.03-3456-0270

辻登史彦
〒104-0032 東京都中央区八丁堀2-29-6
クレアール八重洲通501
株式会社デザインルームつじ
tel.03-3206-9116　fax.03-3206-1992

津島智範
〒153-0063 東京都目黒区目黒2-11-8
バルビゾン8F
株式会社ベネディクト
tel.03-3492-7401　fax.03-3492-7402

坪井 猛
〒162-0837 東京都新宿区納戸町35
パール明石ビル4F
シーオーツー
tel.03-3269-2495　fax.03-3269-2495

坪谷一利
〒150-0001 東京都渋谷区神宮前4-3-21
アプリール表参道301
株式会社プラムナッツ
tel.03-3479-7827　fax.03-3479-7920

鶴田 誠
〒240-0004 神奈川県横浜市保土ヶ谷区
岩間町1-6-8 プレアデス305
つーるスタジオ
tel.045-335-7067　fax.045-335-7067

出口利春
〒407-0301 山梨県北杜市高根町
清里3545-2995
有限会社オーチャードハウス
tel.0551-48-2929　fax.0551-48-3885

任田進一
〒162-8001 東京都新宿区市谷加賀町1-1-1
大日本印刷株式会社 包装総合開発センター
tel.03-5225-5964　fax.03-5225-5955

時田秀久
〒110-8560 東京都台東区台東1-5-1
凸版印刷株式会社 パッケージ事業本部
TPC事業部 企画本部企画部 部長
tel.03-3835-6518　fax.03-3835-7628

徳岡 健
〒160-0003 東京都新宿区本塩町4-7
祥平舘ビル7F
株式会社YAOデザインインターナショナル
tel.03-3357-3668　fax.03-3353-1546

徳留一郎
〒150-0001 東京都渋谷区神宮前
5-46-10-201
有限会社鹿目デザイン事務所
tel.03-3409-6680　fax.03-3409-6678

十倉論敦
〒150-0001 東京都渋谷区神宮前5-13-10
グランドメゾン神宮前106
有限会社シオデザイン
tel.03-5774-0645　fax.03-5774-0646

都坂政彦
〒105-8422 東京都港区虎ノ門2-2-1
JTビル
株式会社JTデザインセンター
取締役 シニアクリエイティブディレクター
tel.03-5572-4385　fax.03-5572-1488

鳥羽泰弘
〒106-0041 東京都港区麻布台1-9-5
麻布台徳井ビル602
株式会社カラーインク 代表取締役
tel.03-5549-8771　fax.03-5549-8772

飛山京子
〒113-0034 東京都文京区湯島2-31-15
和光湯島ビル9F
有限会社トビオプラン
tel.03-3811-6279　fax.03-3811-6489

豊浦牧人
〒106-0031 東京都港区西麻布3-20-16
西麻布アネックス2F
株式会社ミックブレインセンター
tel.03-3423-9491　fax.03-3423-9494

永井孝子
〒154-0001 東京都世田谷区池尻2-9-8
エンドウビル201
株式会社プランタ・クリエイション
代表取締役
tel.03-3419-9331　fax.03-3419-9334

永井 満
〒103-8210 東京都中央区日本橋茅場町
1-14-10
花王株式会社 パッケージ作成部4室

中越 出
〒162-8001 東京都新宿区市谷加賀町1-1-1
大日本印刷株式会社 包装総合開発センター
商品企画本部 商品企画第1部
シニアエキスパート
tel.03-5225-5950　fax.03-5225-5955

長澤 学
〒106-0031 東京都港区西麻布4-15-2
APARTMENTS西麻布801
株式会社クリエイティブ アソシエイツ
tel.03-3406-0696　fax.03-3406-0697

中島益美
〒060-0011 北海道札幌市中央区
北十一条西14-1-81-1002
有限会社中島デザイン事務所
tel.011-716-7141

長瀬正英
〒153-0044 東京都目黒区大橋2-6-12
佐藤フラッツ102
tel.03-5465-1935　fax.03-5465-1935

永田麻美
〒135-8631 東京都港区台場2-3-3
サントリー株式会社 デザイン部
tel.03-5579-1145　fax.03-5579-1718

中塚大輔
〒103-0013 東京都中央区日本橋人形町
2-33-8
株式会社中塚大輔広告事務所 取締役会長
tel.03-3663-5608　fax.03-3663-5622

中西朱美
〒168-0073 東京都杉並区下高井戸5-5-21
アトリエ・ドア
tel.03-3290-2081　fax.03-3290-1619

中根俊成

中野 恵
〒104-0061 東京都中央区銀座1-16-7
友泉銀座ビル6F
株式会社アルビオン マーケティング本部
デザイン室
tel.03-5159-1610　fax.03-5159-1615

長野友紀
〒135-0091 東京都港区台場2-3-1
トレードピアお台場16F
寿精版印刷株式会社 東京デザインセンター
tel.03-3529-3205　fax.03-3529-3213

仲間典子
〒103-8210 東京都中央区日本橋茅場町
1-14-10
花王株式会社 パッケージ作成部
tel.03-3660-7394　fax.03-3660-7272

中村直行
〒106-0031 東京都港区西麻布3-2-40
麻布タウンハウス402
パドラムクリエイティブ
tel.03-3470-6884　fax.03-3470-6093

中村 超
〒151-0053 東京都渋谷区代々木3-1-3
プラムガーデン403
有限会社ベイシスパッケージング
tel.03-3320-1497　fax.03-3320-1497

中屋英之

中山英子
〒153-0062 東京都目黒区三田2-10-9-107
中山デザイン室
tel.03-3719-6634　fax.03-3719-6634

中山紀子

永山元明
〒141-0021 東京都品川区上大崎2-24-18
ストークマンション目黒804
株式会社紘デザイン研究所
tel.03-5437-6623　fax.03-5437-6624

名久井貴信
〒104-8315 東京都中央区京橋1-15-1
味の素株式会社 広告部 課長
tel.03-5250-8232　fax.03-5250-8337

那波多目雅也
〒102-0084 東京都千代田区二番町8-7
二番町パークフォレスト1104
株式会社那波多目デザイン事務所
tel.03-5215-3381　fax.03-5215-3386

那波多目康子
〒102-0084 東京都千代田区二番町8-7
二番町パークフォレスト1104
株式会社那波多目デザイン事務所
代表取締役社長
tel.03-5215-3381 fax.03-5215-3386

新鞍一裕
〒104-0032 東京都中央区八丁堀1-9-9
株式会社コーセー 商品デザイン部
デザイン室
tel.03-3555-9199 fax.03-3555-9184

錦織章三
〒104-0061 東京都中央区銀座1-16-7
友泉銀座ビル6F
株式会社アルビオン マーケティング本部
デザイン室
tel.03-5159-1610 fax.03-5159-1615

西島幸子
〒152-0035 東京都目黒区自由が丘1-21-7
ガーデンビュウ自由が丘105
カラーワークス
tel.03-3724-4100 fax.03-3724-4127

西村英明
〒162-0824 東京都新宿区揚場町2-12
セントラルコーポラス501
有限会社西村デザインオフィス
tel.03-5228-3935 fax.03-3269-5351

西本千奈美
〒105-0014 東京都港区芝2-18-3
KOビル3F
株式会社モリックス
tel.03-3769-0345 fax.03-3769-0346

二宮昌世
〒161-0033 東京都新宿区下落合2-1-15
株式会社GKグラフィックス 第1デザイン部
副部長
tel.03-5952-6831 fax.03-5952-6832

丹羽達雄
〒160-0023 東京都新宿区西新宿4-32-6
パークグレース新宿903
美裕デザインオフィス
tel.03-5334-6340 fax.03-5334-6341

沼田九里馬
〒103-8210 東京都中央区日本橋茅場町
1-14-10
花王株式会社 パッケージ作成部
tel.03-3660-7320 fax.03-3660-7272

根上真理子
〒104-0061 東京都中央区銀座1-16-7
友泉銀座ビル6F
株式会社アルビオン マーケティング本部
デザイン室
tel.03-5159-1610 fax.03-5159-1615

野末俊作
〒103-8210 東京都中央区日本橋茅場町
1-14-10
花王株式会社 パッケージ作成部
シニアクリエイティブディレクター
tel.03-3660-7341 fax.03-3660-7272

信藤洋二
〒105-8310 東京都港区東新橋1-6-2
汐留タワー
株式会社資生堂 宣伝制作部
tel.03-6218-6265 fax.03-6218-6329

野村 岳
〒100-8522 東京都千代田区内幸町1-3-1
幸ビル
東洋製罐株式会社 マーケティング部
tel.03-3508-0139 fax.03-3508-2076

野村みどり
〒244-0802 神奈川県横浜市戸塚区平戸
3-13-18
Green room
mobile:090-4075-0598 fax.045-823-7209

芳賀雅丈
〒160-0003 東京都新宿区本塩町4-7
祥平舘ビル7F
株式会社YAOデザインインターナショナル
tel.03-3357-3668 fax.03-3353-1546

萩原弘美
〒102-0082 東京都千代田区一番町18
川喜多メモリアルビル
株式会社インターブランドジャパン
tel.03-3230-1445 fax.03-3230-1278

長谷川日出夫
〒151-0064 東京都渋谷区上原2-38-11
ヴィラ代々木上原1F
株式会社エーティーピー
tel.03-3468-0055 fax.03-3468-2277

畑 直宜
〒154-0001 東京都世田谷区池尻2-9-8
エンドウビル201
株式会社プランタ・クリエイション
tel.03-3419-9331 fax.03-3419-9334

畠中昭子
〒141-0032 東京都品川区大崎1-17-17
株式会社プロポーション シーツー
tel.03-5436-1012 fax.03-5436-0039

花岡 学
〒160-0004 東京都新宿区四谷1-20-2
佳作ビル6F
有限会社ハナオカデザイン
tel.03-3356-4770 fax.03-3356-4773

花村賢二
〒160-0004 東京都新宿区四谷2-14-37
嶋ビル3F
株式会社エイブルデザイン企画
tel.03-3353-2686 fax.03-3358-6513

羽深貴士
〒111-0043 東京都台東区駒形1-2-5
倉田包装株式会社
tel.03-3843-5531 fax.03-3843-5530

浜 英男
〒270-0013 千葉県松戸市小金原2-9-66
浜デザイン事務所
tel.047-344-7049 fax.047-344-7049

林 千博
〒104-0032 東京都中央区八丁堀1-9-9
第3八重洲ビル2F
株式会社コーセー 商品デザイン部
カウンセリング外装開発グループ
tel.03-3555-9199 fax.03-3555-9184

原 拓哉
〒135-0091 東京都港区台場2-3-1
トレードピアお台場16F
寿精版印刷株式会社 デザインセンター
tel.03-3529-3205 fax.03-3529-3213

原 洋介
〒110-0001 東京都台東区谷中3-24-4
Kハウス306
原洋介デザイン室
tel.03-5814-5256 fax.03-5814-5256

原田みのり
〒162-0824 東京都新宿区揚場町2-12
セントラルコーポラス501
有限会社西村デザインオフィス
tel.03-5228-3935 fax.03-3269-5351

原田祐助
〒141-8523 東京都品川区西五反田2-2-3
ポーラ化成工業株式会社 デザイン研究所
tel.03-3494-7129 fax.03-3494-1758

半田広喜
〒107-0062 東京都港区南青山5-12-28
メゾン南青山502
有限会社半田デザイン事務所
tel.03-5464-6363 fax.03-5464-6364

柊谷典生
〒162-8001 東京都新宿区市谷加賀町1-1-1
大日本印刷株式会社 包装総合開発センター
商品企画本部 商品企画第3部
tel.03-5225-5960 fax.03-5225-5955

平澤雅子
〒103-8210 東京都中央区日本橋茅場町
1-14-10
花王株式会社 パッケージ作成部
tel.03-3660-7392 fax.03-3660-7272

平田 宙
〒135-8631 東京都港区台場2-3-3
サントリー株式会社 デザイン部
アートディレクター
tel.03-5579-1145 fax.03-5579-1718

平田克己
〒103-0005 東京都中央区日本橋久松町
13-4 トスパビル6F
株式会社クリオス 代表取締役
tel.03-3668-2731 fax.03-3668-2732

平戸絵里子
〒105-8310 東京都港区東新橋1-6-2
汐留タワー
株式会社資生堂 宣伝制作部 参事
tel.03-6218-6265 fax.03-6218-6264

平野忠世
〒110-8560 東京都台東区台東1-5-1
凸版印刷株式会社 パッケージ事業本部
TPC事業部 企画本部企画部
tel.03-3835-6549 fax.03-3835-7628

平野吉雄
〒113-0022 東京都文京区千駄木3-28-7
シトラス1号館205
イプス・デザインズ 代表
tel.03-3827-5239 fax.03-3827-5329

平間仁志
〒162-0824 東京都新宿区揚場町2-12
セントラルコーポラス310
有限会社バウス
tel.03-3235-0446 fax.03-3235-0447

平本勝彦
〒173-0004 東京都板橋区板橋1-53-15
メゾン新板橋1103
有限会社平本勝彦デザイン室
tel.03-3962-4438 fax.03-3962-4481

廣田れい
〒151-0051 東京都渋谷区千駄ケ谷
3-55-12 ヴィラ・パルテノン5-B
有限会社ヒロタス
tel.03-5771-0380 fax.03-5771-0381

広橋桂子
〒107-0062 東京都港区南青山6-1-32-704
ヒロハシデザイン
tel.03-3407-4948 fax.03-3407-4948

福井政弘
〒110-8560 東京都台東区台東1-5-1
凸版印刷株式会社 パッケージ事業本部
企画本部
tel.03-3835-6543 fax.03-3835-7628

福田綾子
〒157-0065 東京都世田谷区上祖師谷
7-18-14
Studio gatto.
tel.03-3300-7069 fax.03-3300-7081

藤きみよ
〒152-0002 東京都目黒区目黒本町5-4-10
フジキミヨデザインオフィス
tel.03-3710-4107 fax.03-3710-4107

藤田 隆
〒135-8631 東京都港区台場2-3-3
サントリー株式会社 文化事業部
クリエイティブディレクター
tel.03-5579-1165 fax.03-5579-1722

藤田 實
〒160-0022 東京都新宿区新宿2-2-1
ビューシティ新宿御苑403
有限会社Mactec
tel.03-5269-1466 fax.03-5269-2553

藤平 剛
〒141-0032 東京都品川区大崎1-17-17
株式会社プロポーション シーツー
代表取締役
tel.03-5436-1012 fax.03-5436-0039

藤村 敬
〒104-0061 東京都中央区銀座5-12-8
王子製紙株式会社 デザインセンター
tel.03-5550-3065 fax.03-5550-2945

藤本勝之
〒135-8631 東京都港区台場2-3-3
サントリー株式会社 デザイン部
tel.03-5579-1145 fax.03-5579-1718

藤本 泰
〒173-0004 東京都板橋区板橋1-53-15
メゾン新板橋1103
有限会社平本勝彦デザイン室
tel.03-3962-4438 fax.03-3962-4481

布施治也
〒104-0044 東京都中央区明石町
13-15-604
tel.03-5565-5568 fax.03-5565-5548

古城晴美
〒152-0022 東京都目黒区柿木坂1-5-12
レベント柿木坂104
tel.03-3724-7843 fax.03-3724-7843

古庄章子
〒135-8631 東京都港区台場2-3-3
サントリー株式会社 デザイン部
tel.03-5579-1145 fax.03-5579-1718

古田和子
〒153-0061 東京都目黒区中目黒1-1-17
マンション恵比須苑708
ポルポロングスタジオ
tel.03-3714-0290 fax.03-3714-0288

古味義隆
〒162-0803 東京都新宿区赤城下町41-203
有限会社古味デザイン事務所 代表取締役
tel.03-5261-8591 fax.03-5261-8592

細井 努
〒150-0001 東京都渋谷区神宮前6-33-18
ハイツ原宿102
株式会社アド・クリエーター 制作室
tel.03-3400-7366 fax.03-3400-7027

堀井 誠
〒130-0024 東京都墨田区菊川3-18-2
クレアシティ菊川404
有限会社堀井デザイン
tel.03-3635-3871 fax.03-3635-3871

堀井敏正
〒321-0904 栃木県宇都宮市陽東5-13-34
有限会社アドアンドハウリー
tel.028-660-7157 fax.028-660-7167

堀口一則
〒135-0044 東京都江東区越中島2-14-11
GPビル401
デザイン工房かずんず
tel.03-5621-5070 fax.03-5621-5071

本田和男
〒151-0061 東京都渋谷区初台1-29-13
ベルエール加藤104
有限会社フェイスデザインワーク
tel.03-3379-6923 fax.03-3379-6297

前田貞幸
〒158-0091 東京都世田谷区中町3-34-15
株式会社朝日奈紙商事 開発担当取締役
tel.03-3704-2392 fax.03-3704-2398

前田英樹
〒135-8631 東京都港区台場2-3-3
サントリー株式会社 デザイン部
tel.03-5579-1145 fax.03-5579-1718

前原恵美香
〒192-0043 東京都八王子市暁町2-35-13
tel.0426-27-7206

牧之瀬文隆
〒104-0061 東京都中央区銀座5-12-8
王子製紙株式会社 デザインセンター
マネージャー
tel.03-5550-3065 fax.03-5550-2945

牧野正樹
〒161-0033 東京都新宿区下落合2-1-15
株式会社GKグラフィックス
第2デザイン部 第4制作室 室長
tel.03-5952-6831 fax.03-5952-6832

増山晋平
〒108-0071 東京都港区白金台4-10-8
ブラビス・インターナショナル リミテッド
デザイン・ディレクター
tel.03-5789-7601 fax.03-5789-7602

町田 泰
〒160-0004 東京都新宿区四谷1-20-2
佳作ビル6F
有限会社ハナオカデザイン
tel.03-3356-4770 fax.03-3356-4773

松井 孝
〒141-8523 東京都品川区西五反田2-2-3
ポーラ化成工業株式会社 デザイン研究所
tel.03-3494-7129 fax.03-3494-1758

松浦真二
〒135-0091 東京都港区台場2-3-1
トレードピアお台場16F
寿精版印刷株式会社 東京デザインセンター
tel.03-3529-3205 fax.03-3529-3213

松尾高明
〒150-0001 東京都渋谷区神宮前6-33-18
ハイツ原宿102
株式会社アド・クリエーター
tel.03-3400-7366 fax.03-3400-7027

松樹青太
〒104-0032 東京都中央区八丁堀1-9-9
第3八重洲ビル4F
株式会社コーセー 商品デザイン部
デザイン室
tel.03-3555-9199 fax.03-3555-9184

松倉麗美
〒181-0002 東京都三鷹市牟礼5-9-3
サンハイツ2F
tel.0422-70-5528 fax.0422-70-5528

松澤由紀子
〒110-8560 東京都台東区台東1-5-1
凸版印刷株式会社 パッケージ事業本部
企画本部第1部1チーム
tel.03-3835-6545 fax.03-3835-7629

松下勝美
〒221-0834 神奈川県横浜市神奈川区台町
11-26-206
カツミアートスタジオ
tel.045-325-5859 fax.045-325-5859

松下洋一
〒130-0022 東京都墨田区江東橋1-4-3
川島商事株式会社 企画デザイン室
企画部長
tel.03-3633-7641 fax.03-3633-7365

松田徳巳
〒130-0015 東京都墨田区横網1-2-22
ライオン株式会社 デザイン室
tel.03-3621-6644 fax.03-3621-6659

松林慎太郎
〒107-0052 東京都港区赤坂8-4-7
カームビル6C
株式会社スタジオ・マッス
tel.03-3401-4928 fax.03-3470-3271

松山博之
〒150-0001 東京都渋谷区神宮前4-19-8
アロープラザ原宿308
有限会社マツヤマヒロユキ・デザイン・オフィス
tel.03-5772-5570 fax.03-5772-5571

丸橋加奈子
〒141-8523 東京都品川区西五反田2-2-3
ポーラ化成工業株式会社 デザイン研究所
tel.03-3494-7129 fax.03-3494-1758

丸本彰一
〒161-0033 東京都新宿区下落合2-1-15
株式会社GKグラフィックス 第1デザイン部
部長
tel.03-5952-6831 fax.03-5952-6832

丸山和子
〒104-0041 東京都中央区新富町1-11-10
アクシルコート銀座イースト604
丸山デザイン事務所
tel.03-3555-0013

三木 学
〒104-0031 東京都中央区京橋1-4-11
竹本ビル3F
株式会社ミックデザインワークス
tel.03-3273-2407 fax.03-3273-2408

三澤恵理子
〒105-8310 東京都港区東新橋1-6-2
汐留タワー
株式会社資生堂 宣伝制作部
アートディレクター
tel.03-6218-6265 fax.03-6218-6329

三澤國家
〒113-0033 東京都文京区本郷1-15-2
三沢第一ビル4F
株式会社三沢事務所
tel.03-3814-0253 fax.03-3811-2521

三谷 豊
〒104-0042 東京都中央区入船3-9-1
第2細矢ビル3F
有限会社グローブデザイン
tel.03-3555-7772 fax.03-3555-7776

三井卓夫
〒103-8210 東京都中央区日本橋茅場町
1-14-10
花王株式会社 パッケージ作成部
tel.03-3660-7347 fax.03-3660-7272

三石 博
〒162-8001 東京都新宿区市谷加賀町1-1-1
大日本印刷株式会社 包装総合開発センター
商品企画本部 商品企画第3部
第1グループ 次長心得
tel.03-5225-5867 fax.03-5225-5955

水口洋二
〒135-8631 東京都港区台場2-3-3
サントリー株式会社 デザイン部
tel.03-5579-1145 fax.03-5579-1718

宮川長三
〒151-0053 東京都渋谷区代々木1-15-7
キャッスル代々木202
株式会社アド・ハウス 代表取締役
tel.03-3370-8245 fax.03-3320-1057

宮本泰志
〒107-0062 東京都港区南青山5-11-14
H&M EAST 202・206
有限会社川路ヨウセイデザインオフィス
tel.03-3400-4421 fax.03-3486-0856

三輪万寿夫
〒150-0001 東京都渋谷区神宮前1-19-8
原宿ファミリー301・302・303
有限会社ハンドファスト
tel.03-3405-6369 fax.03-3405-6501

向井育子
〒104-8315 東京都中央区京橋1-15-1
味の素株式会社 広告部 企画制作グループ
tel.03-5250-8232 fax.03-5250-8337

村 武史
〒162-0052 東京都新宿区戸山1-8-5
株式会社デザインマック
tel.03-3204-0951 fax.03-3204-0965

村 禎介
〒162-0052 東京都新宿区戸山1-8-5
株式会社デザインマック 代表取締役
tel.03-3204-0951 fax.03-3204-0965

村上和彦
〒160-0022 東京都新宿区新宿1-3-7
唐木ビル501
有限会社村上デザイン事務所
tel.03-5369-2099 fax.03-5369-2098

村田美佳
〒141-0022 東京都品川区東五反田
2-16-2-607
tel.03-5420-1181 fax.03-5420-1181

村山琢生
〒150-0036 東京都渋谷区南平台町17-1
日商岩井南平台マンション508
村山琢生デザイン事務所
tel.03-5458-5573 fax.03-5458-5573

元田天治
〒104-0032 東京都中央区八丁堀1-9-9
株式会社コーセー 商品デザイン部
管理開発グループ 管理開発グループ長
tel.03-3206-7671 fax.03-3555-1419

森 明子
〒107-0062 東京都港区南青山5-4-26
FJB南青山ビル9F
株式会社セルロイド
tel.03-3400-9918 fax.03-3400-9948

森田充則
〒105-0014 東京都港区芝2-18-3
KOビル3F
株式会社モリックス 代表取締役
tel.03-3769-0345 fax.03-3769-0346

森田利江子
〒104-0032 東京都中央区八丁堀1-9-9
株式会社コーセー 商品デザイン部
デザイン室
tel.03-3555-9199 fax.03-3555-9184

森山隆樹
〒950-0913 新潟県新潟市鐙1-16-13
コーポラスリム102
森山デザイン事務所
tel.025-290-4646 fax.025-290-4646

門出 希
〒153-0061 東京都目黒区中目黒1-7-2
シュガーハウス102
Mondesign
tel.03-3710-6195 fax.03-3710-6195

矢口 洋
〒110-0015 東京都台東区東上野2-13-8
アルカディア上野5F
株式会社デザインメイト
tel.03-3834-7771 fax.03-3834-7779

矢沢孝嗣
〒150-0001 東京都渋谷区神宮前6-35-3
コープオリンピア403
有限会社矢沢デザインスタジオ
tel.03-5467-6883 fax.03-5467-6884

安井溥昌
〒106-0032 東京都港区六本木3-4-24
六本木足立ビルB1F
株式会社ヒロ・プランニング
代表取締役 クリエイティブディレクター
tel.03-3589-5311 fax.03-3589-5310

安富律之
〒107-0062 東京都港区南青山4-15-4
パークヒルズ南青山101
有限会社あんてなスタジオ
tel.03-5772-2342　fax.03-5772-2343

安村嘉治
〒154-0003 東京都世田谷区野沢
3-22-8-706
安村デザイン事務所
tel.03-3422-0719　fax.03-3422-0719

谷田部久美子
〒107-0052 東京都港区赤坂8-4-7
カームビル6C
株式会社スタジオ・マッス
tel.03-3401-4928　fax.03-3470-3271

柳田岩男
〒145-0076 東京都大田区田園調布南
10-11
tel.03-5482-7764　fax.03-5482-7764

矢野英夫
〒108-0071 東京都港区白金台4-10-8
ブラビス・インターナショナル リミテッド
デザイン・ディレクター
tel.03-5789-7601　fax.03-5789-7602

矢野順子
〒154-0012 東京都世田谷区駒沢2-11-9
tel.03-3422-1713

山口哲雄
〒106-0044 東京都港区東麻布3-5-12
麻布CCビル2F
株式会社デザインスタジオニック
代表取締役 アートディレクター
tel.03-3568-2229　fax.03-5561-0029

山口泰民
〒156-0044 東京都世田谷区赤堤4-7-7
有限会社トライ 代表取締役
tel.03-3321-1146　fax.03-3321-1146

山﨑 茂
〒104-0032 東京都中央区八丁堀1-9-9
株式会社コーセー 商品デザイン部
デザイン室
tel.03-3555-9199　fax.03-3555-9184

山下正和
〒244-0003 神奈川県横浜市戸塚区戸塚町
2833-98
tel.045-881-5532　fax.045-881-5532

山田博子
〒104-0032 東京都中央区八丁堀1-9-9
コーセーコスメポート株式会社
企画部デザイン室 室長
tel.03-3551-3549　fax.03-3553-5950

山田 満
〒104-0053 東京都中央区晴海1-6-1-810
山田満デザイン室
tel.03-5144-8066　fax.03-5144-8066

山中伸生
〒136-0072 東京都江東区大島3-2-6
株式会社吉野工業所 製品開発部
tel.03-3682-1141　fax.03-3636-5250

山本千絵子
〒105-8310 東京都港区東新橋1-6-2
汐留タワー
株式会社資生堂 宣伝制作部
tel.03-6218-6265　fax.03-6218-6329

山本良一
〒235-0011 神奈川県横浜市磯子区丸山
1-31-7
山本良一事務所
tel.045-751-3634　fax.045-751-3634

湯本逸郎
〒103-8210 東京都中央区日本橋茅場町
1-14-10
花王株式会社 パッケージ作成部
tel.03-3660-7320　fax.03-3660-7272

横尾 浩
〒135-8631 東京都港区台場2-3-3
サントリー株式会社 デザイン部
tel.03-5579-1145　fax.03-5579-1718

吉田正巳
〒206-0014 東京都多摩市乞田1318-2
M' 3 Design
mobile:080-5034-4674
fax.042-372-6427

吉田光利
〒103-8210 東京都中央区日本橋茅場町
1-14-10
花王株式会社 パッケージ作成部
tel.03-3660-7394　fax.03-3660-7272

吉田晃永
〒316-0015 茨城県日立市金沢町
2-32-6-A202
デザインオフィス アルテサーノ
tel.0294-38-7253　fax.0294-38-7254

吉村景知
〒225-0023 神奈川県横浜市青葉区大場町
174-167
吉村デザイン事務所
tel.045-974-1726　fax.045-974-1726

吉村雅紀
〒112-0002 東京都文京区小石川1-17-1
エルアージュ小石川A-305
吉村雅紀デザイン事務所
tel.03-5689-5638　fax.03-5689-5638

米田貴美子
〒167-0031 東京都杉並区本天沼1-27-5
デザインオフィスライス
tel.03-3336-4681　fax.03-3336-4681

米田美枝子
〒167-0031 東京都杉並区本天沼1-27-5
デザインオフィスライス
tel.03-3336-4681　fax.03-3336-4681

米林有美子
〒153-0042 東京都目黒区青葉台3-12-2
tel.03-5458-8216　fax.03-5458-8217

和久井義男
〒168-0063 東京都杉並区和泉3-11-5
tel.03-3328-0254　fax.03-3328-0254

和久津康弘
〒151-0051 東京都渋谷区千駄ヶ谷2-34-8
テラス外苑203
有限会社ワークファブリック 代表取締役
アートディレクター
tel.03-5772-8895　fax.03-5772-8896

和田 亨
〒150-0001 東京都渋谷区神宮前6-33-18
ハイツ原宿102
株式会社アド・クリエーター 代表取締役
tel.03-3400-7366　fax.03-3400-7027

渡部孝一
〒151-0072 東京都渋谷区幡ケ谷1-3-1
幡ケ谷ゴールデンマンション1110
株式会社渡部デザイン事務所 代表取締役
tel.03-3320-5166　fax.03-3320-5161

渡辺勢津子
〒106-0032 東京都港区六本木3-4-24
株式会社ヒロ・プランニング
取締役 ディレクター
tel.03-3589-5311　fax.03-3589-5310

渡邉 大
〒162-0824 東京都新宿区揚場町2-12
セントラルコーポラス501
有限会社西村デザインオフィス
tel.03-5228-3935　fax.03-3269-5351

渡辺政憲
〒110-8560 東京都台東区台東1-5-1
凸版印刷株式会社 企画販促本部 企画2部
tel.03-3835-6548　fax.03-3835-7629

渡辺隆史
〒103-8210 東京都中央区日本橋茅場町
1-14-10
花王株式会社 パッケージ作成部
クリエイティブ・ディレクター
tel.03-3660-7339　fax.03-3660-7272

渡辺真佐子
〒105-8310 東京都港区東新橋1-6-2
汐留タワー
株式会社資生堂 宣伝制作部
tel.03-6218-6265　fax.03-6218-6329

渡辺有史
〒141-8523 東京都品川区西五反田2-2-3
ポーラ化成工業株式会社 デザイン研究所
tel.03-3494-7129　fax.03-3494-1758

個人会員（中日本 愛知・岐阜）

石川千雄
〒458-0845 愛知県名古屋市緑区鳴海町赤塚
157-1
有限会社デザインワークス・サウザンド
代表取締役
tel.052-892-3999　fax.052-892-1385

岩本禎雄
〒452-0803 愛知県名古屋市西区大野木
4-94
デザインオフィス アイボックス 代表
tel.052-502-3023　fax.052-502-3040

大塚道夫
〒501-3914 岐阜県関市鋳物師屋7-4-23
ネットワーク・プラン 代表
tel.0575-24-3376　fax.0575-24-6998

川合三夫
〒481-0041 愛知県西春日井郡西春町九之坪
東ノ川148
有限会社デザインルームカワイ
tel.0568-23-6064　fax.0568-23-6064

古久根秀行
〒475-0021 愛知県半田市州の崎町2-110
相生ユニビオ株式会社 半田事業所
商品企画 企画担当
tel.0569-20-0530　fax.0569-20-0500

桜井 淳
〒486-0957 愛知県春日井市中野町2-18-3
有限会社デザイン・ファーム・サプライ
tel.0568-36-1814　fax.0568-36-1824

清水幸生
〒461-0011 愛知県名古屋市東区白壁
2-9-18 スイートプラザ白壁303
有限会社パックス・デザイン・アソシエイツ
tel.052-968-1955　fax.052-968-1966

高木仁美
〒461-0011 愛知県名古屋市東区白壁3-8-6
ファーニス白壁1B
ウブスデザインズ
tel.052-937-9719　fax.052-937-6469

坪田良一
〒466-0033 愛知県名古屋市昭和区台町
1-14 テラス台町203
DESIGN Q・P
tel.052-851-6368　fax.052-851-6378

仲村享子
〒461-0011 愛知県名古屋市東区白壁3-8-6
ファーニス白壁1B
ウブスデザインズ
tel.052-937-9719　fax.052-937-6469

丹羽哲男
〒461-0005 愛知県名古屋市東区東桜
1-4-32 ダイアパレス栄公園205
株式会社丹羽デザイン事務所
tel.052-961-0136　fax.052-961-0430

林たかし
〒451-0045 愛知県名古屋市西区名駅
2-23-14 VIA141
株式会社パブリックデザインワークス
tel.052-561-5577　fax.052-561-6677

丸山和巳
〒451-0064 愛知県名古屋市西区名西1-1-2
グランコート名西403
有限会社丸山デザイン事務所
tel.052-531-3812　fax.052-531-3814

三浦正紀
〒451-0045 愛知県名古屋市西区名駅
2-23-14 VIA141
株式会社パブリックデザインワークス
代表取締役
tel.052-561-5577　fax.052-561-6677

四居俊輔
〒464-0074 愛知県名古屋市千種区仲田
2-15-12 ワークビル3F
有限会社クリエイト ワイ
tel.052-733-7559　fax.052-733-7717

渡邉賢次
〒505-0041 岐阜県美濃加茂市太田町
3489-19
ボウス・ファミリー 代表
tel.0574-26-3578　fax.0574-26-3578

個人会員（中日本 北陸）

今井敏之
〒939-2721 富山県富山市婦中町板倉777-1
株式会社NIRE 代表取締役
tel.076-466-5011　fax.076-466-5035

柿谷拓磨
〒939-8045 富山県富山市本郷町1-26
柿谷デザイン事務所
tel.076-425-7496　fax.076-425-7496

川島嘉洋
〒939-3548 富山県富山市三郷10
株式会社タイヨーパッケージ 企画室
tel.076-478-5123　fax.076-478-5127

小柴雅樹
〒939-2756 富山県富山市婦中町下井沢306
朝日印刷株式会社 製品企画グループ
富山デザイン室 チーフデザイナー
tel.076-466-1202　fax.076-466-1203

沢田奈美枝
〒939-0234 富山県射水市二口805-1
沢田デザインルーム
tel.0766-52-1242　fax.0766-52-1242

関 紀一
〒930-2233 富山県富山市布目東町2250-40
tel.076-435-0862

畠山博子
〒933-0921 富山県高岡市源平町7
畠山制作室
tel.0766-22-3578　fax.0766-22-5248

原井 繁
〒939-2756 富山県富山市婦中町下井沢234
朝日印刷株式会社 製品企画グループ
tel.076-466-1201　fax.076-466-1203

廣田裕子
〒939-3548 富山県富山市三郷10
株式会社タイヨーパッケージ
tel.076-478-5123　fax.076-478-5127

二口幸宏
〒939-2756 富山県富山市婦中町下井沢234
朝日印刷株式会社 製品企画グループ 課長
tel.076-466-1201　fax.076-466-1203

前田一樹／和紀
〒933-8588 富山県高岡市二上町180
国立大学法人 富山大学 芸術文化学部 学部長
tel.0766-25-9100　fax.0766-25-9104

三上久桂
〒930-2202 富山県富山市草島富浦町256-43
tel.076-435-0908

宮田 昇
〒939-8204 富山県富山市根塚町4-5-21-105
宮田デザイン事務所 代表
tel.076-421-4761　fax.076-421-4761

宮本和憲
〒930-0144 富山県富山市住吉765
有限会社ミヤモトデザイン
tel.076-434-6267　fax.076-434-6301

吉崎尚美
〒939-3548 富山県富山市三郷10
株式会社タイヨーパッケージ 企画室
tel.076-478-5123　fax.076-478-5127

個人会員（西日本）

浅田久美
〒604-8315 京都府京都市中京区黒門通御池下る大文字町254-19
株式会社モトイデザイン事務所
tel.075-803-6011　fax.075-811-8133

安達知恵
〒550-0002 大阪府大阪市西区江戸堀2-6-36-1201

綾田祥子
〒542-0012 大阪府大阪市中央区谷町7-1-53
株式会社綾田印刷 企画室
tel.06-6762-9212　fax.06-6762-9214

新井 好
〒600-8481 京都府京都市下京区四条堀川町264-5 ハイネス堀川701
有限会社桃衣堂 代表取締役
tel.075-352-9142　fax.075-352-9143

荒木志華乃
〒550-0014 大阪府大阪市西区北堀江1-5-14 5F
株式会社荒木志華乃デザイン室 代表
tel.06-6535-8663　fax.06-6535-8676

有吉みよ子
〒810-0033 福岡県福岡市中央区小笹4-13-21
有限会社シアンデザインマネジメント 代表
tel.092-534-5540　fax.092-534-5541

安藤譲治
〒542-0081 大阪府大阪市中央区南船場2-6-21 グラン·ビルド心斎橋404
株式会社ブラウ
tel.06-6268-0144　fax.06-6268-0007

五十嵐政行
〒530-0041 大阪府大阪市北区天神橋2-2-25 谷口ビル3F
株式会社アーティス 代表取締役
tel.06-6356-0380　fax.06-6356-0302

池田 毅
〒550-0025 大阪府大阪市西区九条南1-7-5 Build·S-41 2F
株式会社アイ工房 代表取締役
tel.06-6581-6192　fax.06-6581-6193

伊郷武治

石川ひろみ
〒531-0072 大阪府大阪市北区豊崎3-8-5
朝日プラザ梅田 II 204
デザインルームアプリ
tel.06-6375-9088　fax.06-6375-9095

石原正直
〒541-0042 大阪府大阪市中央区今橋1-7-2 山富ビル2F
ディレクションミグ株式会社 代表取締役
tel.06-6229-1540　fax.06-6229-1006

板倉関次
〒542-0081 大阪府大阪市中央区南船場1-9-28 カナオリビル204
イタクラデザイン事務所
tel.06-6267-8283　fax.06-6267-8284

伊藤 勝
〒573-1121 大阪府枚方市楠葉花園町5-5-504
有限会社スタジオ カツ
tel.072-850-6728　fax.072-850-6728

伊藤義則
〒530-0041 大阪府大阪市北区天神橋1-6-8
PAKEX
tel.06-6353-4655　fax.06-6353-4655

犬塚 保
〒550-0014 大阪府大阪市西区北堀江1-1-3 四つ橋日生ビル別館8F
マックスプランニング株式会社 代表
tel.06-6543-0412　fax.06-6543-0438

井上 勲
〒700-0973 岡山県岡山市下中野510-6
株式会社アイディーエイ 代表取締役社長
tel.086-244-1661　fax.086-244-1955

井上邦子
〒564-0053 大阪府吹田市江の木町27-3
株式会社イングアソシエイツ 取締役
tel.06-6385-0955　fax.06-6384-1757

今北紘一
〒530-0047 大阪府大阪市北区西天満4-5-5
京阪マーキス梅田312
有限会社今北デザイン研究所
tel.06-6364-6640　fax.06-6364-6140

岩切真由美
〒541-0057 大阪府大阪市中央区北久宝寺町1-7-9 TSKビル201
株式会社フロムコミュニケーションズ
マネージャー
tel.06-6271-5174　fax.06-6271-5106

上田喜三男
〒650-0011 兵庫県神戸市中央区下山手通5-5-16 兵庫県印刷会館3F
株式会社コウベデザインセンター
代表取締役
tel.078-351-2666　fax.078-351-2667

上本一寿
〒790-0821 愛媛県松山市木屋町3-9-8
うえもと·グラフィックチーム
tel.089-922-2575　fax.089-925-2575

梅川修司
〒532-0002 大阪府大阪市淀川区東三国3-9-11 ユニライフ北大阪1-301
PBS Association 代表
tel.06-6392-5684　fax.06-6392-5685

梅原豊和
〒532-0011 大阪府大阪市淀川区西中島7-1-3-1106
株式会社スタジオ:リム
tel.06-6304-6738　fax.06-6308-7175

梅原 真
〒782-0051 高知県香美郡土佐山田町楠目53-1
有限会社梅原デザイン事務所 代表
tel.0887-52-2223　fax.0887-57-0317

江本吉雄
〒530-0043 大阪府大阪市北区天満4-5-9
オクノビル3F
有限会社デザインオフィス・エム
tel.06-6354-2160　fax.06-6354-2646

大内 朔
〒540-0026 大阪府大阪市中央区内本町1-2-5 YSビル2F
株式会社エイピートータルデザイン
代表取締役
tel.06-6942-1501　fax.06-6942-7080

大久保　隆
〒569-0071 大阪府高槻市城北町2-7-16
モジュール405
有限会社大久保隆デザイン事務所
代表取締役
tel.072-662-7011　fax.072-662-7012

大住順一
〒530-0012 大阪府大阪市北区芝田1-12-7
大栄ビル6F
有限会社サン·クリエイト
tel.06-6371-3800　fax.06-6371-6106

太田久美子
〒550-0003 大阪府大阪市西区京町堀1-4-16 センチュリービル6F
有限会社ビューポイント
tel.06-4803-0301　fax.06-4803-0302

大平敏昭
〒564-0062 大阪府吹田市垂水町3-25-11
アルバート江坂ビル102
フォルムオーヒラ
tel.06-6385-7423　fax.06-6385-7423

大森重志
〒658-0063 兵庫県神戸市東灘区住吉山手4-6-6
大森重志デザイン室
tel.078-842-3991　fax.078-842-3991

奥田一明
〒550-0012 大阪府大阪市西区立売堀1-9-4
ニューアスターハウス守先502
K note
tel.06-6543-7600　fax.06-6543-7601

小田 俊
〒742-1513 山口県田布施町麻郷1714
HUEZ ART STUDIO
tel.0820-52-2173　fax.0820-52-2258

小野寺 健
〒542-0064 大阪府大阪市中央区上汐
2-6-13 喜多ビル503
スパイス
tel.06-6766-3863　fax.06-6766-3863

角谷昭三
〒760-0017 香川県高松市番町3-9-6
角谷デザイン研究室
tel.087-831-9886　fax.087-831-9886

鹿児島蓉子
〒658-0004 兵庫県神戸市東灘区本山町田辺
251-8
有限会社アゴスト アーキスタジオ
tel.078-453-0860　fax.078-453-0863

籠谷 隆
〒550-8508 大阪府大阪市西区南堀江
1-17-28 なんばSSビル5F
大日本印刷株式会社 包装総合開発センター
商品企画本部 商品企画第4部 係長
tel.06-6110-4928　fax.06-6110-4924

勝部一之
〒531-0072 大阪府大阪市北区豊崎3-20-9
三栄ビル
勝部デザイン事務所
tel.06-6376-0876　fax.06-6376-0838

金田東鉉
〒569-0005 大阪府高槻市上牧北駅前町
12-11 リフージュⅡ-101
tel.072-684-2898　fax.072-684-2898

加納守康
〒530-0045 大阪府大阪市北区天神西町
5-17 アクティ南森町ビル10F
株式会社加納デザイン事務所
tel.06-6361-9321　fax.06-6361-9329

神谷利男
〒556-0021 大阪府大阪市浪速区幸町1-1-1
夕張家ビル8F
神谷利男デザイン株式会社 代表
tel.06-4392-8715　fax.06-4392-8716

亀田三郎
〒604-0077 京都府京都市中京区丸太町通
小川西入 ITP京都クリエイターズビル4F
デザイン研究事務所マークス
tel.075-254-0855　fax.075-254-0856

川島示真子
〒530-0045 大阪府大阪市北区天神西町
5-17 アクティ南森町ビル10F
株式会社加納デザイン事務所
tel.06-6361-9321　fax.06-6361-9329

キクチミツル
〒530-0043 大阪府大阪市北区天満4-4-11
丸善天満ビル2F
株式会社タッククリエイト
tel.06-6136-1740　fax.06-6136-1741

喜多 明
〒531-0075 大阪府大阪市北区大淀南1-6-4
大淀町スカイハイツ714
ルイデザイン 代表
tel.06-6458-0622　fax.06-6458-0622

北浦 浩
〒772-0031 徳島県鳴門市大津町木津野字
東辰己1
大塚包装工業株式会社 企画部
tel.088-685-2175　fax.088-685-2477

北山きょう子
〒530-0045 大阪府大阪市北区天神西町
5-17 アクティ南森町ビル10F
株式会社加納デザイン事務所
tel.06-6361-9321　fax.06-6361-9329

木村未来
〒579-8003 大阪府東大阪市日下町
3-1-5-617
tel.0729-86-2820　fax.0729-86-2820

木村良高
〒553-8580 大阪府大阪市福島区海老江
3-22-61
凸版印刷株式会社 パッケージ事業本部
関西事業部 企画部 第2企画チーム
tel.06-6454-3115　fax.06-6454-3458

キリマハルミ
〒534-0026 大阪府大阪市都島区網島町
4-12 東文ビル4F
キリマデザイン事務所
tel.06-6351-7045　fax.06-6351-7046

栗本雅弘
〒550-0025 大阪府大阪市西区九条南1-7-5
Build・S-41 2F
株式会社アイ工房
tel.06-6581-6192　fax.06-6581-6193

桑原寛行
〒631-0036 奈良県奈良市学園北2-5-1
アネックスミタカ305
有限会社シェルパデザイン 代表
tel.0742-47-3335　fax.0742-47-3335

小池順司
〒790-0811 愛媛県松山市本町2-1-7
松山東京海上日動ビル4F
大日本印刷株式会社 包装総合開発センター
西日本企画開発本部
tel.089-933-3325　fax.089-946-1318

向阪裕次
〒550-8508 大阪府大阪市西区南堀江
1-17-28 なんばSSビル5F
大日本印刷株式会社 包装総合開発センター
商品企画本部 商品企画第4部 部長
tel.06-6110-4927　fax.06-6110-4924

越田英喜
〒556-0005 大阪府大阪市浪速区日本橋
5-21-22
株式会社コシダアート
tel.06-6643-5070　fax.06-6643-5272

小松眞一郎
〒658-0033 兵庫県神戸市東灘区向洋町西
5-3
モロゾフ株式会社 マーケティングセンター
商品企画担当課長
tel.078-822-9005　fax.078-822-9012

佐伯 淳
〒530-0041 大阪府大阪市北区天神橋
2-3-22 西川ビル6F
株式会社J.ワークス
tel.06-6882-5185　fax.06-6882-5186

坂口雅彦
〒551-0003 大阪府大阪市大正区千島
2-2-14 クリップ坂口雅彦
mobile:090-1910-6986
fax.06-6551-8713

酒瀬川武一
〒550-0013 大阪府大阪市西区新町1-2-13
新町ビル10F
有限会社パドック
tel.06-6531-9444　fax.06-6531-9445

坂田哲夫
〒553-8580 大阪府大阪市福島区海老江
3-22-61
凸版印刷株式会社 パッケージ事業本部
関西事業部 企画部 第2企画チーム
tel.06-6454-3116　fax.06-6454-3458

坂本真吾
〒531-0073 大阪府大阪市北区本庄西
3-8-26
相互印刷紙器株式会社 製品開発課 主席部員
tel.06-6372-1255　fax.06-6372-1256

嵯峨山貴富實
〒541-0052 大阪府大阪市中央区安土町
1-6-22 GM船場606
PLUS - ONE
tel.06-6266-4183　fax.06-6266-0244

重政法子
〒733-0822 広島県広島市西区庚午中
3-3-29-1
有限会社シゲマサ
tel.082-507-1238　fax.082-507-1239

島 英紀
〒602-0898 京都府京都市上京区相国寺
東門前町657
株式会社ジイケイ京都 デザイン部 室長
tel.075-211-2277　fax.075-231-1047

菅野大漸
〒530-0043 大阪府大阪市北区天満3-5-17
苦瓜ビル201
有限会社クリエイト・ゼン
tel.06-6351-3850　fax.06-6351-3851

杉島厚仁
〒659-0052 兵庫県芦屋市伊勢町6-7
クリエイティブオフィスウイル
tel.0797-31-1722　fax.0797-31-1725

鈴木英則
〒553-8580 大阪府大阪市福島区海老江
3-22-61
凸版印刷株式会社 パッケージ事業本部
関西事業部 企画部
tel.06-6454-3115　fax.06-6454-3458

鈴木幹彦
〒541-0045 大阪府大阪市中央区道修町
2-6-7 錦江ビル5F
株式会社鈴木デザイン室
tel.06-6232-3868　fax.06-6232-3878

舌 誠一
〒606-0014 京都府京都市左京区岩倉西河
原町273-6
有限会社ZETSU
tel.075-701-8662　fax.075-705-2005

大力千津子
〒564-0053 大阪府吹田市江の木町27-3
株式会社イングアソシエイツ
tel.06-6385-0955　fax.06-6384-1757

高尾 進
〒564-0053 大阪府吹田市江の木町
8-3-1201
タカオデザイン事務所
tel.06-6378-7200　fax.06-6378-7205

高尾保須子
〒564-0053 大阪府吹田市江の木町
8-3-1201
タカオデザイン事務所
tel.06-6378-7200　fax.06-6378-7205

高木理恵
〒550-0025 大阪府大阪市西区九条南1-7-5
Build・S-41 2F
株式会社アイ工房
tel.06-6581-6192　fax.06-6581-6193

高崎誠二
〒761-8033 香川県高松市飯田町824-3
高崎デザイン事務所
tel.087-882-1434　fax.087-882-1415

高橋 篤
〒658-0033 兵庫県神戸市東灘区向洋町西
5-3
モロゾフ株式会社 マーケティングセンター
商品企画
tel.078-822-9005　fax.078-822-9012

高橋智之
〒555-0001 大阪府大阪市西淀川区佃
2-15-6-1408
有限会社T.M.デザインワークス 代表
tel.06-6475-5873　fax.06-6475-5873

高見雄司

高谷敏文
〒700-0941 岡山県岡山市青江5-14-26-2
tel.086-231-9668

田口 圭
〒654-0034 兵庫県神戸市須磨区戸政町
3-4-2
タグチデザイン事務所
tel.078-739-2469　fax.078-739-2469

竹澤さつき
〒542-0081 大阪府大阪市中央区南船場
2-4-8 長堀プラザビル6F
株式会社サンデザインアソシエーツ
tel.06-6261-6099　fax.06-6261-2960

多田 浩
〒771-0214 徳島県板野郡松茂町満穂145-2
株式会社バンナイズ 代表取締役
tel.088-699-5477　fax.088-699-5499

立花かつこ
〒770-0861 徳島県徳島市住吉1-10-1
デザインオフィス・アーツ
tel.088-653-0339　fax.088-653-0348

田積司朗
〒602-8031 京都府京都市上京区西洞院通
丸太町一筋上る
パルアート株式会社 代表取締役
tel.075-231-5479　fax.075-221-7896

田中康夫
〒558-0053 大阪府大阪市住吉区帝塚山中
1-3-2 帝塚山タワープラザ201
株式会社パッケージランド
tel.06-6675-0138　fax.06-6675-6466

谷口みさき
〒550-0014 大阪府大阪市西区北堀江
1-8-12 丸五ビル7F
有限会社KAPE
tel.06-6533-6933　fax.06-6533-6932

田上泰昭
〒781-3104 高知県土佐郡鏡村今井276-1
PAOデザイン
tel.088-896-2023　fax.088-896-2023

田端伸行
〒530-0005 大阪府大阪市北区中之島
6-2-40 中之島インテス17F
株式会社ユニホップ
tel.06-6447-8145　fax.06-6447-8146

田淵拓美
〒567-0888 大阪府茨木市駅前4-6-11
株式会社リョウエイ 商品企画部 取締役部長
tel.0726-22-3465　fax.0726-27-3577

樽美和彦
〒651-1301 兵庫県神戸市北区藤原台北町
5-3-9 セレノ藤原台Ｉ棟-202
夢・工・房
tel.078-987-3682　fax.078-987-3682

辻 幸雄
〒530-0044 大阪府大阪市北区東天満
1-7-23 TYAビル4F
株式会社 シグナル ヒル 代表取締役
tel.06-6357-5481　fax.06-6357-5031

辻中カツヨシ
〒557-0001 大阪府大阪市西成区山王
1-4-18-102
すずやデザイン
tel.06-6630-6689　fax.06-6630-6689

辻本良雄
〒542-0082 大阪府大阪市中央区島之内
1-22-23 MUCビル6F
株式会社サンボックス 代表取締役
tel.06-6251-8288　fax.06-6251-8287

椿原ヨシハル
〒531-0072 大阪府大阪市北区豊崎3-15-4
ローツェⅡ-604
ハル・グラフィックス
tel.06-6375-0788　fax.06-6375-0755

寺尾千恵子
〒550-0013 大阪府大阪市西区新町3-5-8
エーベック西長堀801
有限会社スタジオ・ジップ
tel.06-6543-4197　fax.06-6543-4198

時岡和雄
〒700-0837 岡山県岡山市南中央町4-5
株式会社ベーシックプロダクト
tel.086-232-5002　fax.086-231-2851

戸倉正則
〒550-0003 大阪府大阪市西区京町堀
2-14-20 OPMAウツボビル608
株式会社ワークショップ
tel.06-6448-3451　fax.06-6448-3452

冨田忠次
〒530-0043 大阪府大阪市北区天満
2-12-13
株式会社スタジオ ノイエ
クリエイティブディレクター
tel.06-6356-6121　fax.06-6356-5541

富吉晃嗣
〒665-0045 兵庫県宝塚市光明町21-5
tel.0797-77-7713　fax.0797-77-7713

永島 学
大阪オフィス
〒543-0011 大阪府大阪市天王寺区清水谷町
19-1 リ・ソール清水谷303
有限会社永島学デザイン室
tel.06-6768-0520　fax.06-6768-0523
東京オフィス
〒104-0061 東京都中央区銀座3-11-19
スペーシア銀座1101
tel.03-3541-6370　fax.03-3541-6371

中谷さおり
〒651-2271 兵庫県神戸市西区高塚台2-10
光印刷株式会社 アイデアセンター
tel.078-991-1116　fax.078-991-5025

中村明弘
〒542-0081 大阪府大阪市中央区南船場
2-4-8 長堀プラザビル6F
株式会社サンデザインアソシエーツ
tel.06-6261-2961　fax.06-6261-2960

並川一郎
〒520-3035 滋賀県栗太郡栗東町霊仙寺553
think i.n.
tel.077-553-8728　fax.077-553-8738

西岡礼子
〒700-0973 岡山県岡山市下中野510-6
株式会社アイディーエイ
tel.086-244-1661　fax.086-244-1955

西野 修
〒530-0015 大阪府大阪市北区中崎西
3-2-17-214
有限会社オンクデザインスタジオ
代表取締役
tel.06-6375-1301　fax.06-6375-1301

西村雅信
〒606-8585 京都府京都市左京区
松ヶ崎橋上町
国立大学法人 京都工芸繊維大学 工芸部
造形工学科 助教授
tel.075-724-7614　fax.075-724-7250

納田岳明
〒540-0021 大阪府大阪市中央区大手通
2-2-2 トーンアップビル
株式会社ダンブレイン 代表取締役社長
tel.06-6920-9162　fax.06-6920-9163

野上周一
〒532-0011 大阪府大阪市淀川区西中島
5-7-14 大京ビル1F103
有限会社野上デザイン事務所
tel.06-6300-1009　fax.06-6300-1041

野田 徹
〒543-0031 大阪府大阪市天王寺区石ヶ辻町
16-18-1301
株式会社クリエイティブ トー・スター
tel.06-6776-5060　fax.06-6776-5061

延安敬子
〒663-8113 兵庫県西宮市甲子園口4-2-4
ノブヤスデザイン室
tel.0798-67-7344　fax.0798-67-7291

野村るり子
〒540-0003 大阪府大阪市中央区森ノ宮中央
1-14-17 ICB森ノ宮ビル901
株式会社フォルムデザインオフィス
tel.06-6945-0580　fax.06-6941-3965

橋村篤治
〒550-0013 大阪府大阪市西区新町1-10-7
新町興伸ビル701
Gデザインスタジオ
tel.06-6535-1139　fax.06-6535-1139

長谷川幸司
〒811-3217 福岡県福津市中央1-16-6
パークハウス福間1310
DesignStudio DREAMWORKS 代表
tel.0940-43-2459　fax.0940-43-2459

長谷川晶一
〒541-0046 大阪府大阪市中央区平野町
4-6-12
長谷川晶一デザイン事務所
tel.06-6231-6372　fax.06-6231-6372

秦 智子
〒542-0012 大阪府大阪市中央区谷町
8-1-60 ニチエイビル1F101
ビエント フォトグラフィア
tel.06-6764-9533　fax.06-6764-9534

畑川正之
〒573-0084 大阪府枚方市香里ケ丘
12-27-20
畑川デザイン企画
tel.072-854-1871　fax.072-854-1871

はちうまみほこ
〒781-0114 高知県高知市十津5-25-6-1
Office,m
tel.088-847-7515　fax.088-847-7510

八田隆幸
〒531-0076 大阪府大阪市北区大淀中
2-6-14 ZELO 502
有限会社八田隆幸デザイン事務所
tel.06-6440-1381　fax.06-6440-1381

原 雅明
〒550-8508 大阪府大阪市西区南堀江
1-17-28 なんばSSビル5F
大日本印刷株式会社 包装総合開発センター
商品企画本部 商品企画第4部 エキスパート
tel.06-6110-4934　fax.06-6110-4924

阪東 勲
〒542-0081 大阪府大阪市中央区南船場
4-10-20 グランドメゾン西心斎橋710
Bandox Box
tel.06-6251-0518　fax.06-6251-0518

坂東由章
〒531-0071 大阪府大阪市北区中津3-7-3
ビルコ6F
株式会社トモエデザイン 代表取締役
tel.06-6372-9888　fax.06-6372-2768

東原孝三
〒791-8034 愛媛県松山市富久町431-11
東原デザインルーム
tel.089-973-9327　fax.089-973-9327

久野哲郎
〒815-0031 福岡県福岡市南区清水2-15-1
大日本印刷株式会社 包装総合開発センター
西日本企画開発本部 本部長
tel.092-553-4131　fax.092-553-4038

平井宥子
〒540-0003 大阪府大阪市中央区森ノ宮中央
1-14-17 ICB森ノ宮ビル901
株式会社フォルムデザインオフィス
代表取締役
tel.06-6945-0580　fax.06-6941-3965

廣田 徹
〒603-8003 京都府京都市北区上賀茂柊谷町
13-1 シャトー岩松201
G.Aグラフィスアート
tel.075-702-7383　fax.075-702-7383

広谷龍児
〒550-0014 大阪府大阪市西区北堀江
1-1-7-402 四ツ橋日生ビル4F
アァ デザイン事務所
tel.06-6538-8911　fax.06-6538-8933

廣野昌司
〒598-0034 大阪府泉佐野市長滝1897-14
スタジオ・ヒロ 代表
tel.0724-90-3718　fax.0724-90-3718

福島康弘
〒650-0011 兵庫県神戸市中央区下山手通
5-5-16 兵庫県印刷会館3F
株式会社コウベデザインセンター
tel.078-351-2666　fax.078-351-2667

福本晃一
〒530-0041 大阪府大阪市北区天神橋
1-9-6 リリーフ502
福本デザイン事務所
tel.06-6358-3945　fax.06-6358-3945

藤井本道
〒530-0012 大阪府大阪市北区芝田1-12-7
大栄ビル6F
有限会社サン・クリエイト
tel.06-6371-3800　fax.06-6371-6106

藤川昭二
〒542-0082 大阪府大阪市中央区島之内
1-22-23 MUCビル6F
株式会社サンボックス ディレクター
tel.06-6251-8288　fax.06-6251-8287

藤田 昇
〒593-8327 大阪府堺市鳳中町
10-13-15-106
tel.072-264-7018

藤原義明
〒600-8492 京都府京都市下京区四条通
新町東入月鉾町47-3 JK四条ビル4F
株式会社ホワイトルーム 烏丸オフィス
tel.075-251-1088 fax.075-251-1081

藤原数基
〒540-0003 大阪府大阪市中央区森ノ宮
中央1-14-17 ICB森ノ宮ビル901
株式会社フォルムデザインオフィス
tel.06-6945-0580 fax.06-6941-3965

本多英二
〒700-0071 岡山県岡山市谷万成2-7-7
有限会社御来屋デザイン事務所 代表取締役
tel.086-251-6311 fax.086-251-6312
東京オフィス
〒106-0032 東京都港区六本木6-12-4
六本木ヒルズ レジデンスD-714
tel.03-6406-9833 fax.03-6406-9833

前田昭夫
〒574-0013 大阪府大東市中垣内1-2-1
象印マホービン株式会社 商品開発本部
印刷物グループ
tel.072-870-6694 fax.072-875-3430

前田隆男
〒553-0003 大阪府大阪市福島区福島
5-15-2-501
マエダデザイン・プロダクション
tel.06-6455-7004 fax.06-6455-7104

増田ユカリ
〒540-0012 大阪府大阪市中央区谷町2-3-7
クローバハイツ大手前502
スタジオ クウ
tel.06-6946-7836

舛元和夫
〒530-0037 大阪府大阪市北区松ケ枝町
6-22 NKGビル
合名会社ニューデザインセンター
tel.06-6353-1305 fax.06-6353-1700

松尾政明
〒542-0081 大阪府大阪市中央区南船場
2-4-8 長堀プラザビル6F
株式会社サンデザインアソシエーツ
tel.06-6261-2961 fax.06-6261-2960

松岡史郎
〒550-8508 大阪府大阪市西区南堀江
1-17-28 なんばSSビル
大日本印刷株式会社 包装総合開発センター
商品企画本部 商品企画第4部
tel.06-6110-4935 fax.06-6110-4924

松岡正巳
〒636-0804 奈良県生駒郡三郷町美松ヶ丘西
1-8-7
デザインオフィスユピ 代表
tel.0745-73-8538 fax.0745-73-8538

松原 出
〒520-0112 滋賀県大津市日吉台4-2-2
アルファボックス 代表
tel.077-579-6280 fax.077-579-6290

松本茂美
〒550-0015 大阪府大阪市西区南堀江
1-11-9 SONO四ツ橋ビル7F706
スペックプランニング
tel.06-6539-7861 fax.06-6578-0340

三河内英樹
〒564-0053 大阪府吹田市江の木町27-3
株式会社イングアソシエイツ
tel.06-6385-0955 fax.06-6384-1757

水谷光明
〒607-8084 京都府京都市山科区
竹鼻立原町3 磨瑠弥マンション304
Planning&Design 有限会社風人舎 代表
tel.075-501-4965 fax.075-502-3918

水野義彦
〒542-0072 大阪府大阪市中央区高津
3-2-30 ヴァンデュール日本橋Ⅰ-505
有限会社デザインオフィスM2 代表
tel.06-6645-1587 fax.06-6645-1587

溝渕浩治
〒531-0072 大阪府大阪市北区豊崎3-8-5
朝日プラザ梅田Ⅱ708
M-ZO
tel.06-6377-1800 fax.06-6377-1817

三原美奈子
〒530-0015 大阪府大阪市北区中崎西
3-2-17-214
有限会社オンクデザインスタジオ
tel.06-6375-1301 fax.06-6375-1301

宮木英幸
〒818-0117 福岡県太宰府市宰府6-3-1
九州情報大学 教授
tel.092-928-4000 fax.092-928-3200

村上正師
〒631-0806 奈良県奈良市朱雀5-1-1
49-201
SOHO-1 デザインオフィス
tel.0742-71-8061 fax.0742-71-8061

安田信行
〒674-0064 兵庫県明石市大久保町江井島
359 NOBSUN江井島海岸3F
アトリエナウ 代表取締役
tel.078-946-8314 fax.078-946-8315

山内敏功
〒791-8025 愛媛県松山市衣山3-1-13
Bフォレスト2F
BINデザインオフィス有限会社
tel.089-924-8218 fax.089-924-8442

山内理恵
〒558-0011 大阪府大阪市住吉区苅田3-6-8
株式会社アロインス化粧品 商品開発本部
tel.06-6690-3131 fax.06-6696-2092

山川弘子
〒543-0002 大阪府大阪市天王寺区上汐
6-4-26
寿精版印刷株式会社 デザインセンター
tel.06-6770-2807 fax.06-6770-2817

山崎慶次
〒542-0086 大阪府大阪市中央区西心斎橋
1-10-28 M305
株式会社アドリブ
tel.06-6251-4707 fax.06-6251-4718

山地良子
〒559-0034 大阪府大阪市住之江区南港北
2-1-10
ATC/ITM11Fエコデザインセンター A2
株式会社前田デザインアソシエーツ
tel.06-4703-2001 fax.06-4703-2009

山下真理子
〒658-0033 兵庫県神戸市東灘区向洋町西
5-3
モロゾフ株式会社 マーケティングセンター
商品企画
tel.078-822-9005 fax.078-822-9012

山田伸治
〒542-0082 大阪府大阪市中央区島之内
1-22-23 MUCビル6F
株式会社サンボックス
tel.06-6251-8288 fax.06-6251-8287

山田真裕美
〒674-0064 兵庫県明石市大久保町江井島
359 NOBSUN江井島海岸3F
アトリエナウ
tel.078-946-8314 fax.078-946-8315

山本浩子
〒569-0071 大阪府高槻市城北町2-7-16
モジュール305
graf depot.
tel.072-672-2333 fax.072-672-2424

横山和之
〒650-0044 兵庫県神戸市中央区東川崎町
1-3-3 神戸ハーバーランドセンタービル14F
株式会社アートデザインセンター
代表取締役
tel.078-360-1721 fax.078-360-1750

葭谷利治
〒541-0054 大阪府大阪市中央区南本町
1-7-15
笹岡薬品株式会社 経営情報室 次長
tel.06-6266-1230 fax.06-6266-1708

米虫寿実
〒542-0081 大阪府大阪市中央区南船場
2-4-8 長堀プラザビル6F
株式会社サンデザインアソシエーツ
tel.06-6261-6099 fax.06-6261-2960

饒平名克郎
〒658-0003 兵庫県神戸市東灘区本山北町
5-7-23
Y工房 代表
tel.078-451-7515 fax.078-451-7514

寄本尚子
〒607-8087 京都府京都市山科区
竹鼻サイカシ町13-2 ハイツ山科209
tel.075-583-5753 fax.075-583-5753

李 寛
〒577-0807 大阪府東大阪市菱屋西6-3
2-324
有限会社ズーデザイン 代表
tel.06-6789-8127 fax.06-6789-8127

若野淳巳
〒531-0072 大阪府大阪市北区豊崎5-1-15
ローツェ1-401
有限会社スウィッチ 代表取締役
tel.06-4802-1643 fax.06-4802-1644

渡邊義一
〒616-8255 京都府京都市右京区
鳴滝音戸山町4-47
ワムズ・クリエイト株式会社 代表取締役
tel.075-467-8360 fax.075-467-8370

個人会員(国外)

平田みか子
333 Park Avenue South, #4C
New York, NY 10010
Bryan, Williams & Associates
tel.1-212-674-1277
fax.1-212-505-9589

廣 哲夫
株式会社資生堂 中国投資有限公司 宣伝部

編集後記

加藤芳夫
社団法人 日本パッケージデザイン協会
出版担当理事

新しく変化してゆくものと、表面上は変化していても底の部分は変わらないものがある。社会に対して新しい価値の提案をする、それが新製品のデザインの役割だ。買いたいものを見つけるという心理に対して、新しいもの·ことが魅力になることもあるが、変わらずいつも売っていてくれる安心な商品というのも社会には必要である。
フエキ糊(不易糊)という商品があったことを覚えている。変化しない、はがれない糊というメッセージをネーミングしたものだと思うが、変化する糊というコンセプトの、貼ってはがせる"流行"糊があっていい、という時代なのかもしれない。
不易流行の現象は過去から今日も引き続き流れている。今回「PACKAGE DESIGN JPDA MEMBER'S WORK TODAY 2006」の中にも不易と流行の存在がある。そういった眼で見た時、新たな発見があるのかもしれない。

矢沢孝嗣
社団法人 日本パッケージデザイン協会
出版担当理事

JPDA会員のコミュニケーションツールとしてスタートした本書も13冊目となり、 法人26社、個人321名の参加により充実した作品集が出来上がりました。 ここ数年、掲載作品の顔ぶれも随分変わってきた気がします。今後も新しい会員の参加を期待しております。表紙は応募18作品の中から出版委員会で審査し、AD中塚大輔氏、D松田澄子氏のデザインで決定しました。ロシア構成主義を彷彿させるシンプルで大胆な図柄、それでいてデジタル環境の中で忘れていた手触り感のある、何かホットするものを感じました。 毎回のことですが出版に際して多くの方のご協力を得て、実現いたしましたことを感謝いたします。ありがとうございました。

Editors' Notes

Kato Yoshio
Director for the Publication,
Japan Package Design Association

There are things that undergo total changes and others that change only superficially while their undercurrents remain unchanged. Designing packages for new products means offering new choices to consumers. New products often look enchanting to consumers who are looking for something that they feel like buying. But at the same time, there have to be products that are sold in never-changing packages providing consumers with a kind of sense of comfort.
I remember that there was a glue named "Fueki Nori" meaning a glue that does not change or that is not easily taken off. It may be an age when "Glue Now in Fashion," a glue with a continually changing package might be on shop shelves aw well.
In this Package Design JPDA Members' Work Today 2006, there are both changing and unchanging product packages. If you look at the works from this viewpoint, you may discover something new.

Yazawa Takatsugu
Director for the Publication,
Japan Package Design Association

This book began as a communication tool for JPDA members, and has been published biennially reaching its 13th edition this year. With the participation of 26 corporations and 321 individuals, this edition has become richer in content. It appears that the participants have changed in the past several years. We expect an increasing number of new members will contribute their works in the future editions.
We received 18 cover design applications, and the Publication Committee selected one by Nakatsuka Daisuke as art director, and Matsuda Sumiko as designer. Their simple and bold graphic design is suggestive of Russian Constructionism. Its tactile texture gave us a feeling of comfort among abundant digitized designs. As always is the case, the publication of this book was made possible thanks to cooperation rendered by many people. On behalf of the Committee, I would like to extend my deepest gratitude to these people.

社団法人 日本パッケージデザイン協会
2004、2005年度出版委員会
Publication Committee of
Japan Package Design Association

理事長
Executive Director

川路ヨウセイ	Kawaji Yosei

出版担当理事
Chief Directors

加藤芳夫	Kato Yoshio
矢沢孝嗣	Yazawa Takatsugu

出版委員
Members

有澤眞太郎	Arisawa Shintaro
石浦弘幸	Ishiura Hiroyuki
犬塚達美	Inuzuka Tatsumi
大城久幸	Oshiro Hisayuki
小川裕子	Ogawa Hiroko
國吉英二郎	Kuniyoshi Eijiro
首藤玲子	Shudo Reiko
高橋 敏	Takahashi Ving
二宮昌世	Ninomiya Shosei
本田和男	Honda Kazuo

社団法人 日本パッケージデザイン協会
Japan Package Design Association

事務局
Head Office
〒113-0033 東京都文京区本郷3-4-3
ヒルズ884ビル 6F
Hills 884 Bldg.6F,3-4-3, Hongo Bunkyo-ku,
Tokyo 113-0033
tel.03-3815-2723
fax.03-3815-2548
e-mail:info@jpda.or.jp
http://www.jpda.or.jp/

関西連絡所
Kansai Office
平和紙業株式会社内
〒542-0081 大阪府大阪市中央区南船場2-3-23
Heiwa Paper Co.,Ltd.
2-3-23,Minami Senba Chuo-ku,
Osaka 542-0081
tel.06-6262-4540
fax.06-6262-4323

PACKAGE DESIGN
JPDA MEMBER'S WORK TODAY 2006

発行 ――― 2006年6月2日
企画・監修 ―― 社団法人 日本パッケージデザイン協会
装幀 ――― 中塚大輔（アートディレクター）、松田澄子（デザイン）
レイアウト ―― 大六野雄二
翻訳 ――― 林 千根
発行者 ――― 細川靖夫
発行所 ――― 株式会社 六耀社
〒160-0022 東京都新宿区新宿2-19-12 静岡銀行ビル5F
tel.03-3354-4020
fax.03-3352-3106
e-mail:books@rikuyosha.co.jp
http://www.rikuyosha.co.jp/
振替00120-58856

Printed in China
ISBN4-89737-560-6

Rikuyosha Co.,Ltd.
Shizuoka Bank Bldg. 5F,2-19-12,
Shinjuku,Shinjuku-ku,Tokyo 160-0022 Japan